1+X证书制度试点培训用书

大数据治理（中级）

主 编 石 勇

副主编 田英杰 段华薇

编 委 张亚东 赵康康 张丽萍 汪梦婷 孟泽宇 雷 正 郑启明 罗振宇 陈小宁 刘仿尧 王 强 卢 晨 朱梅红 刘 正 陈振松 赵宗萍 蔡黎亚

北京中科卓越未来教育科技有限公司
大数据治理职业技能等级标准教材编写组 编

中国·成都

图书在版编目(CIP)数据

大数据治理:中级/石勇主编;田英杰,段华薇副主编.—成都:西南财经大学出版社,2022.8
ISBN 978-7-5504-5440-8

Ⅰ.①大…　Ⅱ.①石…②田…③段…　Ⅲ.①数据管理—教材
Ⅳ.①TP274

中国版本图书馆 CIP 数据核字(2022)第 125356 号

大数据治理(中级)
DASHUJU ZHILI(ZHONGJI)

主　编　石　勇
副主编　田英杰　段华薇

策划编辑:邓克虎
责任编辑:邓克虎
责任校对:乔　雷
封面设计:张姗姗
责任印制:朱曼丽

出版发行	西南财经大学出版社(四川省成都市光华村街 55 号)
网　　址	http://cbs. swufe. edu. cn
电子邮件	bookcj@ swufe. edu. cn
邮政编码	610074
电　　话	028-87353785
照　　排	四川胜翔数码印务设计有限公司
印　　刷	郫县犀浦印刷厂
成品尺寸	185mm×260mm
印　　张	17. 75
字　　数	421 千字
版　　次	2022 年 9 月第 1 版
印　　次	2022 年 9 月第 1 次印刷
印　　数	1— 2000 册
书　　号	ISBN 978-7-5504-5440-8
定　　价	45. 00 元

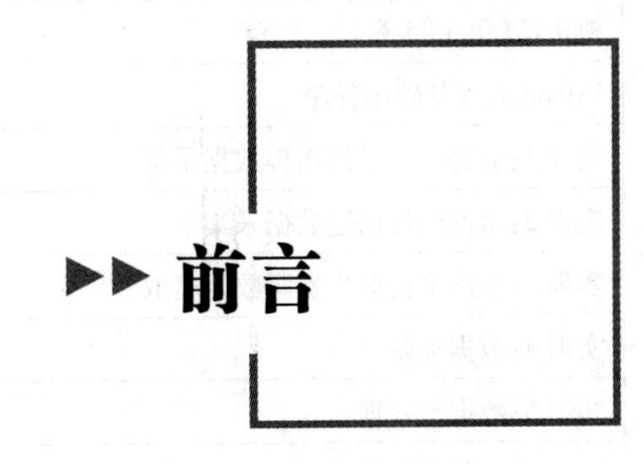

前言

大数据治理的核心是根据领域知识运用大数据处理分析技术,确保大数据优化、共享和安全。毋庸置疑,数据已经成为企业或者政府部门在大数据时代下最宝贵的资产,也是企业保持竞争力的原始驱动力,新产品和新服务的开发、流程的优化、策略的制定等皆是从海量数据中关联、聚合和分析而来的。数据潜力的挖掘可以使一个组织获取最为实际的业务价值,同时也可使组织最大限度地降低成本和风险。科学有效地利用数据产生价值就是大数据治理需要完成的工作。本书旨在为大数据治理提供技术指导,实现智能化决策的应用,从而给企业或者政府部门带来数据的增值。

"大数据治理职业技能等级证书"考试的配套教材共有三本:《大数据治理(初级)》《大数据治理(中级)》《大数据治理(高级)》,教材内容依次递进,高级别涵盖低级别的职业技能要求。本书是"大数据治理职业技能等级证书(中级)"考试的配套教材,内容涵盖《大数据治理职业技能等级标准》规定的技能要求。

本书采用"任务式"编写方法,以国家职业标准为依据,以综合职业能力培养为目标,以典型工作任务为载体,以培养学生能力为中心,将理论学习与实践相结合,每个实训项目通过项目情景、实训目标、实训任务、技术准备、实训步骤、本章小结等模块进行展现,数量、难度适中,操作过程简明扼要、重点突出,便于学生进行操作练习;提供完整的源代码、教学课件、案例库等教学资源,帮助学生理解教材中的重点及难点。

本书分为七篇,涵盖 15 个实训项目。第一篇为概论篇,主要介绍大数据治理的背景、概念、内容体系、应用等内容;第二篇为 Python 编程基础篇,主要包括 Python 编程基础小程序;第三至六篇分别为数据采集篇、数据预处理篇、数据统计分析篇、数据可视化篇,通过 11 个实训项目系统地培养学生的大数据治理职业技能;第七篇为综合实训篇,以 4 个综合项目将大数据治理的各个模块进行整合,并综合考虑了各个环节的衔接。

教学建议：

教学内容	课时
概论篇(第1~5章)	6
Python 编程基础小程序	8
实训1:成都市二手房出售数据采集	2
实训2:微博热搜话题数据采集	4
实训3:春雨平台医生资源数据爬取	2
实训4:数据加载	2
实训5:数据预处理	4
实训6:心脏病数据分析	4
实训7:成都市二手房出售数据分析	2
实训8:心脏病数据可视化	4
实训9:我国各省份 GDP 数据可视化	2
实训10:2020年中央经济工作会议公告数据可视化	4
实训11:成都市二手房出售数据可视化	4
实训12:中国的新冠肺炎疫情数据分析	4
实训13:豆瓣影视作品影评数据分析	4
实训14:去哪儿网上海市各旅游景点评论数据分析	2
实训15:淘宝店铺销售数据分析预测及用户价值分析	4

本书由石勇任主编,田英杰、段华薇任副主编,张亚东、赵康康、张丽萍、汪梦婷、孟泽宇、雷正、郑启明、罗振宇、陈小宁、刘仿尧、王强、卢晨、朱梅虹、刘正、陈振松、赵宗萍、蔡黎亚任编委。

编者

2022年5月

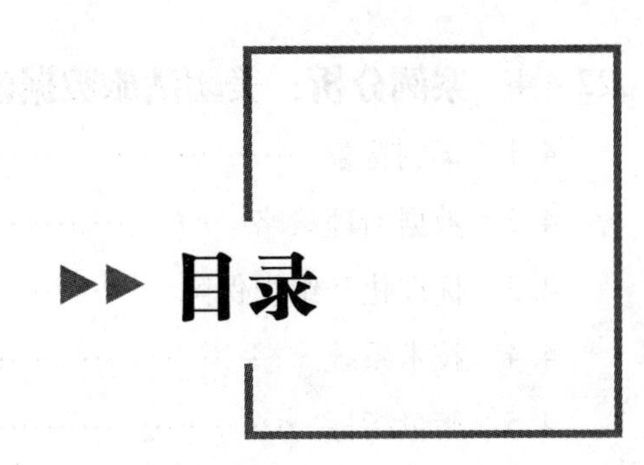

目录

第一篇　概论篇

3 / 1　**大数据概述**

1.1　大数据的概念 …… (3)

1.2　大数据的特征 …… (4)

1.3　大数据的分类 …… (5)

1.4　大数据处理的流程 …… (7)

9 / 2　**大数据治理概述**

2.1　大数据治理的背景 …… (9)

2.2　大数据治理的基本概念 …… (9)

2.3　大数据治理的层次与框架 …… (10)

2.4　大数据治理的内容体系 …… (11)

2.5　大数据治理的技术支撑 …… (14)

2.6　大数据治理的应用场景 …… (15)

2.7　大数据治理的产业发展 …… (17)

18 / 3　**数据质量管理**

3.1　数据质量管理的概念 …… (18)

3.2　数据质量的维度 …… (18)

3.3 数据质量管理参考框架 …… (20)
3.4 数据质量管理工具 …… (21)

22 / 4 **案例分析：美团酒旅数据治理实践**
4.1 案例背景 …… (22)
4.2 数据治理策略 …… (24)
4.3 标准化和组织保障 …… (24)
4.4 技术系统 …… (26)
4.5 衡量指标 …… (29)
4.6 治理效果总结及未来规划 …… (31)

33 / 5 **案例分析：大数据支撑复工复产决策**
5.1 案例背景 …… (33)
5.2 案例研究内容 …… (33)
5.3 案例研究结果 …… (35)

第二篇 Python编程基础篇

41 / 6 Python **编程基础小程序**
6.1 Python 开发环境配置 …… (41)
6.2 Python 语言基础 …… (51)
6.3 Python 程序结构 …… (66)
6.4 Python 函数 …… (71)
6.5 本章小结 …… (74)

第三篇 数据采集篇

77 / 7 **实训1 成都市二手房出售数据采集**
7.1 项目情景 …… (77)
7.2 实训目标 …… (77)
7.3 实训任务 …… (78)
7.4 技术准备 …… (78)
7.5 实训步骤 …… (80)

7.6 本章小结 ………………………………………………………………………………（83）

84／8 **实训2 微博热搜话题数据采集**

8.1 项目情景 ………………………………………………………………………………（84）
8.2 实训目标 ………………………………………………………………………………（84）
8.3 实训任务 ………………………………………………………………………………（84）
8.4 技术准备 ………………………………………………………………………………（85）
8.5 实训步骤 ………………………………………………………………………………（97）
8.6 本章小结………………………………………………………………………………（101）

102／9 **实训3 春雨平台医生资源数据爬取**

9.1 项目情景………………………………………………………………………………（102）
9.2 实训目标………………………………………………………………………………（102）
9.3 实训任务………………………………………………………………………………（103）
9.4 技术准备………………………………………………………………………………（103）
9.5 实训步骤………………………………………………………………………………（103）
9.6 本章小结………………………………………………………………………………（107）

第四篇 数据预处理篇

111／10 **实训4 数据加载**

10.1 项目情景 ……………………………………………………………………………（111）
10.2 实训目标 ……………………………………………………………………………（111）
10.3 实训任务 ……………………………………………………………………………（111）
10.4 技术准备 ……………………………………………………………………………（112）
10.5 实训步骤 ……………………………………………………………………………（113）
10.6 本章小结 ……………………………………………………………………………（116）

117／11 **实训5 数据预处理**

11.1 项目情景 ……………………………………………………………………………（117）
11.2 实训目标 ……………………………………………………………………………（117）
11.3 实训任务 ……………………………………………………………………………（117）
11.4 实训内容 ……………………………………………………………………………（118）

11.5 本章小结 …………………………………………………………… (135)

第五篇 数据统计分析篇

139/ 12 **实训 6 心脏病数据分析**

12.1 项目情景 …………………………………………………………… (139)

12.2 实训目标 …………………………………………………………… (139)

12.3 实训任务 …………………………………………………………… (139)

12.4 技术准备 …………………………………………………………… (140)

12.5 实训步骤 …………………………………………………………… (141)

12.6 本章小结 …………………………………………………………… (163)

164/ 13 **实训 7 成都市二手房出售数据分析**

13.1 项目情景 …………………………………………………………… (164)

13.2 实训目标 …………………………………………………………… (164)

13.3 实训任务 …………………………………………………………… (164)

13.4 实训步骤 …………………………………………………………… (165)

13.5 本章小结 …………………………………………………………… (175)

第六篇 数据可视化篇

179/ 14 **实训 8 心脏病数据可视化**

14.1 项目情景 …………………………………………………………… (179)

14.2 实训目标 …………………………………………………………… (179)

14.3 实训任务 …………………………………………………………… (179)

14.4 技术准备 …………………………………………………………… (180)

14.5 实训步骤 …………………………………………………………… (181)

14.6 本章小结 …………………………………………………………… (194)

195/ 15 **实训 9 我国各省份 GDP 数据可视化**

15.1 项目情景 …………………………………………………………… (195)

15.2 实训目标 …………………………………………………………… (195)

15.3 实训任务 …………………………………………………………… (195)

15.4 技术准备 …… (196)
15.5 实训步骤 …… (199)
15.6 本章小结 …… (205)

206/ 16 **实训 10 2020 年中央经济工作会议公告数据可视化**
16.1 项目情景 …… (206)
16.2 实训目标 …… (206)
16.3 实训任务 …… (207)
16.4 技术准备 …… (207)
16.5 实训步骤 …… (208)
16.6 本章小结 …… (211)

212/ 17 **实训 11 成都市二手房出售数据可视化**
17.1 项目情景 …… (212)
17.2 实训目标 …… (212)
17.3 实训任务 …… (212)
17.4 实训步骤 …… (213)
17.5 本章小结 …… (219)

第七篇 综合实训篇

223/ 18 **实训 12 中国的新冠肺炎疫情数据分析**
18.1 项目背景 …… (223)
18.2 项目目标 …… (223)
18.3 数据爬取 …… (223)
18.4 数据文件加载及预处理 …… (227)
18.5 数据可视化 …… (228)
18.6 本章小结 …… (234)

235/ 19 **实训 13 豆瓣影视作品影评数据分析**
19.1 项目背景 …… (235)
19.2 数据爬取 …… (235)
19.3 数据文件加载及预处理 …… (237)

19.4 数据统计分析 …………………………………………………………………………(238)
19.5 数据可视化 ……………………………………………………………………………(240)
19.6 本章小结 ………………………………………………………………………………(245)

246/ 20 **实训 14 去哪儿网上海市各旅游景点评论数据分析**
20.1 项目背景 ………………………………………………………………………………(246)
20.2 数据爬取 ………………………………………………………………………………(246)
20.3 数据预处理 ……………………………………………………………………………(248)
20.4 数据可视化 ……………………………………………………………………………(250)
20.5 本章小结 ………………………………………………………………………………(254)

255/ 21 **实训 15 淘宝店铺销售数据分析预测及用户价值分析**
21.1 项目背景 ………………………………………………………………………………(255)
21.2 技术准备 ………………………………………………………………………………(256)
21.3 销售数据分析及预测 …………………………………………………………………(257)
21.4 客户价值分析 …………………………………………………………………………(265)
21.5 本章小结 ………………………………………………………………………………(272)

273/ **参考文献**

第一篇
概论篇

1 大数据概述

1.1 大数据的概念

随着人工智能、云计算、物联网、智能终端设备、5G 等技术的快速发展,信息技术和人类生产、生活的融合日益加深,数据呈现爆发式的增长。预计到 2025 年,中国的数据量将达到 48.6ZB,全球的数据量将达 175ZB,相当于 65 亿年时长的高清视频内容。据美国互联网数据中心统计,互联网上的数据每年呈现 50%的增长,即每两年将会翻一番。实际上,世界上 90%以上的数据都是最近几年才产生的。大数据已经成为移动互联网、云计算和物联网等技术发展的必然趋势,是分析决策方式、科学研究范式和创新思维模式的重要突破,已经渗透到各个行业和应用领域,成为组织发展的生产因素和未来竞争的核心要素。其必将引领新一轮信息技术产业的发展和新一波生产增长率的浪潮。

目前,大数据的定义并没有统一。2008 年 9 月,美国《自然》杂志专刊——*The next google*,第一次正式提出"大数据"概念。2011 年,麦肯锡研究院发布报告 Big data: The next frontier for innovation, competition, and productivity,将大数据定义为:大数据是指其大小超出了常规数据库工具获取、储存、管理和分析能力的数据集合。它具有海量的数据规模、快速的数据流转、多样的数据类型和低价值密度四个特征。

中华人民共和国国家标准[GB/T 35295-2017]将大数据定义为:具有体量巨大、来源多样、生成极快、多变等特征并且难以用传统数据体系结构有效处理的包含大量数据集的数据。这个定义与麦肯锡的定义基本相同。

2012 年,全球著名的信息技术(IT)研究与顾问咨询机构——高德纳(Gartner)公司将大数据定义为:大量的、高速的和(或)多变的信息资产,它需要新型的处理方式去促成更强的决策能力、洞察力与最优化处理。这一定义强调了大数据的资产价值。

本章将基于上述三种定义,对大数据的特征、分类及处理流程进行概述,以便为展开大数据治理的相关内容奠定基础。

1.2 大数据的特征

关于大数据基本特征的描述,大部分是基于大数据的定义来展开的。一般认为,大数据有四个最基本的特征,分别是体量(volume)、速度(velocity)、多样性(variety)和价值(value)。

1.2.1 体量

大数据的体量大,即构成大数据的数据集的规模巨大。大到何种程度?大数据的起始计算单位至少是PB级,然后是EB级和ZB级。目前,个人用的移动硬盘大多是用TB(1TB=1 024GB)作为单位,而1PB=1024TB,1EB=1 024PB,1ZB=1 024EB。百度公司数据总量超过了千PB,阿里巴巴公司保存的数据量超过了百PB,腾讯公司总存储数据量经压缩处理以后仍然超过了百PB,航班往返一次产生的数据也能达到TB级别。

1.2.2 速度

大数据的速度快,即指大数据的增长速度快、处理速度快、时效性高。随着现代感测技术、互联网技术、计算机技术的发展,数据生成、储存、分析、处理的速度远远超出人们的想象。这是大数据区别于传统数据或小数据的显著特征。例如,著名的“1秒定律”,即要在秒级时间内给出结果,超出这个时间,数据就失去了价值。又如,GPS都是在极短时间内产生位置信息数据以及给出行动方案,体现了大数据的处理速度快和时效性高的特点。

1.2.3 多样性

多样性是指大数据来自多种数据源,包括多种类型的数据和多种格式的数据,简单地说,就是多源异构。

1.2.4 价值

总体来说,一般认为大数据的价值高,但数据中含有大量的不相关信息、错误信息,致使数据的价值密度相对较低。不过,借助于大数据处理和分析技术,我们仍然可以从中挖掘出有用的信息,让大数据作为资产创造较大价值。

除了上述特征外,2012年有学者提出了大数据的另外两个特征。一是多变性(variability),即大数据的体量、多样性和速度都处于多变状态。大数据的这一特征,妨碍了处理和有效地管理数据的过程。二是真实性(veracity),即大数据能反映客观事实。由于大数据来源广泛,类型不一,获取手段多样,噪声数据在所难免。因而IBM指出,只有真实而准确的数据,才能让数据的管控和治理具有意义。

1.3 大数据的分类

1.3.1 按照数据对象划分

按照数据对象划分，大数据可以分为参考数据、主数据、业务活动数据、分析数据、时序数据。

1.3.1.1 参考数据

参考数据是指对其他数据进行分类和规范的数据，如国家、地区、货币、计量单位等产业通用的数据及各产业特色基础配置数据。为了简化，有的企业称这类数据为配置型主数据，也有的企业称这类数据为通用基础类数据。它是相对稳定、静态的数据，基本上不会变化，往往通过系统配置文件给予规范并固化在信息管理系统中。

1.3.1.2 主数据

主数据是指满足跨部门业务协同需要的、反映核心业务实体状态属性的基础信息。

主数据是用来描述企业核心业务实体的数据，是企业核心业务对象、交易业务的执行体，是在整个价值链上被重复或共享应用于多个业务流程、跨越多个业务部门和系统、高价值的基础数据，也是各业务应用和各系统之间进行数据交互的基础。从业务角度看，主数据是相对固定、变化缓慢的，但它是企业信息系统的神经中枢，是业务运行和决策分析的基础，如供应商、客户、企业组织机构和员工、产品、客户、供应商、物料等主数据。

1.3.1.3 业务活动数据

业务活动数据又称交易数据，是指在业务活动过程中产生的数据。它是企业日常经营活动的直接体现，也是围绕主数据实体产生的业务行为和结果型数据，如采购订单、销售订单、发票、会计凭证等数据。业务活动数据存在于联机事务处理系统（OLTP 系统）中，具有瞬间生成和动态的特点。

1.3.1.4 分析数据

分析数据又称统计数据、报表数据或指标数据，是指组织在经营分析过程中衡量某一个目标或事物的数据，一般由指标名称、时间和数值等组成。

1.3.1.5 时序数据

时序数据是指时间序列数据。它是按时间顺序记录的数据列，在同一个数据列中的各个数据必须是同口径的，要求具有可比性。在工业企业中，实时数据是时序数据的一种，如设备运行监测类数据、安全类监测数据、环境监测类数据。

1.3.2 按照数据存储形式划分

按照数据存储形式划分，大数据可以分为结构化数据、非结构化数据、半结构化数据。

1.3.2.1 结构化数据

结构化数据是指包括预定义的数据类型、格式和结构的数据，可以使用关系型数据库表示和存储,表现为二维形式的数据。通常,数据以行为单位,一行数据表示一个实体的信息,每一行数据的属性是相同的。这类数据本质上是先有结构,再有数据。实际中,事务性数据和传统中的关系型数据库系统中的部分数据都是结构化数据。多年来,结构化数据一直主导着信息技术和产业应用,是联机事务处理系统业务所依赖的数据。结构化数据的存储和排列很有规律,便于对数据进行排序、查询和修改等操作,但是,它的扩展性不好。在实际中需要增删字段时,需要对表结构进行反复变更,工作量大,容易导致后台接口从数据库取数据时出错。

另外,还有一种准结构化数据,主要指具有不规则数据格式的文本数据,通过使用工具可以将其转换为结构化数据,如从网上抓取的包括不一致数据值和格式的网站点击数据。

1.3.2.2 非结构化数据

非结构化数据是指没有固定结构的数据,没有预定义的数据模型,不方便用数据库二维逻辑表来表现的数据。所有格式的办公文档、文本、各类报表、图像、音频、视频、XML、HTML 等数据,都是非结构化数据。非结构化数据的格式多样,标准也多样,在技术上非结构化信息比结构化信息更难标准化和理解。所以,非结构化数据的存储、检索、发布以及利用需要更加智能化的技术。

非结构化数据越来越成为数据的主要部分。互联网数据中心的调查报告显示:企业中 80%的数据都是非结构化数据,这些数据每年都按指数增长 60%。当然,在实际中,我们所需要的并不是简单地只包含一种类型的数据,往往是不同类型的数据混合在一起。

1.3.2.3 半结构化数据

半结构化数据是指具有可识别的模式并可以解析的文本数据,包括电子邮件、文字处理文件及大量保存和发布在网络上的信息等。自描述和具有定义模式的 XML 数据、JSON 数据,都是半结构化数据。比如,有两条 XML 数据,它们的字段个数可以不一样,通过这样的数据格式,可以自由地表达很多有用的信息。所以,半结构化数据的扩展性更好。

1.3.3 按照数据库的类型划分

按照数据库的类型划分,大数据可以分为关系型数据库、非关系型数据库、图数据库、时序数据库。

1.3.3.1 关系型数据库

关系型数据库是指采用关系数据模型的数据库系统。关系数据模型实际上是表示各类实体及其之间联系的由行和列构成的二维表结构。一个关系型数据库由多个二维表组成,表中的每一行为一个元组(或称一个记录),每一列为一个属性,属性的取值范围被称为域。对关系型数据库进行操作通常采用结构化查询语言(SQL)。

1.3.3.2 非关系型数据库

非关系型数据库是指对不同于传统的关系数据库的数据库管理系统的统称。和关系型数据库相比,两者存在许多显著的不同点,其中最重要的是非关系型数据库使用 NoSQL 而不使用 SQL 作为查询语言。其数据存储可以不需要固定的表格模式,也经常会避免使用 SQL 的 JOIN 操作,一般有水平可扩展性的特征。

1.3.3.3 图数据库

图数据库是指以图结构来表示和存储信息的数据库。

1.3.3.4 时序数据库

时序数据库是指时间序列数据库。它主要用于处理带时间标签的数据。时序数据可以是时期数,也可以是时点数。

1.3.4 按照权属类型划分

按照权属类型划分,大数据可分为私有数据和公有数据。

1.3.4.1 私有数据

私有数据是指有明确归属的数据,归属方为可决定数据使用目的的自然人、法人或其他组织,如私人数据、企业数据等。

1.3.4.2 公有数据

公有数据是指具有公共财产属性且可被公众访问的数据,如天气数据、人口数据等。

1.4 大数据处理的流程

一般认为"大数据处理"是一个工作流程,包含数据的采集、预处理、分析与挖掘、解释(可视化)、应用等环节。具体来说,大数据处理是指借助于适当的工具,对不同来源、不同结构的数据进行采集、转换和集成,并按一定标准统一存储,再利用合适的分析框架和分析技术进行分析,最后将提取的信息利用适当的可视化方式展示给最终用户的过程。大数据处理流程详见图 1.1。

图 1.1 大数据处理流程

1.4.1 大数据采集

简单地说,大数据采集就是对多源异构的海量数据进行获取。然而,如何从海量数据中采集有用的数据,需要根据数据的来源,依靠科学的数据采集技术。大数据采集是大数据处理的基础,其后的数据分析与挖掘都是建立在这一基础之上的,采集的数据的数量尤其是质量,直接决定了最终分析结果的可靠性。因此,大数据采集技术早已成为大数据技术与应用的关键要素之一,大数据采集也已经成为大数据产业的基石。大数据的数据源不同,采集技术和工具也不同。因此,进行大数据采集,一定要根据研究目的、数据源、数据类型等因素,精心设计采集方案。

1.4.2 大数据预处理

大数据处理的第二步是大数据预处理。由于大数据的数据来源类型丰富、数据格式不同,即多源异构性,因此需要对数据进行集成,从中提取出关系和实体,并经过关联和聚合等操作,按照统一定义的格式对数据进行存储。由于一些大数据处理工具能同时进行数据清洗和集成,因此可以把这两个过程合在一起。

如果数据能满足用户的应用要求,那么它肯定是高质量的。数据质量涉及许多方面,包括准确性、完整性、一致性、时效性、可信性和可解释性等,其中最基本的三个要求是准确性、完整性和一致性。而现实问题中,大数据往往满足不了这些质量要求,甚至是非常"脏"的。比如,前面采集得到的数据,有时会掺杂着各种错误、重复、不规则、缺陷等有问题的数据,如果不对这些数据进行预处理,直接用于分析与挖掘,既增加了分析与挖掘的难度,也很可能会产生错误的结果,从而误导用户和最终决策者。因此,需要对采集到的数据进行预处理,以减少上述情况带来的影响。

1.4.3 大数据分析与挖掘

大数据分析与挖掘是大数据处理流程的核心步骤。通过大数据预处理环节,用户已经能够从异构的数据源中获得用于大数据处理的原始数据,可以进一步根据自己的需求对这些数据进行分析与挖掘处理。数据分析与挖掘可以用于决策支持、商业智能、推荐系统、预测系统等。由于大数据的特征,决定了大数据的分析平台一般不能是单机,而是大型分布式分析平台;分析技术不是简单的统计分析技术,还要有更高级的分析、挖掘技术和深度学习技术。

1.4.4 数据可视化与人机交互

从用户角度来看,大数据处理流程中用户最关心的是数据处理与分析的结果。正确的数据处理与分析结果只有通过合适的展示方式才能被终端用户正确理解,因此数据处理结果的展示非常重要,可视化和人机交互是数据解释的主要技术。数据可视化是指将大数据分析与预测结果以计算机图形或图像的直观方式显示给用户的过程,并可与用户进行交互式处理。这个步骤能够使用户明确分析数据的结果。目前可视化技术和工具已经非常丰富,分析者可以根据用户需求灵活地使用这些可视化技术。人机交互技术可以引导用户对数据进行逐步的分析,使用户参与到数据分析的过程中,使用户可以深刻地理解数据分析结果。总之,数据可视化环节可大大提高大数据分析结果的直观性,便于用户理解与使用;数据可视化技术有利于发现大量业务数据中隐含的规律性信息,以支持管理决策。因此,数据可视化是影响大数据可用性和易于理解性质量的关键因素。

1.4.5 大数据应用

大数据应用是指将经过分析处理后挖掘得到的大数据结果提供给决策者,并帮助决策者应用于管理决策、战略规划等过程。它是对大数据分析结果的检验与验证。大数据应用过程直接体现了大数据分析处理结果的价值性和可用性。大数据应用对大数据的分析处理具有引导作用。

2 大数据治理概述

2.1 大数据治理的背景

大数据时代,大数据迅速成为热门词,但对它的理解,却各有不同。数据科学家关注的是数据处理新技术的开发,经济学家关注的是大数据的产业价值,企业家关注的是大数据对其经营效益和效率的提升,法学家关注的是隐私保护。但无论关注重点在哪里,业界和学术界都已经认识到大数据作为战略资产的重要地位,大数据的管理、变现、安全隐私、开放共享等,都成为当前亟待解决的问题,因此建立大数据的治理体系,成为当前一项紧迫的任务。

社交网站、电商、电信、金融、医疗、教育等行业,都已经加入大数据的“淘金”队伍,政府部门同样也从大数据中获益匪浅。那么,如何将海量数据更好地应用于决策、营销和产品创新?如何利用大数据平台更好地优化产品、流程和服务?如何利用大数据更科学地制定公共政策、实现社会治理?简而言之,如何让大数据资产创造价值?这都离不开大数据治理。可以说,在大数据战略从顶层设计到底层实现的“落地”过程中,治理是基础,技术是承载,分析是手段,应用是目的。

2.2 大数据治理的基本概念

关于大数据治理,目前没有统一的说法,有的说成是数据治理,有的说成是大数据治理,但对于“治理”一词,都是使用英文“governance”。百度百科中将数据治理定义为:组织中涉及数据使用的一整套管理行为。国际数据管理协会(DAMA)对数据治理给出的定义为:数据治理是对数据资产管理行使权力和控制的活动集合。IBM 则为数据治理提出了一个解释性的概念:数据治理是一门将数据视为一项企业资产的学科,它涉及以企业资产的形式对数据进行优化、保护和利用的决策权利,涉及对组织内的人员、流程、技术和策略的编排,以从企业数据中获取最优的价值。

关于大数据治理,桑尼尔·索雷斯认为:大数据治理是制定与大数据有关的数据优化、隐私保护与数据变现的政策。大数据治理是传统信息治理的延续和扩展,体现了信息治理准则的一脉相承。

本书认为,大数据治理是指组织中涉及大数据使用的一整套管理行为。大数据治理是一个跨功能框架,它把数据作为组织、企业或者国家的战略资产进行管理和使用。大数据治理的内涵还与治理的主体有关。下面根据大数据治理的主体层次,对大数据治理的框架和内容进行详细阐述。

2.3 大数据治理的层次与框架

大数据治理是一个框架体系,从不同层面考虑,其含义是不同的。最低层次的大数据治理,是企业或公司等单个组织对自己所拥有的大数据的治理。另外,还可以从行业和国家层面设计大数据治理框架。无论哪个层面,都涉及以下基本问题:确定大数据资产地位、建立相应的大数据治理的管理体制和机制、设计大数据共享和开放的原则和机制、设计大数据安全与隐私保护的政策和相关内容。

2.3.1 组织层面的大数据治理框架

在组织层面,大数据治理是指组织数据可获得性、可用性、完整性和安全性的部署和全面管理。组织内的大数据治理是一个流程,涉及人员、组织架构、治理流程、治理工具、治理标准和制度、现场实施和运维。大数据治理关注数据资产定位、组织和管理流程、数据共享和隐私保护等重要方面,具体表现为通过规定将数据确定为核心资产;建立适应数据资源完善、价值实现、质量保障等方面的组织结构和过程规范,重点是保证数据采集质量、元数据质量,采取措施保证数据可用;实现组织内部的数据资源共享;确立对外的数据共享机制,涉及资产定价和数据安全问题;确保客户隐私安全问题;数据智能应用阶段的结果展示。

2.3.2 行业层面的大数据治理框架

在行业层面,大数据治理涉及资产地位的确立、管理体制与机制、共享与开放政策、安全与隐私保护等重要方面。相对于组织,行业大数据治理是在国家相关管理框架下,考虑到本行业中企业的共同利益和协作发展,建设的完善的行业大数据治理规则。其具体包括:规范行业管理,建立相关的组织机构,制定行业数据管理制度;制定行业内数据共享与开放的规则,构建数据共享交换平台,为行业提供服务;制定行业内部的数据安全制度,确保行业内数据共享、开放等相关活动有序展开。

2.3.3 国家层面的大数据治理框架

在国家层面,大数据治理涉及以下重要方面:确定资产地位,需要从国家法律法规层面明确数据资产地位;建设良好的管控协调机制,促进数据产业的健康发展;制定数据开放与共享的政策,建设政府主导的数据共享平台;出台大数据安全与隐私保护的法律法规,保障国家、组织和个人的数据和隐私安全。

2.4 大数据治理的内容体系

2.4.1 成立数据治理组织机构

数据治理组织可以分为三个级别:最高层是数据治理委员会,由组织负责数据资产的职能部门的领导和业务领导组成;中间层是数据治理工作组,由经常会面的中层经理组成;最低层是负责数据治理的技术人员和相关人员。数据治理既是技术部门的事,更是业务部门的事,一定要建立多方共同参与的组织架构和制度流程,数据治理的工作才能真正职责明确,落实到人。

2.4.2 明确大数据治理任务现状

一是对大数据治理现状的改进,这种情况下资料相对比较充分,能够明确存在的问题及要改进的问题;二是进行开创性的数据治理项目,这种情况下组织本身可借鉴自身经验和过去的资料并不多。

既然组织要进行大数据治理,必定是看到了自己的数据存在种种问题。但是做什么,怎么做,做多大的范围,先做什么、后做什么,达到什么样的目标,业务部门、技术部门、厂商之间如何配合,等等,都应该先想清楚,即大数据治理要先找到一个切入点。这就需要对数据治理现状进行调研。通过调研数据架构、现有的数据标准和执行情况,数据质量的现状和痛点,已经具有的数据治理能力现状等,来摸清楚数据的实际情况。

2.4.3 创建业务术语数据库

业务术语的有效管理可帮助确保相同的描述性语言适用于整个组织。业务术语库是一个关键词汇的数据库,它保证了组织的技术和业务端之间关键术语的一致性,避免了因关键术语的理解不一致而产生的后续各种的不一致情况,如对“产品”“客户”“合作伙伴”“经销商”“数据类型”“盈利能力”等重要术语的定义。业务术语数据库一旦确定,可应用到整个组织,从而确保业务词汇通过元数据与技术词汇相关联,而且组织内对这些术语拥有完全一致的理解。

2.4.4 管理元数据

元数据是用来描述数据的数据。以一张数据表为例,我们知道表名、表别名、表的所有者、数据存储的物理位置、主键、索引、表中有哪些字段、这张表与其他表之间的关系,等等。所有的这些信息加起来,就是这张表的元数据。因此,掌握了元数据,就等于掌握了所有数据的一张地图。根据这张地图,组织就能知道,共有哪些数据?数据分布在哪里?这些数据分别是什么类型?数据之间有什么关系?哪些数据经常被引用?哪些数据无人光顾?元数据是一个组织内的数据地图。元数据管理是数据治理的核心和基础。

元数据管理的流程见图 2.1。

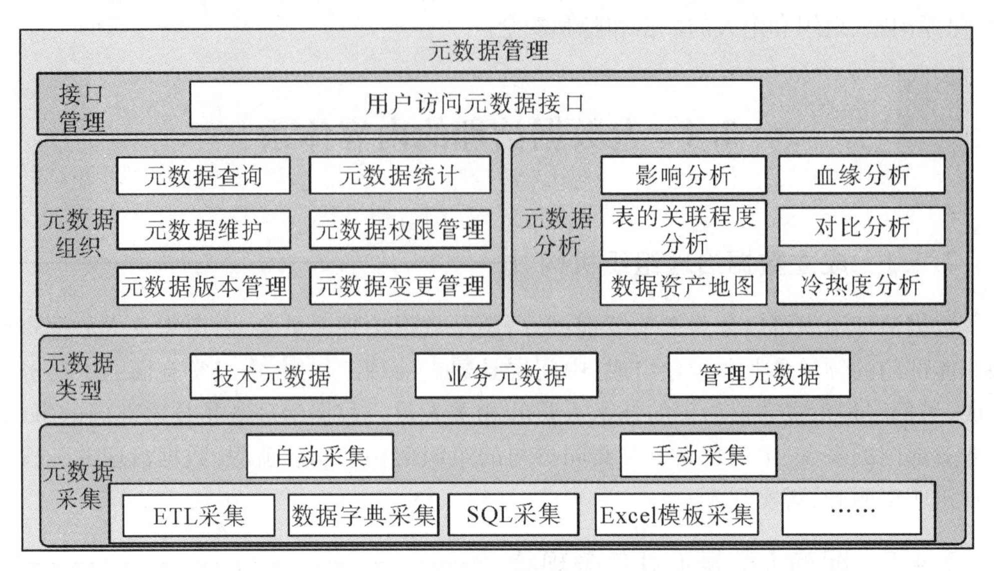

图 2.1　元数据管理流程

(1)元数据类型与采集。元数据来自大数据平台数据流动的全过程,主要包括数据源元数据、数据加工处理过程元数据、数据主题库专题库元数据、服务层元数据、应用层元数据等。业内通常把元数据分为以下类型:技术元数据,包括库表结构、字段约束、数据模型、ETL 程序、SQL 程序等;业务元数据,包括业务指标、业务代码、业务术语等;管理元数据,包括数据所有者、数据质量定责、数据安全等级等。元数据采集是指获取数据生命周期中的元数据,对元数据进行组织,然后将元数据写入数据库中的过程。要获取元数据,需要采取多种方式,包括数据库直连、接口、日志文件等技术手段,对结构化数据的数据字典、非结构化数据的元数据信息、业务指标、代码、数据加工过程等元数据信息进行自动化和手动采集。元数据采集完成后,被组织成符合元数据定义和规范的结构,存储在关系型数据库中,供多个项目共享和利用。

(2)元数据组织。元数据组织包括查询、维护、版本管理、变更管理、权限管理及简单的统计分析。元数据一般是以树形结构来组织的,可以按不同类型对元数据进行浏览和检索,如我们可以浏览表的结构、字段信息、数据模型、指标信息等。通过合理的权限分配,可以大大提升信息在组织内的共享,以供更多人对元数据进行查看。另外,也可以对元数据进行简单的统计分析,如统计各类元数据的数量,包括各类数据的种类、数量等,以方便用户掌握元数据的摘要信息。

(3)元数据分析。元数据分析包括影响分析、血缘分析、表的关联度分析、对比分析、数据资产地图等。其中,影响分析和血缘分析主要解决"数据之间有什么关系"的问题。血缘分析是指找到数据的血缘关系,以历史事实的方式记录数据的来源、处理过程等。如果说血缘分析指向数据的上游来源,那么,影响分析则指向数据的下游。当系统进行升级改造的时候,如果修改了数据结构、ETL 程序等元数据信息,依赖数据的影响分析,可以快速定位出元数据修改会影响到哪些下游系统,从而减少系统升级改造带来的风险。数据的影响分析有利于快速锁定元数据变更带来的影响,将可能发生的问题提前消灭在萌芽之中。冷热度分析主要是对元数据表的使用情况进行统计,如表与ETL程序、表与分析应用、表与其他表的关系情况等,从访问频次和业务需求角度出发,进行数据冷热度分析,用图表的方式,展现表的重要性指数。数据的冷热度分析对于用户有巨大的价值,如我们观察到某些数据资源处于长期闲置,没有被任何应用和调用,也没有别的程序去使用的状态,这时候,用户就可以参考数据的冷热度报告,结合人工分析,对冷热度不同的数据做分层存储,或者评估是否对失去价值的这部分数据做下线处理,以节省数据存储空间。通过对元数据的加工,可以形成数据资产地图等应用。数据资产地图一般用于在宏观层面组织信息,以全局视角对信息进行归并、整理,展现数据量、数据变化情况、数据存储情况、整体数据质量等信息,为数据管理部门和决策者提供参考。元数据的对比分析是指对相似的元数据进行比对。

总之,元数据管理可以让数据被描述得更加清晰,更容易被理解、被追溯,更容易评估其价值和影响力。元数据管理还可以大大促进信息在组织内外的共享。

2.4.5 管理主数据

主数据是用来描述企业核心业务实体的数据,如客户、供应商、员工、产品、物料等。它是具有高业务价值的、可以在企业内跨越各个业务部门被重复使用的数据,被誉为企业的“黄金数据”。参考数据是用于将其他数据进行分类或目录整编的数据,是规定数据元的域值范围。参照数据一般是有国际标准的,或者是用于企业内部数据分类的、基本固定不变的数据。比如,主数据中有一个反映客户职业的变量,关于职业划分,为了在企业内部统一起来,可以采用国家或者某一部门的分类标准,如把职业分为八大类。参考的标准就是相对于主数据的参考数据。

从企业和组织来说,大数据涉及不同来源的复杂数据,倘若缺乏得当的数据整合策略,各个部门各个环节的数据是不统一的,会形成组织内部的数据“孤岛”,使存储成本和管理成本高,而且不能进行不同数据间的关联分析。如今组织内很少有应用程序是独立存在的,它们由系统和“系统的系统”组成,包含散落在组织内各个角落但整合或至少相互关联的应用程序和数据库。大数据治理的一项重要内容是数据整合,为保证数据的整合,数据治理团队需要发现整个企业中关键的数据关系。大数据尤其是主数据的整合是数据治理的关键环节之一。另外,主数据的质量管理也是大数据治理的重点和目标。

2.4.6 管理大数据生命周期

大数据从产生到管理再到应用,是有生命周期的,因此要对大数据生命周期进行管理。其具体包括:基于规制和业务要求,扩展保留时间表,将大数据包含其中;提供法律保留区,并支持电子证据展示;压缩大数据并将其存档,降低信息技术成本,提高应用绩效;管理实时流数据的生命周期;保留社交媒体记录,以符合规制要求,并支持电子证据展示;基于规制和业务要求,对访问频率较低的数据进行归档,正当合理地处置不再需要的大数据。

2.4.7 管理隐私

大数据的变现,不是隐私的变现。在大数据治理的全过程中,对可识别的个人信息等数据隐私，应给予尊重和保护，在挖掘价值和呵护隐私之间实现平衡。从企业角度来说，企业必须建立符合法律规范的隐私制度，防止大数据的误用、滥用，主要包括识别敏感的大数据、对元数据库中的敏感大数据进行标记、了解国家和行业层面的隐私立法和隐私限制、监控特权用户对敏感大数据的访问。

2.4.8 考核大数据治理效果

在数据治理的项目需求阶段，就应该坚持业务价值导向，把数据治理的目的定位在有效地对数据资产进行管理，确保其准确、可信、可感知、可理解、易获取，为大数据应用和领导决策提供数据支撑。并且在这个过程中，一定要重视并设计数据治理的可视化呈现效果，如管理了多少元数据，是否能够用数据资产地图漂亮地展示出来；管理了多少数据资产，主题是什么，来自什么数据源，可否用数据资产门户的方式展示出来；数据资产用什么方式对上层应用提供服务，这些对外服务是如何管控的，谁使用了数据，用了多少数据，可否用图形化的方式进行统计和展现；建立了多少条清洗数据的规则，清洗了多少类数据，可否用图表展示出来；发现了多少条问题数据，处理了多少条问题数据，可否用一个不断更新的统计数字来表示；数据质量问题逐月减少的趋势，可否用趋势图展现出来；数据质量问题出现在哪些部门和哪些环节，可否用统计图展示出来；数据分析、报表等应用，因为数据问题而必须回溯来源和加工过程的次数，是否应该统计逐月下降的趋势；之前的回溯方式和现在通过血缘管理更清楚地定位问题数据产生的环节，将这两者之间进行对比，节省了客户多少时间和精力，是否应该有一个公平的评估；之前找数据平均使用的时间，现在找数据平均需要的时间，是否能通过访谈的方式得到公平的结论；等等。通过这些方面，可以考核大数据治理的成效。

2.5 大数据治理的技术支撑

大数据治理的目标是把数据管起来、用起来、保证数据质量，这些目标离不开各种技术的支撑。这些技术包括元数据自动采集和关联、数据质量的探查和提升、数据的自助服务和智能应用等。大数据治理技术工具分为两类：一类是单个工具；另一类是集成平台，用于不同的阶段、场景和客户。其中，单个工具包括元数据管理工具、数据质量管理工具、主数据管理工具等；集成平台包括数据资产管理平台、数据治理平台、自助服务平台等。

2.5.1 元数据管理工具

元数据是大数据治理的核心，元数据管理工具应该支持企业级数据资产管理，并且从技术上支持各类数据采集与数据的直观展现，从应用上支持不同类型用户的实际应用场景。一个合格的元数据管理工具，需要具备以下基本能力：①元数据要有全面的数据管理能力。无论是传统数据还是大数据，无论是工具还是模板等，都应该是元数据的管理范畴。对于企业来说，要想统一管理所有信息资产，依靠原来人工录入资产的方式肯定是不行的，企业需要从技术上提供各种自动化能力，实现对资产信息的自动获取，包括自动数据信息采集、自动服务信息采集与自动业务信息采集等,这要求企业使用的数据管理工具支持一系列的采集器,并且多采用直连的方式来采集相关信息。②尽管元数据是一个基础的管理工具,也需要具备好的特性,方便使用,能给用户带来好的感受。作为一款元数据管理工具,能让用户在一个界面全面地了解到元数据信息,通过图像从更多维度、更直观地了解企业数据全貌和数据关系是很重要的。另外,元数据管理工具不仅是一个工具,还需要关注各类人的使用诉求,与具体用户的使用场景相结合。对于业务人员来说,通过元数据管理的业务需求管理,能更容易地和技术人员沟通,便于需求的技术落地;对于开发人员来说,通过元数据管理能管控系统的开发上线、提升开发规范性,自动生成上线脚本,降低开发工作难度和出错概率;对于运维人员来说,通过元数据管理能让日常巡检、版本维护等工作变得简单可控,从而辅助日常问题的分析查找,简化运维工作。

2.5.2 自助化数据服务平台

大数据治理的最佳实践,是自助化数据服务平台。大数据治理的最终目标不仅是管理数据,而是为用户提供一套数据服务的生产线,让用户能通过这条生产线自助地找到数据、获得数据,并规范化地使用数据,因此自助化数据服务共享平台是大数据治理必不可少的工具。

作为大数据治理的落地工具,自助化数据服务共享平台不仅要为开发者提供一套完整的数据生产线,也需要给运维者提供易用的监控界面,毕竟系统的运维才是工具应用的常态。全局的数据资产监控能力和数据问题跟踪能力同样重要,通过全局的数据资产监控能力,能使客户方便地了解到企业数据共享交换的全貌、系统间的数据关系、数据提供方和消费方的使用情况;通过数据问题跟踪能力,能实现数据问题的智能定位,减少运维工作难度。

2.6 大数据治理的应用场景

拥有大数据的组织都需要进行大数据治理,下面列举大数据治理的四个典型应用。

2.6.1 医疗产业的大数据治理

医疗产业进行大数据治理的场景和治理重点的典型案例如下:

场景1:医疗监护。比如,在重症监护室,医院使用流数据技术监控病人的健康状况。这种场景中的大数据主要是监护仪器产生的流数据。通过使用流数据技术,医院可在疾病症状出现24小时之前,预测病的发生。该项应用赖于大量的时间系列数据。但是,在病人移动后,时间系列数据有时会丢失,从而导致监测设备脱位并停止提供读数。在此情况下,流数据平台使用线性和多元回归技术,填补历史时间系列数据中的空白。在发生医疗诉讼或进行医疗调查时,医院也会保存原始数据和修正数据。最后,医院会制定政策保障信息的安全。在此场景中,大数据治理的重点是数据质量,治理措施是补充完善数据。

场景2:跨科室就医。比如,有的病人长期在一个医院的多个科室看病。在这种情况下,首先要确保该病人在各科室登记的信息一致;其次是保证该病人的跨科室的主数据的一致性;最后是主数据的整合,以便于不同科室医生在设计治疗方案时互相参考。在该场景中,大数据治理的重点是数据质量和主数据整合,治理措施是保证主数据的一致性,从而保证一个病人的信息是完整的并为所有科所共享。

场景3:情绪分析。依据的大数据类型主要是Web数据。比如,在移动医疗平台(好大夫在线、春雨医生等),有病人在平台上发表自己对医生和治疗效果的看法,平台应该以简短回帖响应,然后进入线下交流。这时,平台应该保护病人的隐私。

场景4:医疗资源和问诊情况分布分析。仍然以移动医疗平台(好大夫在线、春雨医生等)为例,有在册医生资料和病人问诊资料。根据这些资料,可以分析平台上的医生资源分布,也可以分析病人问诊情况分布。平台应该保护病人的隐私以及协调用好医生资源。在此情景中,大数据治理的重点是数据质量和病人以及医生隐私保护。

2.6.2 电信行业的大数据治理

电信行业的大数据治理的场景和治理重点的典型案例如下:

场景1:客户流失分析。依据的大数据主要是Web数据、社交媒体数据、大体量交易数据。电信运营商为构建客户流失模型,需要用到电话详单、社交媒体数据等大体量交易数据。但是,流失模型的精确度,依赖于客户的出生日期、性别、所处位置和收入等客户主数据属性的质量。因此,保护客户数据隐私就显得尤为重要。为了保护客户隐私,运营商在使用数据建模分析时,需要屏蔽用户名等敏感信息,因为对于客户流失分析而言,呼出和呼入的电话号码是价值所在的主要领域。在此场景中,大数据治理的重点是隐私保护、主数据整合、数据质量。

场景2:跟踪客户行为。电信运营商凭着自己的技术手段,可以实时跟踪用户的行为,如果电信运营商掌握了客户长期的行动轨迹,就可以分析其日常消费行为。如果运营商把这些信息出售给商品零售商,就可以谋利。但是,电信运营商的隐私主管部门必须清楚由此带来的企业声誉和规制风险。电信运营商的大数据治理计划需要权衡新收入源潜在的收益和可能涉及的隐私风险。在此场景中,大数据治理的重点是数据的隐私保护。

2.6.3 金融行业的大数据治理

这里仅介绍一种场景,即投融资方式之一的众筹问题。通过众筹平台,小额资金的筹资者通过介绍筹资项目人员情况、项目情况,希望得到资金支持;小额资金的投资者,通过众筹平台了解相应信息,然后对项目进行投资。在此问题中,大数据治理的重点是数据质量,即保证项目发起人的所有资料都是真实的,以及项目介绍是真实的。否则,项目投资者基于虚假信息进行投资,就会产生损失。

2.6.4 信息技术行业的大数据治理

信息技术部门借助于大数据分析应用日志,可获得提高系统绩效的洞察。由于应用服务商的日志文件的使用格式不同,在得到有效使用之前,日志文件首先要被标准化。

在这个场景中,大数据是日志数据,进行的分析是日志分析,大数据治理的对象是元数据。

2.7 大数据治理的产业发展

大数据治理是连接大数据科学和应用的桥梁,若要到达风光无限的大数据彼岸,必须学会大数据治理。相信在不远的将来,所有组织都会意识到大数据资产的价值,都会需要大数据治理。另外,经过循序渐进的治理,大数据将成为重要的国家资源和企业的核心生产要素。大数据将给中国的政府、企业和其他组织带来切切实实的收益。目前,从宏观的行业和国家角度看,大数据治理涉及的方面太多,因而发展的步伐相对慢一些。从微观层面看,大数据治理需要一整套严密的管理和技术体系,并不是所有组织都值得耗费巨大的人力和物力来亲自设计大数据治理方案。因而,大数据治理也将会形成相应的产业,涌现出一批优秀的大数据治理的专业公司。目前,我国已经有此类公司出现,但在其服务过程中,也发现了很多问题。无论如何,随着人们对大数据和大数据治理的重视,中国的大数据治理体系和技术一定会越来越成熟,越来越完善,使中国的大数据资产为企业和社会创造更大的价值,体现出数字经济的强大力量。

3 数据质量管理

3.1 数据质量管理的概念

数据质量可以从以下三个方面来定义:①从用户角度来定义的数据质量,指数据满足特定用户预期需要的程度。②从数据本身来定义的数据质量,指从数据质量的指标来衡量数据的好坏,包括真实性、完备性、一致性,等等。③从数据产生和使用过程来定义的数据质量,指数据能被正确使用、存储、传输和处理的程度。

关于数据质量管理,百度百科给出了一个解释性的概念,认为数据质量管理是:对数据从计划、获取、存储、共享、维护、应用、消亡整个生命周期的每个阶段里可能引发的数据质量问题,进行识别、度量、监控、预警等一系列管理活动,并通过改善和提高组织的管理水平使得数据质量获得进一步提高。其终极目标是通过可靠的数据提升数据在使用中的价值。

相比传统数据的质量管理,由于大数据实时性要求高、容量大以及数据类型多样,其数据质量管理也有别于传统数据的质量管理。具体来说,大数据质量管理与传统的数据质量管理存在的区别主要是:传统的数据质量管理主要关注静态数据,而大数据质量管理除了管理静态数据以外,还要关注动态数据;传统数据质量较高,而大数据中很多时候存在大量噪音数据,需要进行数据清理;传统数据的元数据管理相对完善,而大数据的元数据管理相对较差。本书中的数据质量管理,是指大数据质量管理。

3.2 数据质量的维度

高质量数据必须是合乎需求的数据,可以根据数据是否合乎需求来定义高质量数据,具体到实际应用中,需要结合具体的数据特征来衡量,数据质量可以用多种维度来进行衡量,每种度量维度衡量了数据某个或某类特征属性需求满足度。数据质量衡量维度可概括为以下四个方面：

(1)数据质量固有衡量维度，见表3.1。

表3.1 数据质量固有衡量维度表

维度名称	维度描述
可信性	数据真实和可信程度
客观性	数据无偏差、无偏见、公正中立的程度
可靠性	数据从来源和内容角度对其信赖的程度
价值密度	数据价值可用性
多样性	数据类型的多样性

(2)数据质量环境衡量维度，见表3.2。

表3.2 数据质量环境衡量维度表

维度名称	维度描述
适量性	数据在数据量上对于当前应用的满足程度
完整性	数据内容是否缺失，以及当前广度和深度的应用满足程度
相关性	数据对于当前应用来说适用和有帮助的程度
增值性	数据对于当前应用是否有益，以及通过数据使用提升优势的程度
及时性	数据满足当前应用对数据时效性的要求程度
易操作性	数据在多种应用中便于使用和操作的程度
广泛性	大数据来源的广泛程度

(3)数据表达质量的度量维度，见表3.3。

表3.3 数据表达质量的度量维度表

维度名称	维度概述
可解释性	数据在表示语言、符号、单位以及清晰的程度
简明性	数据在严谨、简明、扼要表达事物的程度
一致性	数据在信息系统中按照相同一致方式存储的程度
易懂性	使用者能够准确地理解数据所表示的含义，避免产生歧义的程度

(4)数据可访问性质量的度量维度，见表3.4。

表3.4 数据可访问性质量的度量维度表

维度名称	维度概述
可访问性	数据可用且使用者能够方便、快捷地获取数据的程度
安全性	对数据的访问、存取有着严格的限制，达到响应的安全等级高度

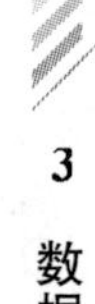

3.3 数据质量管理参考框架

数据质量管理参考框架是数据质量管理的基础。在数据治理方面,相关行业和组织开展了一系列研究,取得了一些成果,如国际货币基金组织的《数据质量评估框架》、中国银行业监督管理委员会的《银行监管统计数据质量管理良好标准》、欧洲质量管理基金会(Fremawork or Coporate Data Quality Management,EFQM)建立的 EFQM 业务卓越模型。

数据质量管理框架覆盖组织在大数据生态链中的所有质量管理活动,为组织提供了数据治理管理方法论,以支撑组织开展大数据质量管理工作,指导决策者将大数据质量管理纳入组织日常工作,建立团队来组织管理企业的数据资产,确保数据质量能够满足业务运行和管理决策的需要。

结合国内数据质量管理的特征,提出数据质量管理参考框架,见图 3.1。

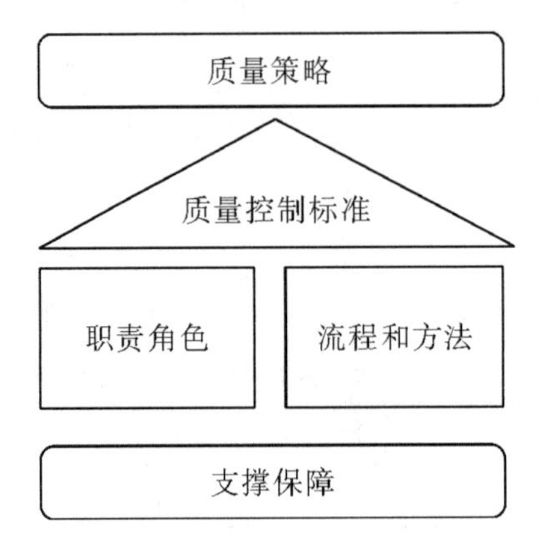

图 3.1　数据质量管理参考框架

3.3.1　质量策略

数据质量策略是快速应对业务变化、符合监管和法规要求、客户管理、业务流程整合和标准化等工作的前提。大数据质量策略对质量管理文化、职责和角色、流程和方式、服务级别协议等具有深远影响。

大数据质量策略主要包括以下工作:结合组织业务经营策略和大数据策略,制定、评估和更新组织级别的大数据质量策略;组织高官积极参与大数据质量策略的制定,确保大数据质量框架的开发、共享、实施、改进,并与管理体系的协调一致。

3.3.2　质量控制标准

大数据质量控制的目标是实现内外部数据质量的监测度量,通过度量化评估、识别和检测,明确大数据质量和业务流程间的关系,完成大数据质量报告的编制等,主要工作包括:识别大数据质量对业务的影响,在数据所有者和使用者配合下,选择、定义和维护合适的大数据质量监测维度和检测规则;建立、维护关键业务数据的知识库和质量规则库;大数据质量持续监测和后续改进行为。大数据质量控制标准主要包含三个方面的内容：

(1)职责角色。大数据质量管理必须将相关质量岗位、角色纳入组织架构中，明确权利责任，保证高效地完成质量管理工作和任务。其主要有以下工作内容：定义、管理和改进大数据质量管理的人力资源；建立和维护组织内员工的大数据质量管理意识；授权组织内员工承担大数据质量管理责任。

(2)流程和方法。流程和方法是实现数据质量管理控制的重要保障。对于核心业务流程中的各类数据，按照“第一次就做好”的原则进行主动维护和管理，采取“预防代替救火”的数据质量措施，确保组织内数据达到高质量的目标。在组织业务核心流程中主动管理、使用和维护大数据，保证组织的大数据在全生命周期内达到高质量水平。其主要包括以下工作内容：系统化设计、管理和改进大数据质量管理流程；定义和改进大数据的采集、应用和维护任务。

(3)支持保障。大数据质量支撑保证，主要是通过质量辅助技术工具、软件和系统，支撑大数据管理工作，保障大数据质量符合组织数据质量标准、业务规则和数据质量规则等。其主要包括以下工作内容：利用工具、软件和系统开展相关的规划、管理和改进；记录和持续了解大数据质量管理活动的现状和未来的应用功能等。

3.4 数据质量管理工具

3.4.1 传统管理工具

传统管理工具包括分析法、检查表、帕累托图、因果分析图、直方图、散步图、过程控制图 SPC 等。

3.4.2 新管理工具

新管理工具包括关联图、亲和图、系统图、矩阵图、矩阵数据分析法、过程决策程序图、矢线图等。

3.4.3 其他工具

其他工具包括数流图、头脑风暴法、智能设备校准等。

4 案例分析：美团酒旅数据治理实践

数据已成为很多公司的核心资产，而在数据开发的过程中会导致各种质量、效率、安全等方面的问题，数据治理就是要不断消除这些问题，保障数据准确、全面和完整，为业务创造价值，同时严格管理数据的权限，避免数据泄露带来的业务风险。在数字化时代，数据治理是很多公司的一项非常重要的核心能力。本章具体介绍美团酒旅平台在数据治理方面的实践。

4.1 案例背景

4.1.1 美团酒旅数据现状

2014 年，美团酒旅业务成为独立的业务部门，到 2018 年，美团酒旅平台已经成为国内酒旅业务重要的在线预订平台之一。美团酒旅平台的业务发展速度较快，数据增长速度也很快，在 2017—2018 年，其生产任务数以每年超过一倍的速度增长，数据量以每年超过两倍的速度增长。如果不做治理的话，根据这种接近指数级的数据增长趋势来预测，未来数据生产任务的复杂性及成本负担都会变得非常之高。2019 年年初，美团酒旅平台面临着以下五方面的问题：

（1）数据质量问题严重。一是数据冗余严重，从数据任务增长的速度来看，新上线任务多，下线任务少，对数据表生命周期的控制较少；二是在数据建设过程中，很多应用层数据都属于“烟囱式”建设，很多指标口径没有统一的管理规范，数据一致性无法进行保证，同名不同义、同义不同名的现象频发。

（2）数据成本增长过快。某些业务线大数据存储和计算资源的机器费用占比已经超过了 35%，如果不加以控制，大数据成本费用只会变得越来越高。

（3）数据运营效率低下。数据使用和咨询多，数据开发工程师需要花费大量时间一对一解答业务用户的各种问题。但是这种方式对于用户来说，并没有提升数据的易用性，无法有效地积累和沉淀数据知识，并且还降低了研发人员的工作效率。

(4)数据安全缺乏控制。各业务线之间可以共用的数据比较多,而且每个业务线没有统一的数据权限管控标准。

(5)开发标准规范缺失。早期为快速响应业务需求,研发人员通常采用"烟囱式"的开发模式,缺乏相应的开发规范约束,且数据工程师的工作思路和方式差异性都非常大,导致数据仓库内的重复数据多,规范性较差。当发生数据问题时,问题的排查难度也非常大,且耗时较长。

4.1.2 数据治理需要解决的问题

数据治理是一项需要长期被关注的复杂工程,这项工程通过建立一个满足企业需求的数据决策体系,在数据资产管理过程中行使权力、管控和决策等活动,并涉及组织、流程、管理制度和技术体系等多个方面。一般而言,数据治理的主要问题包括以下五个部分(见图 4.1):

(1)质量问题。这是最重要的问题,很多公司的数据部门启动数据治理的大背景就是数据质量存在问题,如数据的及时性、准确性、规范性以及数据应用指标的逻辑一致性问题等。

(2)成本问题。互联网行业数据增长速度非常快,大型互联网公司在大数据基础设施上的成本投入占比非常高,而且随着数据量的增加,成本也将继续攀升。

(3)效率问题。在数据开发和数据管理过程中都会遇到一些影响效率的问题,很多时候是堆人力在做。

(4)安全问题。业务部门特别关注用户数据,一旦泄露,对业务的影响非常大,甚至能左右整个业务的生死。

(5)标准问题。当公司业务部门比较多的时候,各业务部门、开发团队的数据标准不一致,数据打通和整合过程中都会出现很多问题。

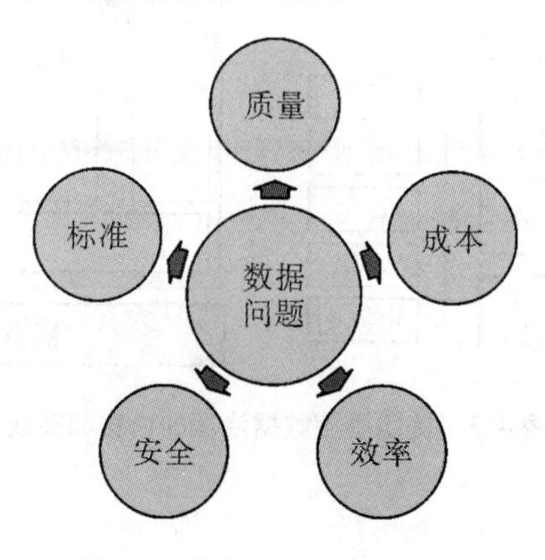

图 4.1 数据治理的主要问题

4.1.3 长期治理目标

2019 年,美团酒旅数据团队开始主动启动数据治理工作,对数据生命周期全链路进行体系化数据治理,期望保障数据的长期向好,解决数据各个链路的问题,并保持数据体系的长期稳定。其具体的目标包含以下四个方面:

(1)建立数据开发全链路的标准规范,提高数据质量,通过系统化手段管理指标口径,保障数据的一致性。

(2)控制大数据成本,避免大数据机器成本增长对业务营收带来的影响;合理控制数据的生命周期,避免数据重复建设,减少数据冗余,及时归档和清理冷数据。

(3)管理数据的使用安全,建立完善的数据安全审批流程和使用规范,确保数据被合理地使用,避免因用户数据泄露带来的安全风险和商业损失。

(4)提高数据工程师的开发和运维效率,减少数据运营时间的投入,提高数据运营的自动化和系统化程度。

4.2 数据治理策略

在 2018 年以前,美团酒旅数据团队就做过数据治理,不过当时只是从数据仓库建模、指标管理和应用上单点做了优化和流程规范。之后,基于上面提到的五个问题,美团酒旅数据团队又做了一个体系化的数据治理工作。下面介绍美团酒旅数据团队在数据治理方面的具体策略。

数据治理方案需要覆盖数据生命周期的全链路,美团酒旅数据团队把数据治理的内容划分为四大部分:组织、标准规范、技术、衡量指标。数据治理的实现路径是以标准化的规范及组织保障为前提,通过技术体系整体保证数据治理策略的实现。同时,搭建数据治理的衡量指标,随时观测和监控数据治理的效果,从而保障数据治理长期向好的方向发展。美团酒旅数据治理的内容和实践见图 4.2。

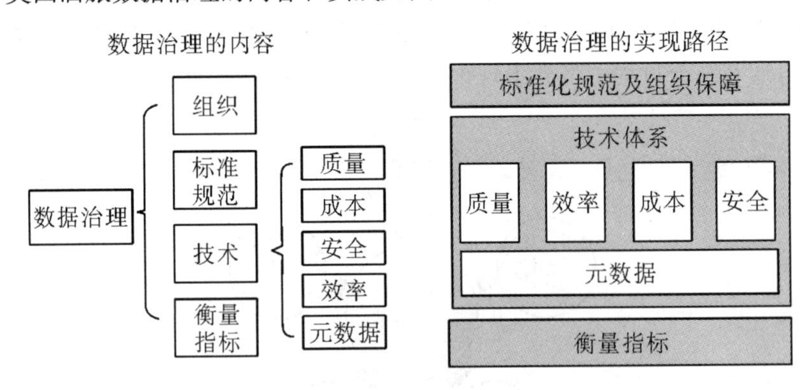

图 4.2 美团酒旅数据治理的内容和实践

4.3 标准化和组织保障

美团酒旅数据团队制定了一个全链路的数据标准,从数据采集、数据仓库开发、指标管理、数据应用到数据生命周期管理全链路建立标准,在标准化建立过程中联合组建了业务部门的数据管理委员会。美团酒旅全链路数据标准和数据管理委员会组织结构见图 4.3。

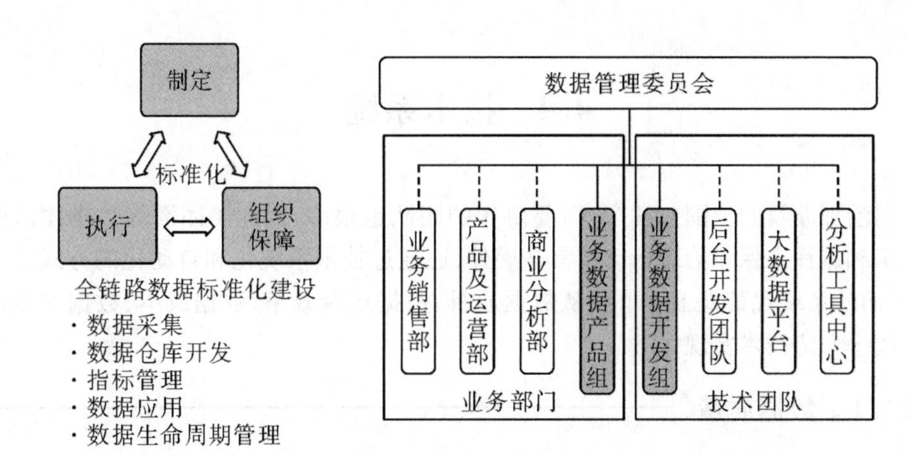

图 4.3 美团酒旅全链路数据标准和数据管理委员会组织结构

4.3.1 标准化

数据标准化包括三个方面:一是标准制定;二是标准执行;三是在标准制定和执行过程中的组织保障,如怎么让标准在技术部门、业务部门和相关商业分析部门达成统一。

从标准制定上,美团酒旅数据团队制定了一套覆盖数据生产到使用全链路的数据标准方法,从数据采集、数据仓库开发、指标管理、数据应用到数据生命周期管理都建立了相应环节的标准化的研发规范,数据从接入到消亡整个生命周期全部实现了标准化。

4.3.2 组织保障

根据美团酒旅平台数据管理分散的现状,如果专门建立一个职能全面的治理组织去监督执行数据治理工作的成本有点太高,在推动和执行上阻力也会比较大。所以,在组织保障上,美团酒旅数据团队建立了委员会机制,通过联合业务部门和技术部门中与数据最相关的团队成立了数据管理委员会,再通过委员会推动相关各方去协同数据治理的相关工作。

业务部门的数据接口团队是数据产品组,数据技术体系是由数据开发组负责建设,所以美团酒旅数据团队以上述两个团队作为核心建立了业务数据管理委员会,并由这两个团队负责联合业务部门和技术部门的相关团队,一起完成数据治理各个环节的工作和流程的保障。组织中各个团队的职责分工如下:

数据管理委员会:负责数据治理策略、目标、流程和标准的制定,并推动所有相关团队达成认知一致。

业务数据产品组:负责数据标准、需求对接流程、指标统一管理、数据安全控制以及业务方各部门的协调推动工作。

技术数据开发组:负责数据仓库、数据产品、数据质量、数据安全和数据工具的技术实现,以及技术团队各个部门的协调推动工作。

4.4 技术系统

数据治理涉及的范围非常广,需要协作的团队也很多,因此美团酒旅数据团队除了通过组织和流程来保障治理行动正常开展外,还通过技术系统化和自动化的方式进一步提效,从而让系统代替人工。下面从数据质量、数据运营效率、数据成本、数据安全四个方向来逐一介绍技术实现方案。

4.4.1 数据质量

数据质量是影响数据价值最重要的因素,高质量的数据能带来准确的数据分析,错误的数据会把业务引导到错误的方向。数据质量涉及范围较广,在数据链路的每一个环节都有可能出现数据质量问题,酒旅业务现阶段的主要质量问题包括以下方面:

(1)数据仓库规范性差,架构无统一的强制规范执行约束,历史冗余数据严重。

(2)应用层数据属于"烟囱式"建设,指标在多个任务中生产,无法保证数据的一致性。

(3)数据下游应用的数据使用无法把控,数据准确性较差,接口稳定性无法得到保障。

(4)业务方对多个数据产品的指标逻辑无统一的定义,各个产品中数据不能直接对标。

数据组的治理数据质量方案覆盖了数据生命周期的各个环节,具体方案详见图 4.4。

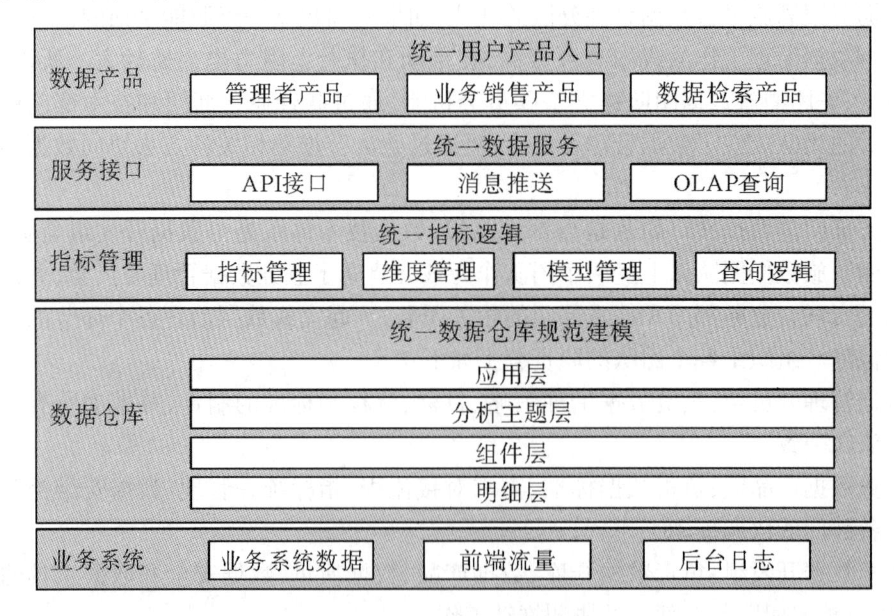

图 4.4 治理数据质量方案

下面具体介绍整体技术架构。

(1)统一数据仓库规范建模:通过统一数据仓库规范建模系统化保障数据仓库规范

执行，做到业务数据仓库规范标准化，并及时监控和删除重复和过期的数据。

(2)统一指标逻辑管理：通过业务内统一的指标定义和使用，系统化管理指标逻辑，数据应用层的数据指标逻辑都从指标管理系统中获取，保障所有产品中的指标逻辑一致。

(3)统一数据服务：通过建设统一的数据服务接口层，解耦数据逻辑和接口服务，当数据逻辑发生变化后不影响接口数据准确性，同时监控接口的调用，掌握数据的使用情况。

(4)统一用户产品入口：分用户整合数据产品入口，使同一场景下数据逻辑和使用方式相同，用户没有数据不一致的困惑。

4.4.2 数据运营效率

数据工程师在日常工作中的主要工作包括两大部分：数据开发和数据运营。前面介绍了通过数据开发和指标管理相关的工具系统建设，开发效率得到了大幅提升。而数据运营是另一大类工作，是指数据使用咨询和数据问题答疑，这占了数据工程师日常工作5%~10%的时间。

数据工程师日常投入到运营的人力多的主要原因是信息不对称和信息检索能力弱。数据团队建设了很多数据模型和数据产品，但是用户不知道怎么快速地找到和使用这些数据，问题主要体现在下面三个方面：

(1)找数难：所需要的数据有没有？在哪里能找到？

(2)看不懂：数据仓库是以数据表和报表等方式提供，数据的逻辑和含义不够清晰易懂。

(3)不会用：数据指标的查询逻辑是什么？多个表怎么关联使用？

数据团队通过数据资产信息的系统化方式建设易用的数据检索产品，帮助用户更快捷、更方便地找到数据，并指导用户正确地使用数据，提高数据信息的易用性，以此减少数据工程师的数据答疑和运维时间。实现策略是对用户的问题进行分类，通过数据信息系统化的方式分类解答80%的问题，最后少量的问题传到研发人员再进行人工答疑。系统化方式主要分两层，数据使用智能和数据答疑机器人。数据运营方案见图4.5。

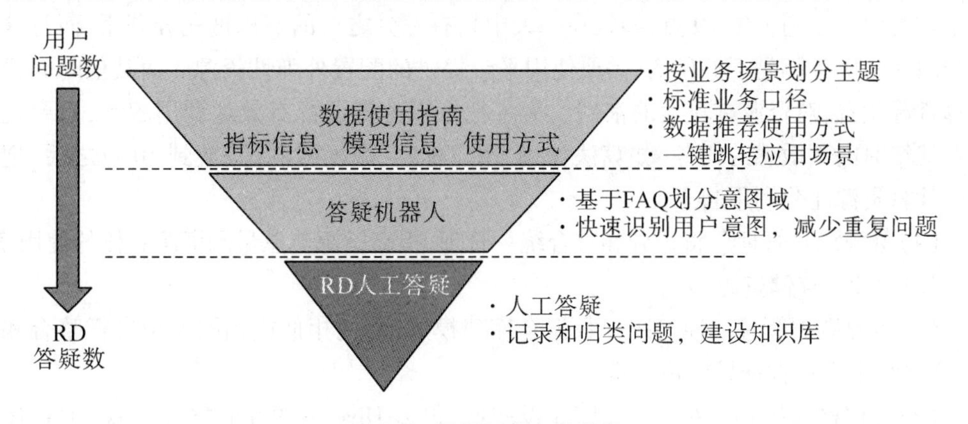

图4.5 数据运营方案示意

4.4.3 数据成本

大数据的主要成本构成包括计算资源、存储资源和日志采集资源，其中计算资源和存储资源占比达到总成本的90%，详见图4.6。数据成本治理主要是针对大数据计算资源和存储资源两部分。

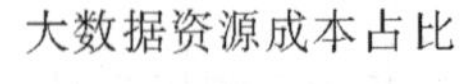

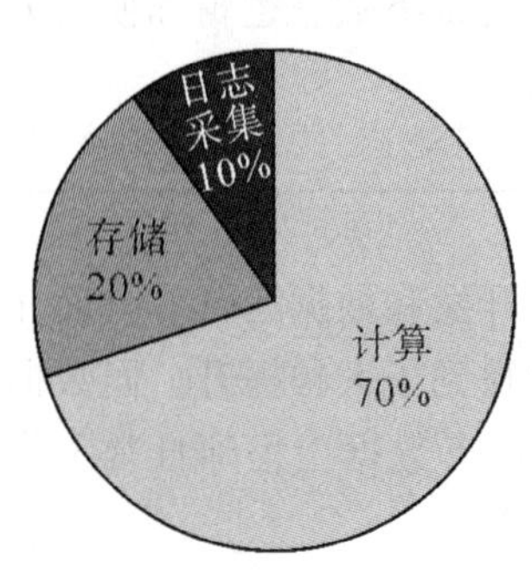

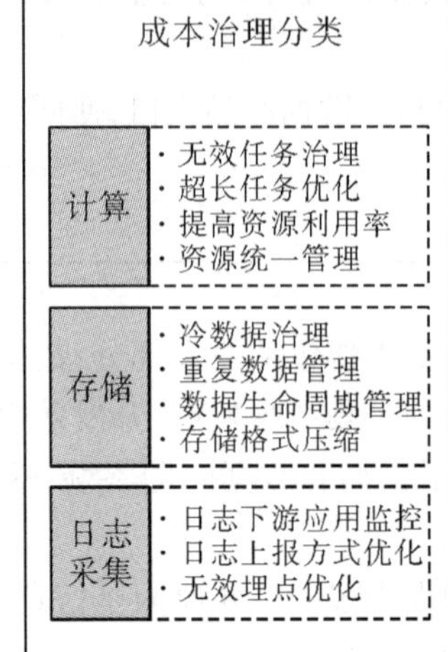

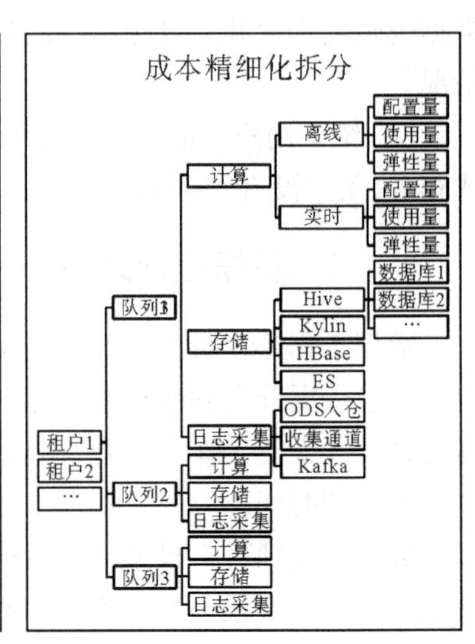

图4.6 大数据的主要成本构成

4.4.3.1 计算资源

(1)无效任务治理。判断通过任务生产出来的数据是否为无效任务，下线无效任务，减少任务执行使用的计算资源。

(2)超长任务优化。经过任务的计算资源使用数据可以发现，某几个大任务在执行时会占用大部分的计算资源，导致其他任务执行时间变长，或者占用配置外的弹性计算资源，导致计算成本增加。数据组会统计和监控每天任务的执行情况，发现执行时间长(超过2个小时)或者占用资源多的任务会及时进行优化。

(3)提高资源利用率。数据仓库的夜间批处理任务使用计算资源的实际时间一般都集中在凌晨2点到上午10点，导致在一天中只有三分之一的资源被充分利用，而且这段时间内通常资源都是不够用的，需要使用平台提供的配置外弹性资源。而其他时间段的计算资源闲置，对资源有较大的浪费。为了把全天的资源都有效地利用起来，需要把一些对就绪时间不敏感的任务(如算法挖掘、用户标签、数据回刷等)放到10点之后，把配置的计算资源充分利用起来。

(4)资源统一管理。将拆分和整合统一管理，提高资源池总量和资源总体的使用率。

4.4.3.2 存储资源

(1)重复数据管理。通过统一数据仓库建模规范，把相似或相同模型进行整合和去重，确保每个主题数据只保留一份。

(2)存储格式压缩。在数据仓库建设初期，很多Hive表的存储格式是txt，通过压缩为orc格式可以减少大量的存储空间。

(3)冷数据处理。把数据分为冷、热两大类数据，通过每天对全部数据仓库表扫描识别出冷数据，发给数据负责人及时处理。

(4)数据生命周期管理。按照数据仓库分层的应用场景配置数据的生命周期，明细数据仓库层保留的全部历史数据，主题层保留5年数据，应用层保留1~3年数据。通过数据生命周期管理，极大地减少了数据存储成本。

4.4.3.3 日志采集资源

下线冷数据的上游日志数据收集任务；数据收集费用主要来自两类数据，即业务系统数据库的Log同步和后台日志数据收集；通过对收集数据的使用情况进行监控，及时下线下游无应用的数据收集任务。

4.4.4 数据安全

数据资产对业务来说既是价值，也是风险。数据安全作为业务部门"事关生死"的核心工作，在技术架构上会从数据产生到数据应用各个环节进行控制，保障数据应用事前有控制、事中有监控和事后有审计。数据安全控制从业务系统开始对用户高敏感数据加密，在数据仓库进行分级和脱敏，在应用层做密文数据权限和密钥权限的双重保障，管控用户相关的高敏感数据，按照三层系统控制加五个使用原则保障数据安全。数据安全控制系统示意见图4.7。

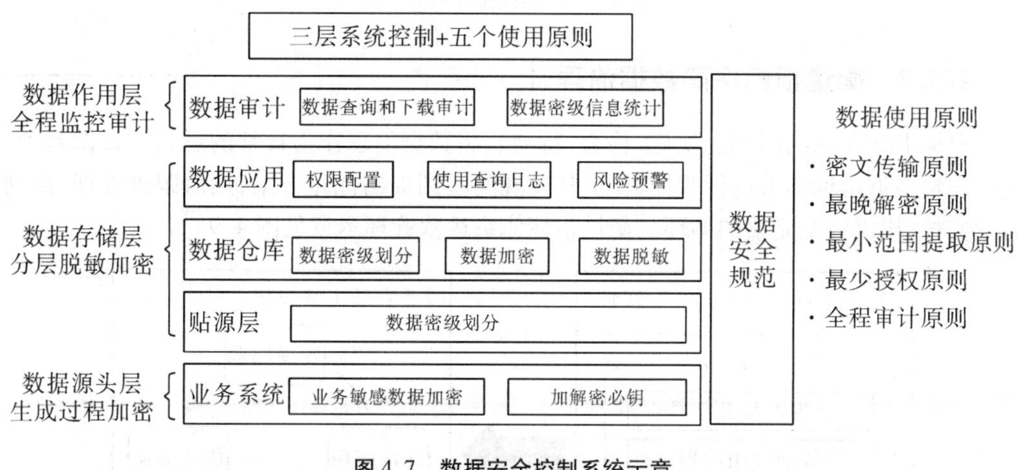

图4.7 数据安全控制系统示意

4.5 衡量指标

业务部门在业务发展初期就会建立指标体系，并使用数据指标对各个业务过程做精细化的分析，衡量业务目标的达成情况和行动的执行程度。数据治理也需要一套成熟、稳定的衡量指标体系，对数据体系做长期、稳定和可量化的衡量。通过制定体系化的数据衡量指标体系，可以及时监测数据治理过程中哪些部分做得好，哪些部分还有问题。

4.5.1 衡量指标建设

为了能够不重不漏地把指标都建立起来，数据团队需要从以下两个方面进行考虑：

①技术分类，按照数据团队关注的问题和目标，把数据治理的指标体系分成质量、成本、安全、易用性和效率五大类。②数据流环节，分别从数据的采集、生产、存储、指标管理、应用和销毁等环节监控关注的指标。数据衡量指标体系见图 4.8。

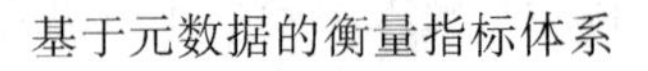

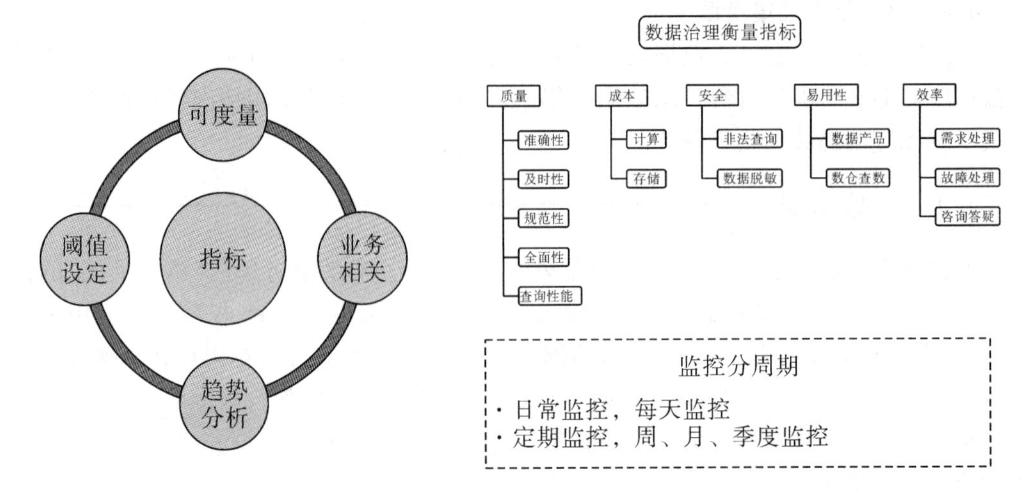

图 4.8 数据衡量指标体系

4.5.2 衡量指标保障数据治理

根据 PDCA 原则（计划、实施、检查、行动），将数据治理作为日常的运营项目做起来，底层依赖数据指标体系进行监控，往上从发现问题到提出优化方案，然后跟进处理，再到日常监控，构成一个完整的循环。衡量指标体系运营管理示意见图 4.9。

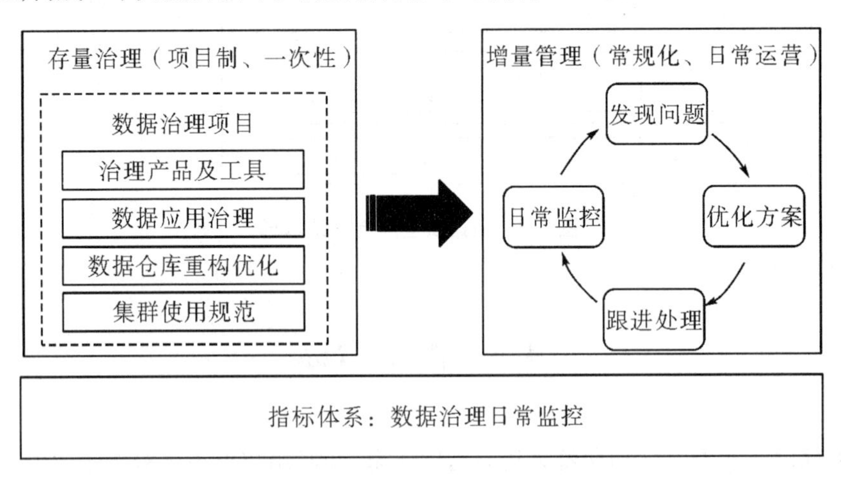

图 4.9 衡量指标体系运营管理示意

4.6 治理效果总结及未来规划

4.6.1 治理效果总结

数据治理覆盖了数据生命周期全链路，通过围绕数据从产生到价值消亡全部生命周期，建立数据治理组织、制定治理衡量体系和建设治理技术系统来达到数据治理目标。经过体系化的数据治理，数据系统的质量、成本、安全和运营效率都有了较大改善。

(1)数据质量。技术架构优化后，通过标准化规范和系统保障数据的准确性，并在治理过程中清除和整合了历史冗余数据，数据质量问题有了很大的改善。美团酒旅 2019 年数据生产任务的增长率比 2018 年减少了 60%左右。

(2)数据成本。经过数据成本优化后，在支持 2019 年美团酒旅业务高速增长的同时，大数据的单均成本费用降低了 40%左右。

(3)数据安全。通过业务系统数据加密和数据仓库数据脱敏，双重保障高敏感数据安全，避免数据泄露。通过数据安全规范和数据敏感性的宣导，加强业务人员的数据安全意识，避免严重数据安全问题的发生。

(4)运营效率。运营工具化减少了研发人员 60%的日常答疑时间，极大地减少了研发人员工作被打扰的次数，提高了开发效率。

4.6.2 未来规划

数据治理分为被动治理、主动治理、自动治理三个大阶段，见图 4.10。

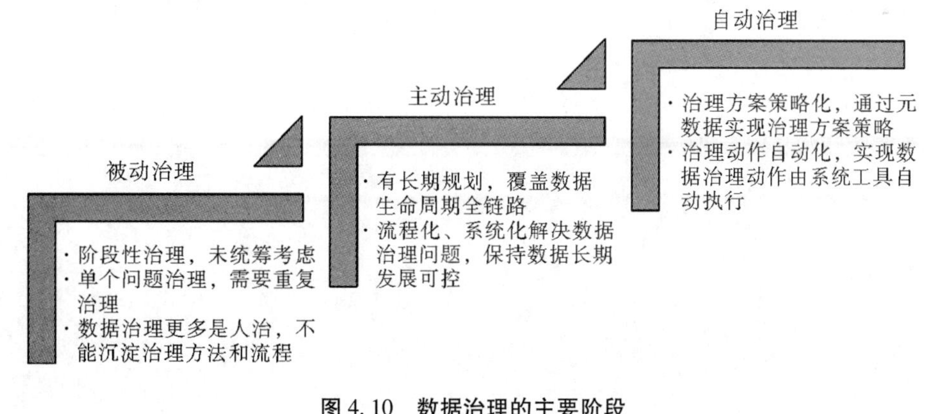

图 4.10 数据治理的主要阶段

第一阶段是被动治理，也就是阶段性治理，缺少统筹考虑，主要是基于单个问题的治理，而且治理之后过一段时间可能还要做重复治理。这个阶段更多是人治，一个项目成立，协调几个人按照项目制完成，没有体系规划，也没有组织保障。

第二阶段是主动治理，有长期的统筹规划，能覆盖数据生命周期的各个链路，在治理过程中把一些手段和经验流程化、标准化、系统化，长期解决一些数据问题，让数据治理长期可控。

第三阶段是自动治理，也就是智能治理，在长期规划和数据生命周期各环节链路确定好之后，把已经有的经验、流程和标准做成策略。一旦出现问题会自动监控，通过一些系统化的方式解决。自动治理的第一步是治理方案的落地和策略化，这非常依赖于元数据，把数据治理各个过程中的一些经验技术都沉淀起来。做完策略沉淀之后就是自动化，把策略用工具的方式实现，当系统发现数据有问题时，自动就会去处理。

目前，美团酒旅业务数据治理处在第二阶段和第三阶段之间，虽然有整体治理计划、技术架构和组织保障，但仍需要投入一定的人力去做。未来，数据治理会继续朝着智能化的方向进行探索，真正把自动化治理工作做得更好。

5 案例分析：大数据支撑复工复产决策

5.1 案例背景

新冠肺炎疫情在全球持续蔓延，截至 2021 年 8 月 1 日，全球累计确诊病例超过 1.9 亿，死亡人数超过 400 万。新冠肺炎疫情已经对世界的正常运转带来严重的影响，全球的恐慌情绪正在蔓延。各国政府出台了限制国际和国内的旅行和聚会的各种政策，要求人民保持社交距离并进行广泛的检测以隔离受感染的对象。因此，为了更科学地防范新冠肺炎疫情的进一步蔓延，必须对新冠肺炎疫情的发生进行大数据分析，结合深入了解疾病的传播方式，从而提出前瞻性的决策建议。

新冠肺炎疫情发生之后不久，天府大数据国际战略与技术研究院院长石勇带领的科研团队联合香港浸会大学计算机科学系刘际明教授、中国疾病预防控制中心寄生虫病预防控制所周晓农研究员所带领的智能化疾病监控联合实验室团队通过前期研究，基于不同年龄组人群在典型社交场合的接触模式，用大数据驱动的模型刻画了新冠肺炎的潜在传播方式，量化分析了不同时间段新冠肺炎疫情风险与多种复工方案的利弊关系，为国家制定疫情防控策略提供了科学有效的决策支持。

5.2 案例研究内容

该研究通过对不同年龄段人群在典型社交环境中的接触进行刻画，对新冠肺炎疫情的传播特征进行精准描述与分析，包括不同时刻不同地区的传播风险趋势、不同干预措施的有效性以及恢复正常社会经济秩序所伴随的风险等。

具体来说，该研究构建了一个数据驱动的计算模型用于揭示不同年龄段人群之间的接触模式，一方面将城市人口分为七个年龄段，具体包括：G1（0～6 岁）、G2（7～14 岁）、G3（15～17 岁）、G4（18～22 岁）、G5（23～44 岁）、G6（45～64 岁）、G7（65 岁及以上）；另一方面还考虑了家庭、学校、工作场所、公共场所四种可能导致疾病传播的典型社交环境。针对每种社交环境，计算模型将推断出相应的各年龄组人群间的接触强度，并由此刻画新冠肺炎在不同人群之间的传播方式。

在此基础上，该研究选择了武汉、北京、天津、杭州、苏州和深圳 6 个城市进行研究，这 6 个城市的地理位置和疾病情况（以 2019 年 12 月至 2020 年 2 月的总病例数计）见表 5.1。

表 5.1　6 城地理位置与病例分布（2019 年 12 月至 2020 年 2 月）

地区	城市	病例数	地区排名（病例数）
湖北省	武汉	49 426	1
京津冀地区	北京	414	1
	天津	136	2
长江三角洲	杭州	169	4
	苏州	87	11
粤港澳大湾区	深圳	418	1

根据北京、天津、杭州、苏州、深圳 5 个城市的市民年龄构成及可能导致疾病传播的常见场所分布等数据，建立了大数据模型，并分别预测了 6 种方案下的新冠肺炎疫情情况及其对各地区 GDP 的影响，详见表 5.2。

表 5.2　不同方案下新冠肺炎疫情发展情况及对各地区 GDP 的影响分析

Plan	Beijing		Tianjin		Hangzhou		Suzhou		Shenzhen	
	New cases	YoY2020 /%	New cases	YoY2020 /%	New cases	YoY2020 /%	New cases	YoY2020 /%	New cases	YoY2020 /%
Plan A_1	340	-9.9	147	-9.9	272	-10.1	180	-10.1	792	-10.7
Plan A_2	242	-11.7	89	-11.7	189	-11.9	127	-11.9	456	-12.6
Plan A_3	162	-15.0	56	-15.0	124	-15.2	85	-15.2	269	-16.4
Plan B_1	**83**	**-12.6**	**39**	**-12.6**	**92**	**-12.8**	**84**	**-12.8**	**174**	**-13.8**
Plan B_2	51	-14.1	22	-14.1	45	-14.4	38	-14.4	113	-15.5
Plan B_3	**16**	**-17.0**	**14**	**-17.0**	**11**	**-17.3**	**22**	**-17.3**	**54**	**-18.8**

表 5.2 总结了 5 个城市在不同的复工计划下，疾病传播风险以及 2020 年上半年 GDP 预计同比增长率（%）。例如，Plan B_3计划恢复工作越晚越好，恢复速度越慢越好，从而最大限度地减少疾病传播的风险，但该方案具有最低预期的 GDP 增长。综合考虑经济与疫情风险情况，同时实现风险缓释和工作生活逐步恢复，Plan B_1 可能被采纳。

5.3 案例研究结果

该研究模拟得出武汉、北京、天津、杭州、苏州和深圳 6 个城市在不同的新冠肺炎疫情防控强度与复工复产方案之间的利弊关系，见图 5.1～图 5.6。研究结果表明，基于社交模式分析可以有效解释新冠肺炎疫情的传播模式以及相关的风险，分析新冠肺炎疫情防控与经济发展的相互影响关系。例如，在武汉，各年龄组在家庭以及公共场所的接触均较为密集，有效解释了新冠肺炎疫情在武汉的早期传播主要发生在居家场所与公共场所的根本原因。与此同时，研究团队通过计算模型估计出 2020 年 2 月 11 日是武汉市新冠肺炎疫情传播风险的高峰，与报告病例数的实际高峰期一致，其他城市不同复工计划所对应的疾病传播风险也与实际情况相符。

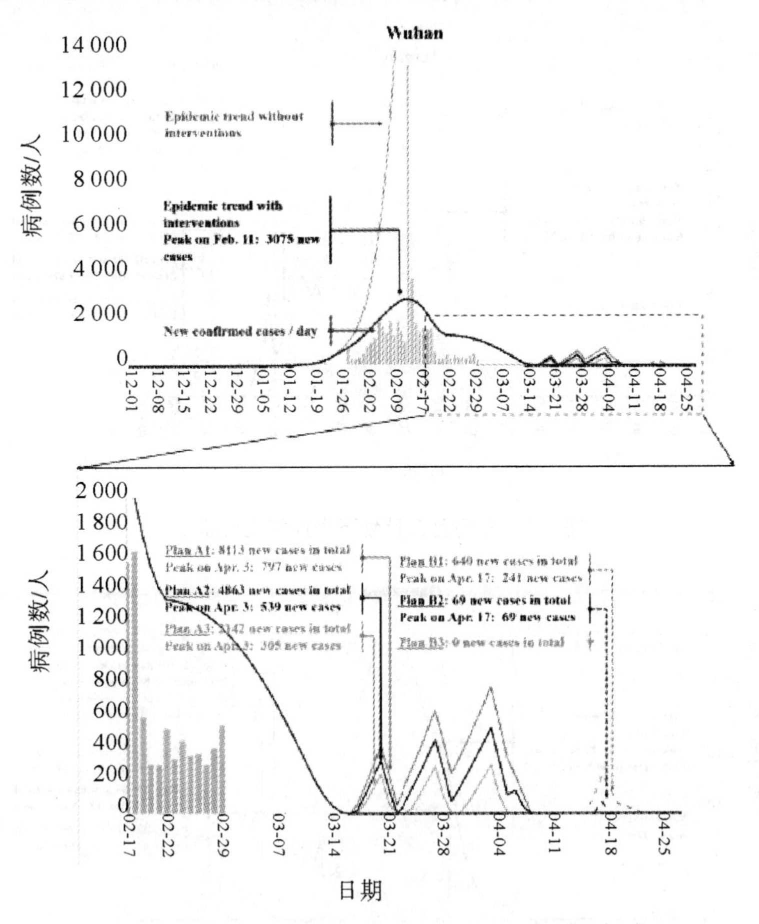

图 5.1 不同复工计划下武汉情况分析

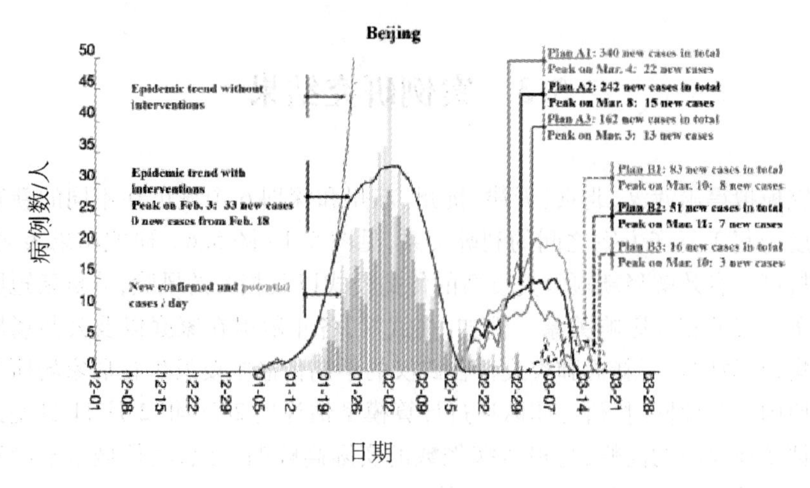

图 5.2 不同复工计划下北京情况分析

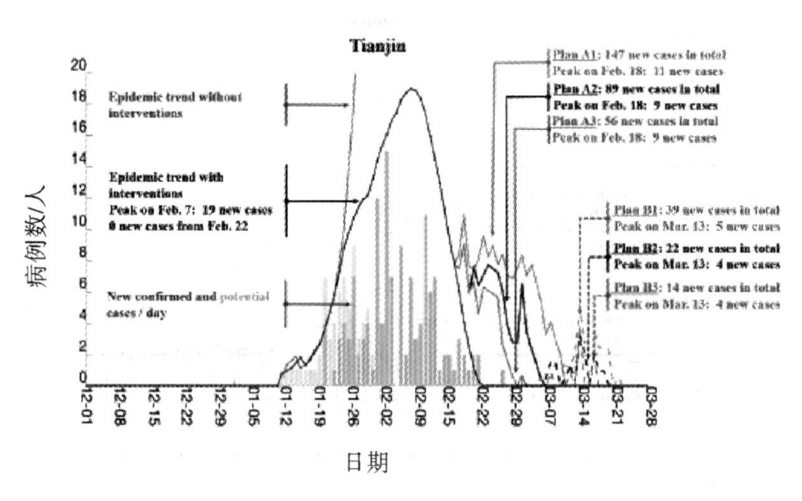

图 5.3 不同复工计划下天津情况分析

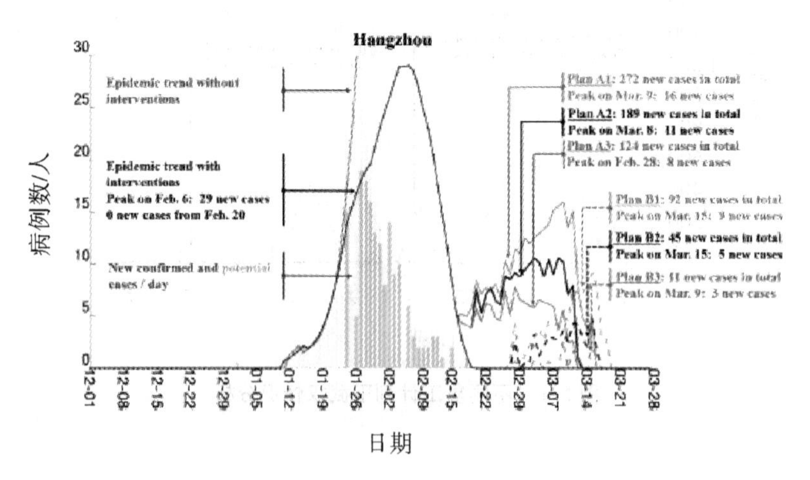

图 5.4 不同复工计划下杭州情况分析

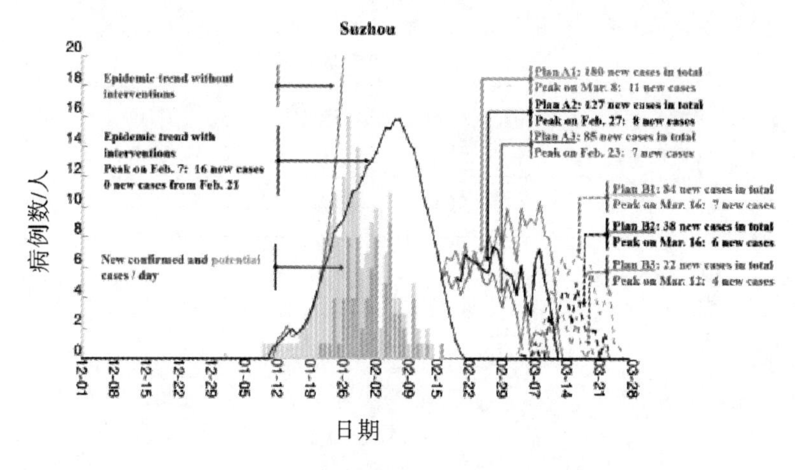

图 5.5　不同复工计划下苏州情况分析

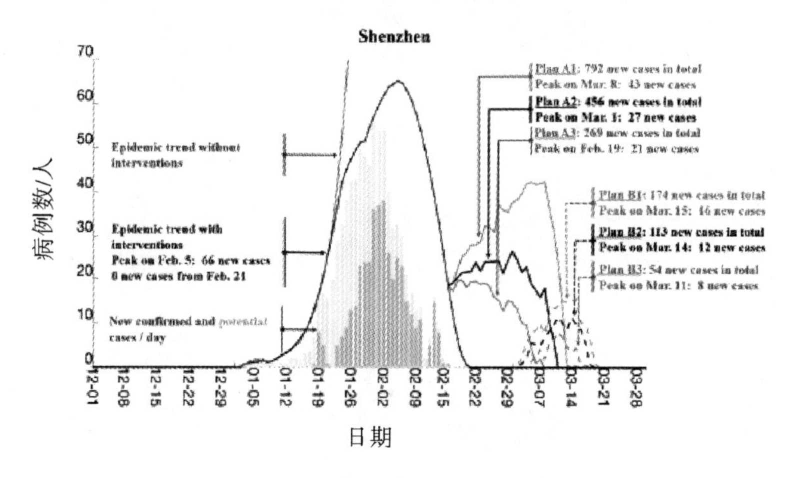

图 5.6　不同复工计划下深圳情况分析

该研究得出的结论不仅为新冠肺炎疫情在中国的传播方式提供了更深入的解释，更为重要的是，研究中所提出的基于社交接触模式的新冠肺炎疫情风险分析方法可被其他国家借鉴来指导其新冠肺炎疫情的防控策略与干预措施，从而减轻疫情大流行所带来的社会与经济影响。

截至 2020 年 10 月，已有 72 个智库机构引用了该研究。这对全世界新冠肺炎疫情防控及经济恢复提供了重要支撑。

第二篇
Python 编程基础篇

6 Python 编程基础小程序

Python 的英文本义是指"蟒蛇"。1989 年,Python 由荷兰人 Guido Van Rossum 设计。它是一种面向对象的解释型高级编程语言。Python 的设计哲学为"优雅、明确、简单"。实际上,Python 也始终贯彻这个理念,以至于现在网络上流传着"人生苦短,我用 Python。"的说法。可见,Python 有着操作简单、开发速度快、节省时间和容易学习等特点。

Python 简单易学,而且还提供了大量的第三方扩展库,如 Pandas、Matplotlib、Numpy、Scipy、Scikit-learn、Keras 和 Gensim 等,这些库不仅可以对数据进行处理、挖掘、可视化展示,其自带的分析方法模型也使得数据分析变得更加高效,只需编写少量的代码就可以得到分析结果。

因此,Python 在数据分析、机器学习及人工智能等领域占据了越来越重要的地位,并成为科学领域的主流编程语言。

6.1 Python 开发环境配置

6.1.1 搭建 Python 开发环境

安装 Python 操作步骤:

第 1 步:打开浏览器,在地址栏输入网址(https://www.python.org),按"Enter"键后进入 Python 官方网站,将鼠标移动到"Downloads"菜单上,单击"Windows"菜单项,进入详细的下载列表,见图 6.1。

注:不论操作系统是 32 位还是 64 位,都推荐下载 32 位的 Python。

第 2 步:下载完成后,在下载位置可以看到已经下载的 Python 安装包,双击 Python 安装包,见图 6.2。

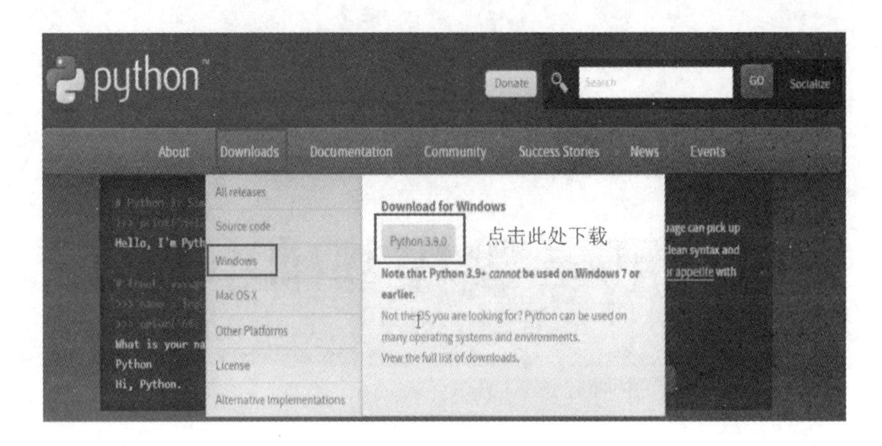

图 6.1　Python 下载界面

图 6.2　Python 安装包

第 3 步:双击显示安装向导对话框后,选中“Add Python3.9 to PATH”复选框,让安装程序自动配置环境变量,见图 6.3。

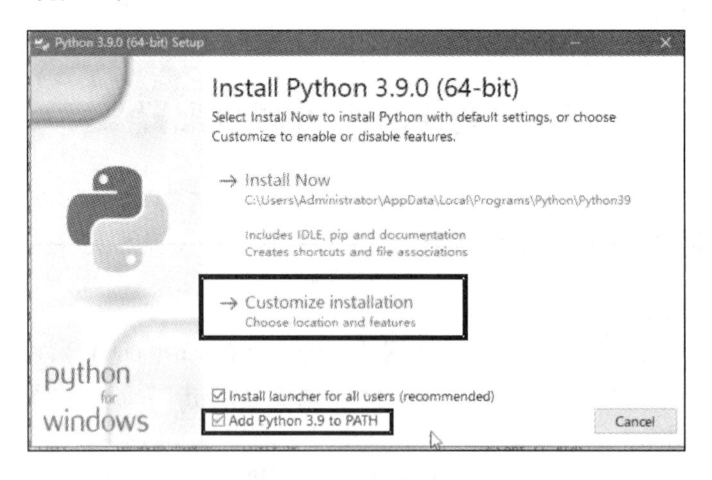

图 6.3　Python 安装(1)

第 4 步:单击“Customize installation”按钮,进行自定义安装(自定义安装可以修改安装路径),在弹出的“安装选项”对话框中采用默认设置,见图 6.4。

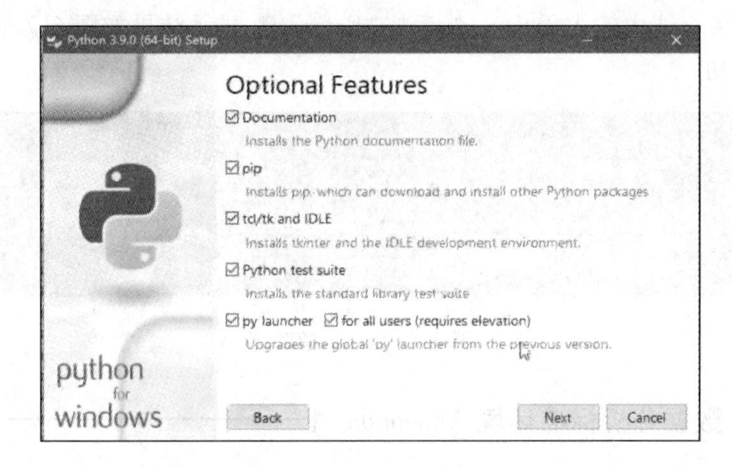

图 6.4　Python 安装(2)

第 5 步:单击“Next”按钮,打开“高级选项”对话框,在该对话框中,设置安装路径为“F:\python3.9”(建议 Python 的安装路径不要放在操作系统所在的位置,否则一旦操作系统崩溃,在 Python 路径下编写的程序将非常危险),其他复选框采用默认设置,见图 6.5。

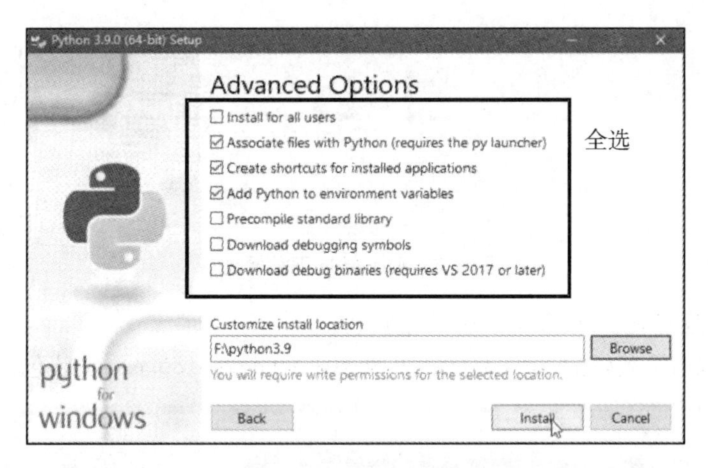

图 6.5　Python 安装(3)

第 6 步:单击“Install”按钮,进度条到头之后,单击“Close”按钮退出安装。

第 7 步:校验 Python 是否安装成功。单击“开始”菜单,在桌面左下角“搜索程序和文件”的文本框中输入 cmd 命令,见图 6.6,然后按“Enter”键,启动命令行窗口。

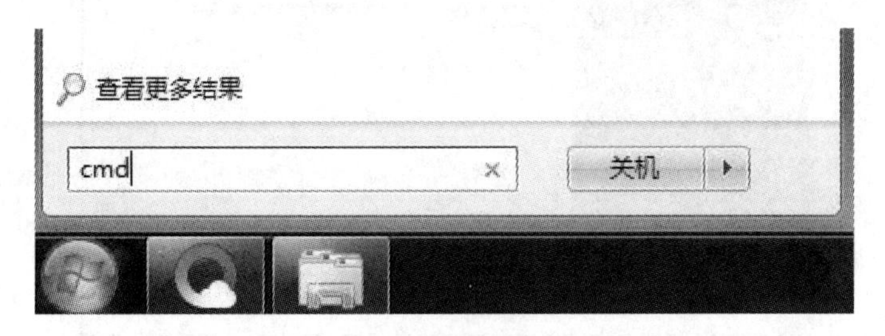

图 6.6　启动 cmd

第 8 步:在 cmd 中输入 python,然后按“Enter”键,显示结果如图 6.7 所示,则表示Python安装成功。

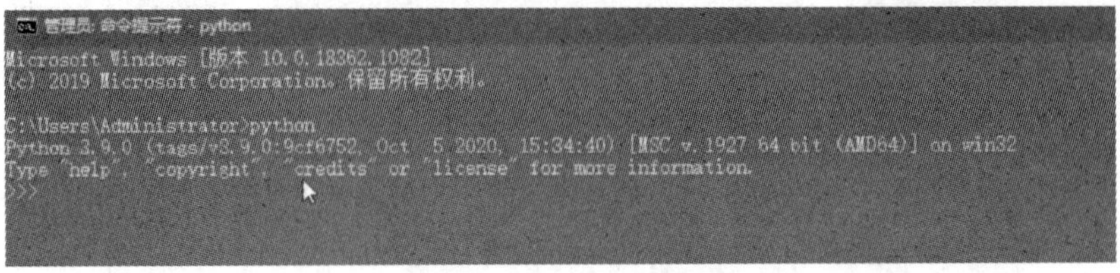

```
管理员: 命令提示符 - python
Microsoft Windows [版本 10.0.18362.1082]
(c) 2019 Microsoft Corporation。保留所有权利。

C:\Users\Administrator>python
Python 3.9.0 (tags/v3.9.0:9cf6752, Oct  5 2020, 15:34:40) [MSC v.1927 64 bit (AMD64)] on win32
Type "help", "copyright", "credits" or "license" for more information.
>>>
```

图 6.7　Python 检验

6.1.2　数据分析标准环境 Anaconda

Anaconda 官网下载地址:https://www.anaconda.com/products/individual#Downloads,见图 6.8。

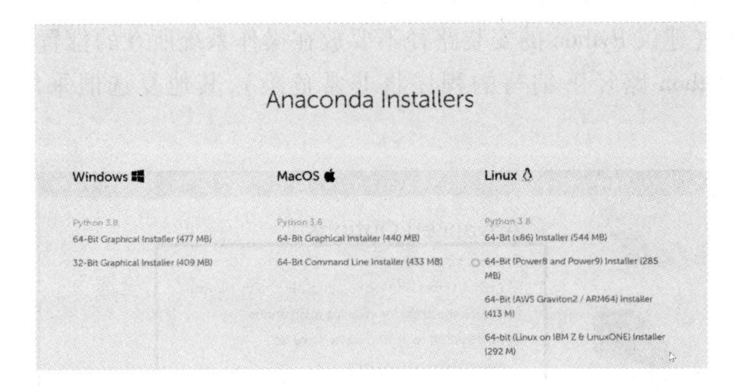

图 6.8　Anaconda 下载网址

安装包下载完成后,按以下步骤开始安装:

第 1 步:双击下载好的 Anaconda3-2019.10-Windows-x86.exe 安装包,单击“Next”按钮,见图 6.9。

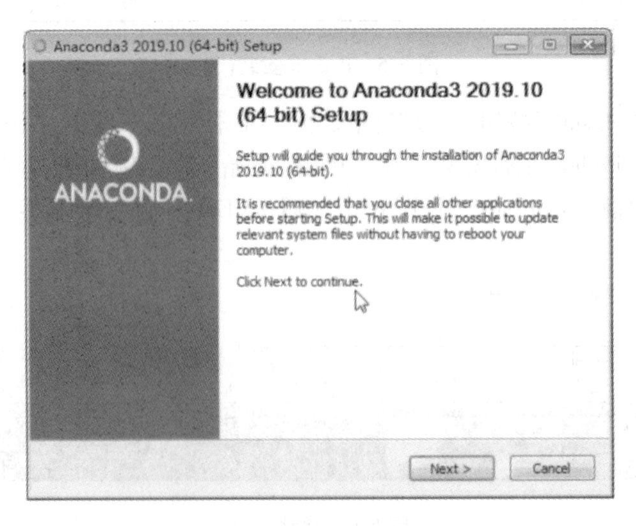

图 6.9　Anaconda 安装(1)

第2步:单击"I Agree"按钮,见图6.10。

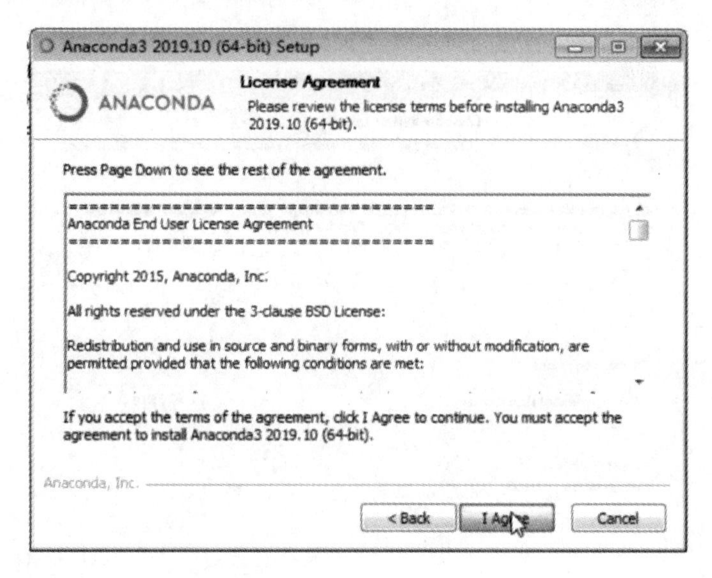

图6.10　Anaconda安装(2)

第3步:勾选"All Users(Crequires admin Privileges)"选项,单击"Next"按钮,见图6.11。

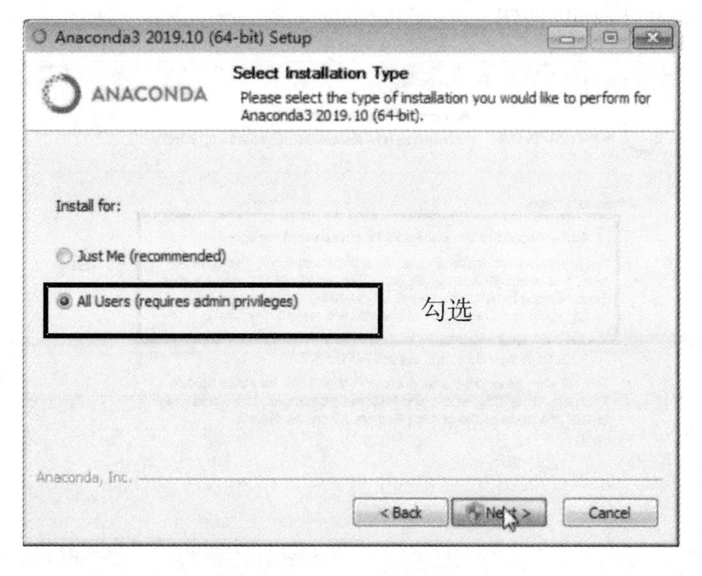

图6.11　Anaconda安装(3)

第 4 步:单击“Browse”按钮选择安装位置,安装位置为自由选择,然后单击“Next”按钮,见图 6. 12。

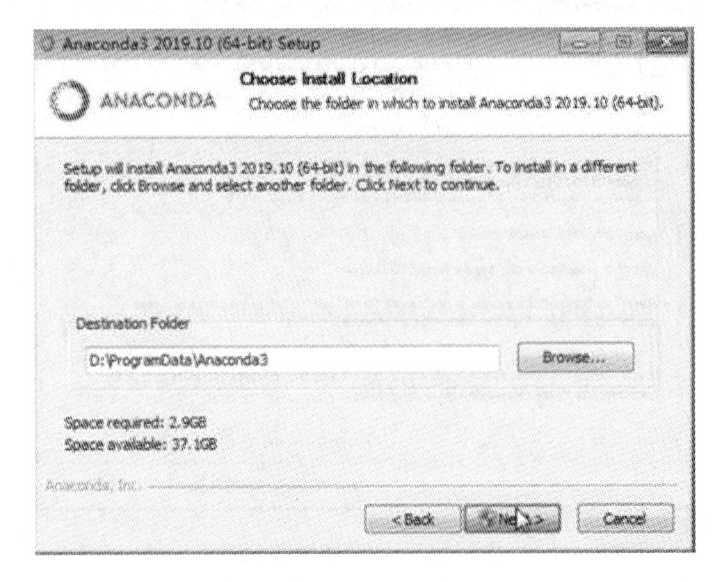

图 6. 12　Anaconda 安装(4)

第 5 步:按图 6. 13 所示将两个选项都进行勾选(第一个选项的意思是将安装路径写入环境变量),单击“Install”按钮。

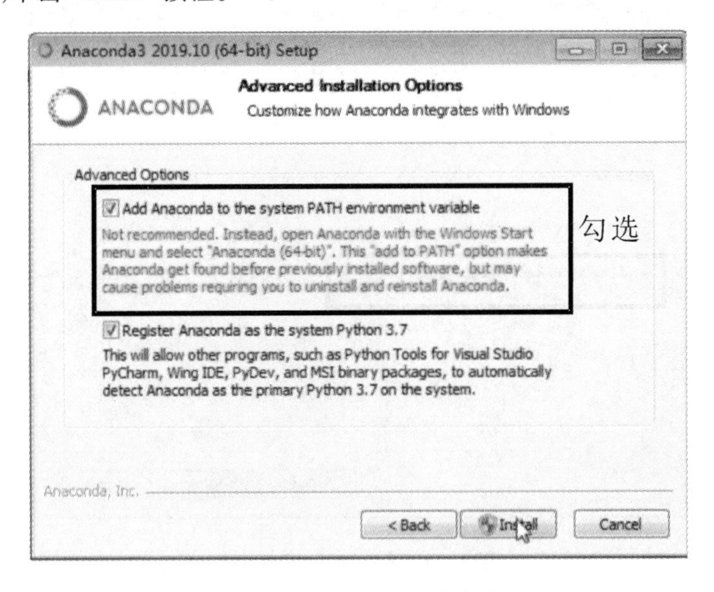

图 6. 13　Anaconda 安装(5)

第 6 步:验证 Anaconda 是否安装成功。在安装好 Anaconda 后,重新打开命令行窗口,输入 python,可以看到 Anaconda 的信息(见图 6.14),表示 Anaconda 安装成功。

```
C:\WINDOWS\system32\cmd.exe - python
Microsoft Windows [版本 10.0.19041.746]
(c) 2020 Microsoft Corporation. 保留所有权利。

C:\Users\77208>python
Python 3.7.0 (default, Jun 28 2018, 08:04:48) [MSC v.1912 64 bit (AMD64)] :: Anaconda, Inc. on win32
Type "help", "copyright", "credits" or "license" for more information.
>>>
```

图 6.14 Anaconda 检验

6.1.3 搭建集成开发环境 PyCharm

安装 PyCharm 操作步骤:

第 1 步:登录 PyCharm 的官网(http://www.jetbrains.com/pycharm),单击"Download"下载 PyCharm 安装包。PyCharm 有两种主要版本:Community 和 Professional,其中 Community 可以免费使用,见图 6.15。

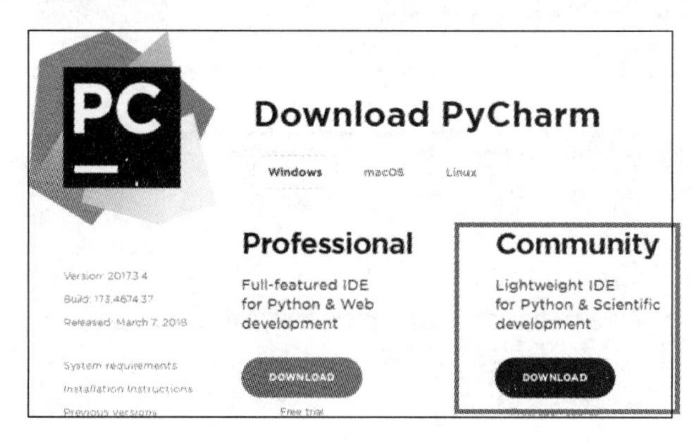

图 6.15 PyCharm 下载

第 2 步:双击 PyCharm 安装包进行安装,在欢迎界面单击"Next"按钮进入软件安装路径设置界面,见图 6.16。

第 3 步:在软件安装路径的设置界面,设置合理的安装路径。建议不要把软件安装到操作系统所在的路径,否则当出现操作系统崩溃等特殊情况而必须重新安装操作系统时,PyCharm 程序路径下的程序将被破坏。当 PyCharm 默认的安装路径为操作系统所在的路径时,建议读者自行更改。另外,在安装路径中建议不要使用中文字符。单击"Next"按钮,进入创建快捷方式界面,见图 6.17。

图 6.16　PyCharm 安装(1)

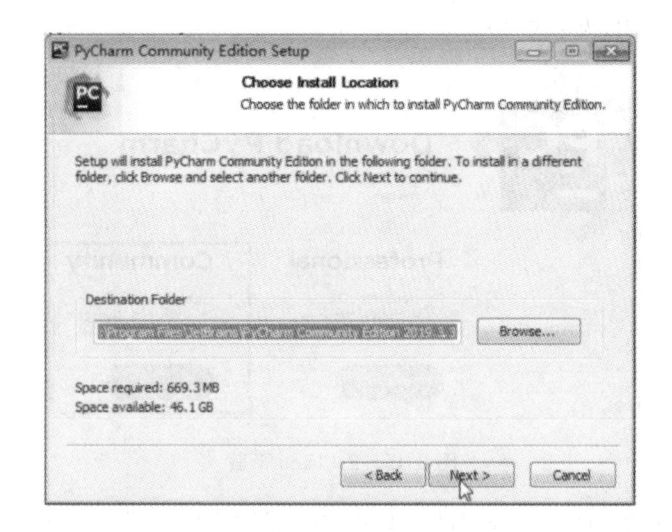

图 6.17　PyCharm 安装(2)

第 4 步:按照图 6.18 所示勾选选项,单击“Next”按钮。

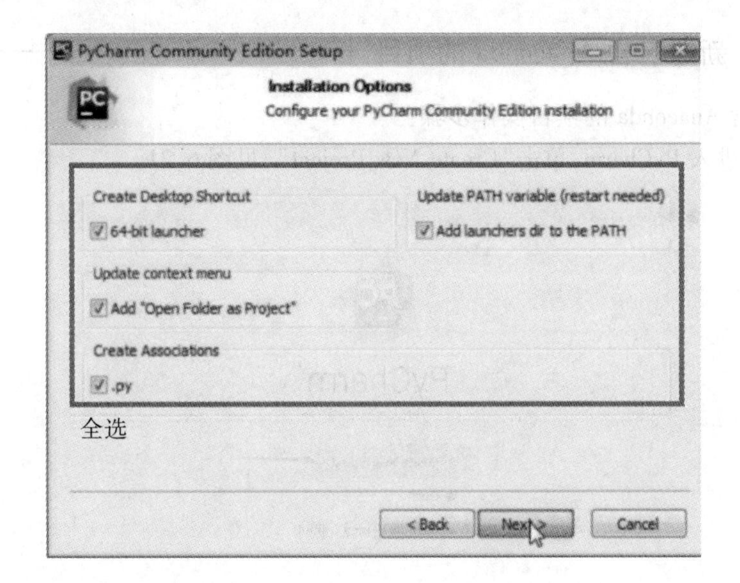

图 6.18　PyCharm 安装(3)

第 5 步:单击“Install”按钮进行安装,见图 6.19。

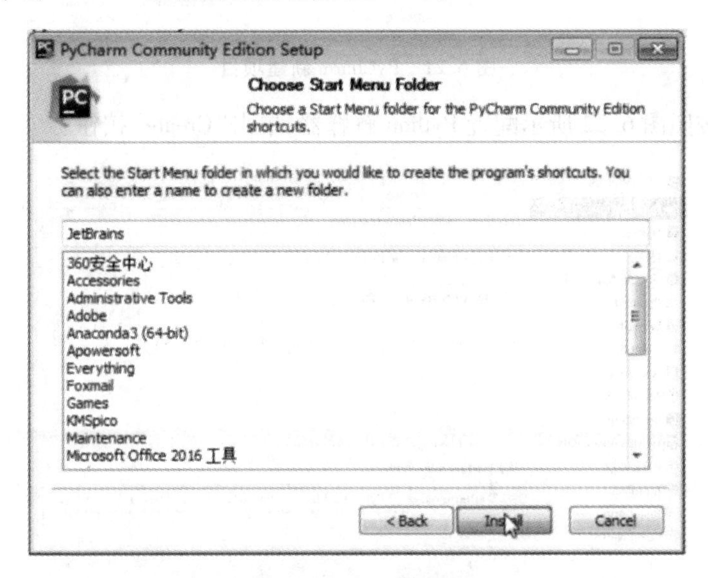

图 6.19　PyCharm 安装(4)

第 6 步:安装完成后,单击桌面上的快捷方式,即可打开 PyCharm,见图 6.20。

图 6.20　PyCharm 快捷方式

6.1.4 新建包含 Anaconda 的项目

新建包含 Anaconda 的项目操作步骤:

第 1 步:进入 PyCharm,单击“Create New Project”,见图 6.21。

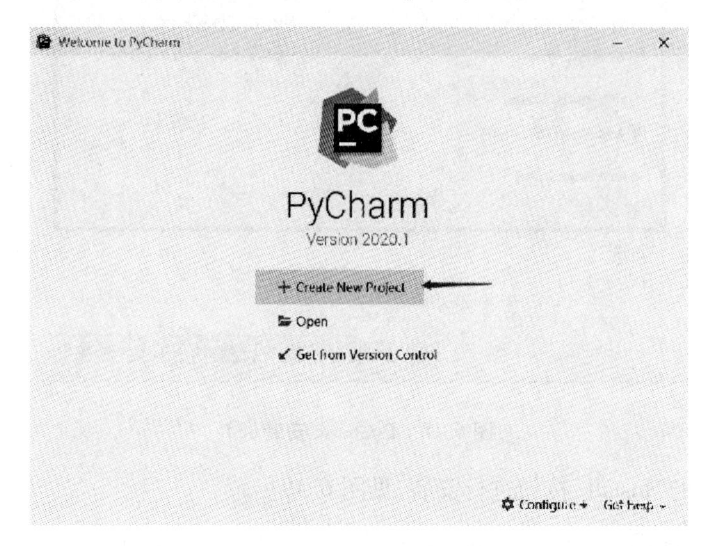

图 6.21 PyCharm 新建项目

第 2 步:按照图 6.22 所示配置 Python 解释器,单击“Create”按钮。

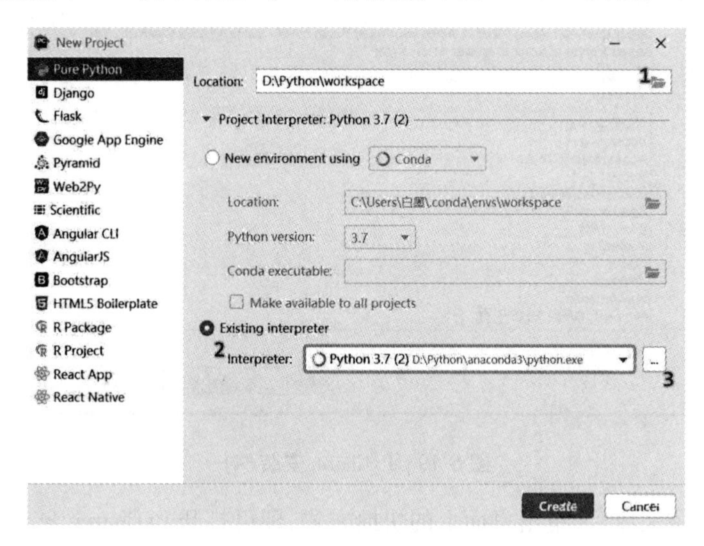

图 6.22 配置 Python 解释器

第 3 步:切换到 Conda Environment,找到安装 Anaconda 的目录并设置,同时勾选所有项目应用该配置,见图 6.23。

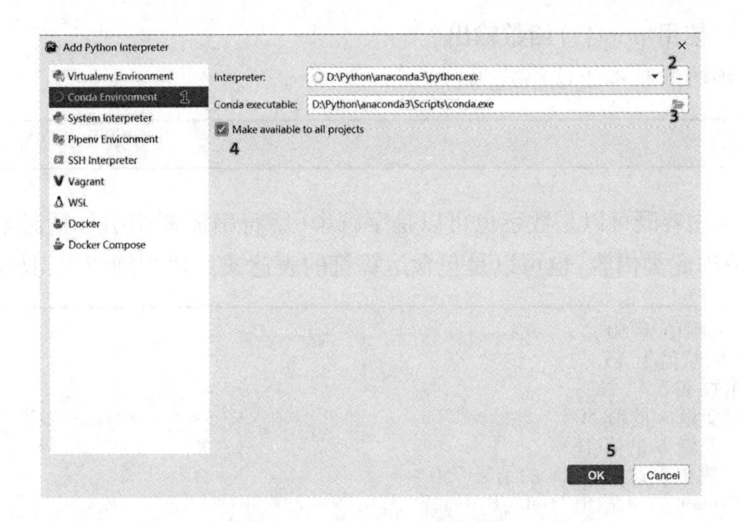

图 6.23　配置 Anaconda

第 4 步:配置完成后,解释器被 PyCharm 识别,单击“Create”按钮,见图 6.24。

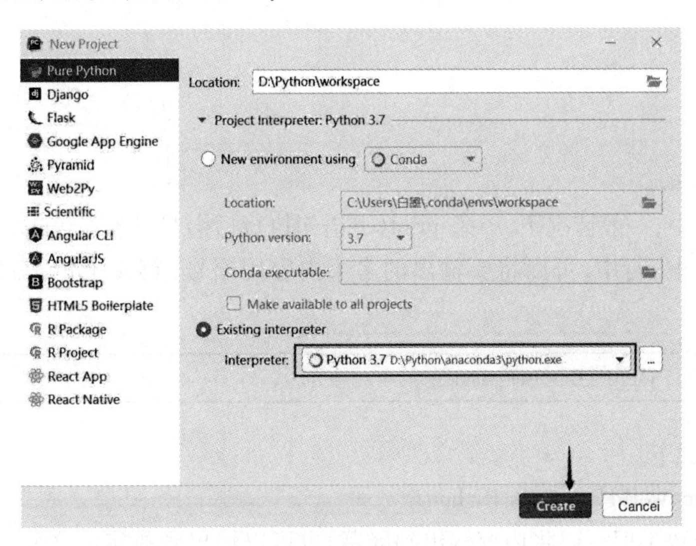

图 6.24　创建

第 5 步:第一次创建项目,PyCharm 有初始化工作要做,耐心等待即可。

6.2　Python 语言基础

6.2.1　输入与输出:“Hello,Python”

日常生活中常见的输入、输出设备很多,如话筒、键盘、摄像机等都是输入设备,其经过计算机解码后在终端输出显示。基本的输入、输出是指从键盘上输入字符,然后显示在屏幕上。

6.2.1.1 **使用 print( )函数输出**

print( )函数的基本语法格式为:

```
print(输出内容)
```

其中,输出内容既可以是数字也可以是字符串(字符串需要用引号括起来)。print( )函数会直接输出此类内容,也可以是包含运算符的表达式。现举例演示,具体代码如下:

```
a = 50 #变量 a,赋值为 50
b = 15 #变量 b,赋值为 15
print(5) #输出数字 5
print(a) #输出变量 a 的值 50
print(b) #输出变量 b 的值 15
print(a * b) #输出表达式 a*b 的结果 750
print("Hello Python.") # 输出"Hello Python."
```

运行结果如下:

5

50

15

750

Hello Python.

在 Python 中,一般情况下,一条 print( )语句执行后会自动换行,如果想要将多个内容一次输出到同一行中,可以将要输出的多个内容用逗号(英文半角)分隔。具体代码如下:

```
print(a, b, 'Hello, world! This is Python.')
```

运行结果如下:

50 15 Hello,world! This is Python.

print( )函数不但可以将内容输出到屏幕,也可以输出到指定的文件。例如,将字符串"Hello, world! This is Python."输出到"C:\mp.txt"文件中,具体代码如下:

```
file = open(r'C:\mp.txt', 'a+') # 打开文件
print('Hello, world! This is Python.', file = file) # 输出到文件
file.close() #关闭文件
```

上面代码执行后,将在"C:\"目录下生成名为 mp.txt 的文件,该文件的内容为"Hello, world! This is Python.",见图 6.25。

图 6.25 记事本

print( )函数也可以输出当前时间,包括年份、月份和日期。首先调用 datetime 模块,并按指定格式输出日期,具体代码如下:

```
import datetime #调用 datetime 模块
#输出当前年份
print('年份:' + str(datetime.datetime.now().year))
#输出当前日期和时间时,注意代码中字母的大小写以及单引号
print('时间:'+datetime.datetime.now().strtime('%Y-%m-%d %H:%M:%''S'))
```

运行结果如下:

年份:2021

时间:2021-08-01 12:50:13

6.2.1.2 **使用 input( )函数输入**

在 Python 中,使用内置函数 input( )可以接受键盘的输入。input( )函数的基本语法格式为:

```
variable = input("提示文字")
```

其中,variable 为保存所输入的提示文字的变量,双引号内的文字用来提示要输入的内容。例如,想要接受输入的内容,并保存在变量 fit 中,具体代码如下:

```
fit = input("请输入文字:")
```

运行结果如下:

请输入文字:

执行上述代码,得到输入的文字以及可以输入内容的文本框,单击文本框可以输入想要的内容。

在 Python 3.x 中,无论输入字符还是数字都被读取为字符串。如果想要接受数值,需要将接受的字符串作类型转换。例如,想要接受整型的数字,并保存在变量 num 中,具体代码如下:

```
num = int(input("请输入数字:"))
```

运行结果如下:

请输入数字:

6.2.2 基本数据类型:燃烧你的卡路里

6.2.2.1 知识储备

1. 数字类型

在程序开发时,常使用数字记录运算结果、某首歌曲的点击率和网站的访问量等信息。Python 语言提供数字型来储存这些数值,同时它们是不可改变的数据类型。如果要修改数字型变量的值,需要先把该值存放到内存中,然后修改变量让其指向新的内存地址。这意味着改变数值,数据类型会分配一个新的对象。

Python 语言中,数字型主要包括整数、浮点数和复数。

(1)整数。

整数表示没有小数部分的整数数值。Python 中,整数包括正整数、负整数和 0,并且位数任意。如果指定一个非常大的整数,只需写出所有位数即可。整数型包括八进制、十进制、十六进制和二进制。

①八进制整数。

八进制整数由 0~7 组成,进位规则是"逢八进一",且以 0o 开头,如 0o111(转换为十进制数是 73)、-0o100(转换为十进制数是-64)。在 Python 3. x 中,八进制整数必须以 0o 或 0O 开头。

②十进制整数。

对于十进制整数的形式,大家应该很熟悉。下面的例子都是有效的十进制整数:

```
47645342478
888888888888888888888888
0
-12345
```

③十六进制整数。

十六进制整数是由 0~9,A~F 组成,进位规则是"逢十六进一",且以 0x 或 0X 开头的数,如 0x30(转换为十进制数是 48)、0X7e3(转换为十进制数是 2019)。要注意十六进制必须以 0x 或 0X 开头。

④二进制整数。

二进制整数顾名思义只有两个基数,分别是 0 和 1,进位规则是"逢二进一",如 110(转换为十进制为 6)、10001(转换为十进制为 17)。

(2)浮点数。

浮点数由整数部分和小数部分组成,如 3. 141 592 653、0. 25、-3. 576 84 等。浮点数可以用科学计数法表示,如-2. 5e3、1. 4e4 和 4. 574e-4 等。在浮点数的计算中,可能会出现小数点位数不确定的现象,如计算 0. 1+0. 02 时,结果却为 0. 120 000 000 000 000 01(正确结果为 0. 12),此步骤请在 cmd 中完成,程序如下:

```
>>> 0. 1+0. 02
0. 120 000 000 000 000 01
```

实际上,所有的语言都存在这种情况,忽略多余的小数位即可。

(3)复数。

Python 语言中的复数与数学中的复数一致,由实部和虚部组成,并使用字母 j 或 J 表示虚部。例如,表示一个实部为 2、虚部为 3j 的复数,形式为 2+3j。

2. 算数运算符

算数运算符是处理加、减、乘、除四则运算的符号,也是应用最多的符号。常用的算数运算符见表 6.1。

表 6.1　算数运算符

运算符	说明	示例	结果
+	加	23.5+15	38.5
-	减	3.5-5.3	-1.8
*	乘	7 * 12	84
/	除	5/4	1.25
%	取余,返回除法的余数	5%4	1
//	返回商的整数部分	5/3	1
**	幂,返回 x 的 y 次方	3 ** 2	9

3. float()函数

float()函数用于将整数和字符串转换为浮点数。float()函数的语法格式如下:

```
float(x)
```

参数 x 为整数或数字型字符串;返回值为浮点数;如果参数 x 未提供,则返回 0.0。

使用 float()函数将整数、运算结果等转为浮点数,具体代码如下:

```
print(float())                #不提供参数,返回 0.0
print(float(-10))             #将负数转换为浮点数,返回-10.0
print(float(2021))            #将正数转换为浮点数,返回 2021.0
print(float('35'))            #将字符串转换为浮点数,返回 35.0
print(float('-3.1415'))       #将字符串转换为浮点数,返回-3.1415
```

运行结果如下:

0.0

-10.0

2021.0

35.0

-3.1415

4. int()函数

int()函数可以把浮点数转换为整数,也可以把字符串按指定进制数转换为整数。int()函数的语法格式如下:

```
int(x[,base])
```

参数 x 为数字或者字符串数字；base 表示进制数，默认值为 10，默认为十进制数，用中括号括起来，意思是可以省略；返回值为整数；int( )函数不提供任何参数时，返回结果为 0；如果 int( )函数中参数为浮点数，则只取整数部分。具体代码如下：

```
print(int(99.9))            #将浮点数转换为整数,返回 99
print(int('18'))            #将字符串转换为整数,返回 18
print(int(-9.82))           #将浮点数转换为整数,返回-9
print(int('1011', 2))       #将二进制数转换为十进制整数,返回 11
print(int('15', 8))         #将八进制数转换为十进制整数,返回 13
print(int('0x20', 16))      #将十六进制数转换为十进制整数,返回 32
```


运行结果如下：

99

18

-9

11

13

32

6.2.2.2 **案例实训**

在日常的生活中，我们有时需要将一些数据进行转换后再计算，通过本章的学习，我们已经可以熟练地将已有的数据变为我们需要的数据类型。现尝试编写一个小程序，来计算我们的卡路里消耗。

程序要求为：通过输入体重（kg）、跑步时间（分钟）、跑步速度（千米/小时），便可以计算跑步距离和卡路里消耗，并且将消耗的卡路里保留两位小数。

已知：①消耗卡路里＝体重（kg）×运动时间（小时）×运动系数 k。（请在 Anaconda 中实现）

②运动系数 k＝30/速度（分钟/400 米），（分钟/400 米为每 400 米用去的时间）

操作步骤如下：

第 1 步：显示软件标题和标题修饰，具体代码如下：

```
print ("========燃烧你的卡路里========") # 输出软件标题
print (30 * "#") #输出软件标题修饰
```

第 2 步：将体重、速度转换为浮点数，时间转换为整数，具体代码如下：

```
weight=float(input("输入您的体重(kg):76") ) # 将输入的体重转为浮点型,以便计算
    speed=float(input("速度(千米/小时):8.1")) # 将输入的速度转为浮点型,以便计算
    times=int(input("跑步时间(分钟):59")) # 将输入的时间转为整型,以便计算
```

第 3 步：根据速度和时间计算跑步距离，具体代码如下：

```
dista=speed * times/60 #根据速度和时间计算跑步距离
```

第 4 步：计算跑步消耗的卡路里，具体代码如下：

```
calor =weight * 30/(400/(speed*1000/60)) * times/60 #计算跑步消耗的卡路里
```

第5步:输出跑步距离、消耗的卡路里,具体代码如下:

```
print("跑步距离:",format(dista,'.2f'),'千米') # 输出跑步距离,格式化为保留2位小数
    print("燃烧卡路里:",format(calor,'.2f'),'卡路里') # 输出跑步消耗的卡路里,格式化为保留2
位小数
```

此程序所需全部代码如下:

```
print ("========燃烧你的卡路里========") # 输出软件标题
print (30 *"#") #输出软件标题修饰
weight=float(input("输入您的体重(kg):76")) # 将输入的体重转为浮点型,以便计算
    speed=float(input("速度(千米/小时):8.1")) # 将输入的速度转为浮点型,以便计算
    times=int(input("跑步时间(分钟):59")) # 将输入的时间转为整型,以便计算
dista=speed * times/60 #根据速度和时间计算跑步距离
calor =weight * 30/(400/(speed*1000/60)) * times/60 #计算跑步消耗的卡路里
print("跑步距离:",format(dista,'.2f'),'千米') # 输出跑步距离,格式化为保留2位小数
    print("燃烧卡路里:",format(calor,'.2f'),'卡路里') # 输出跑步消耗的卡路里,格式化为保留2
位小数
```

6.2.3 赋值运算符:记录你的密码

6.2.3.1 知识储备

赋值运算符的作用是为变量等进行赋值。使用过程中,可以把运算符"="右边的值直接赋给左边的变量,也可以进行运算后再赋给左边的变量。Python 中常见的赋值运算符见表6.2。

表6.2 赋值运算符

运算符	说明	示例	展开式
=	赋值	x=y	x=y
+=	加法赋值	x+=y	x=x+y
-=	减法赋值	x-=y	x=x-y
*=	乘法赋值	x*=y	x=x*y
/=	除法赋值	x/=y	x=x/y
%=	取余赋值	x%=y	x=x%y
**=	幂赋值	x**=y	x=x**y
//=	整除赋值	x//=y	x=x//y

注意分清"="与"=="这两个字符的区别,很多语言(包括 Python)都有这两个字符的使用。"="毋庸置疑是赋值运算符,"=="不在表6.2中,表明它不是赋值运算符,是比较运算符。在程序开发过程中,要确保程序语言的准确性,任何一点错误都会影响最终的结果。

现在对部分赋值运算符进行演示。

(1)假设 x=32,y=15,进行 x 的加法赋值,具体代码如下:

```
x = 32
y = 15
x += y
print(x)
```

运行结果:47

(2)假设 x=32,y=15,进行 x 的减法赋值,具体代码如下:

```
x = 32
y = 15
x -= y
print(x)
```

运行结果:17

(3)假设 x=32,y=15,进行 x 的乘法赋值,具体代码如下:

```
x = 32
y = 15
x *= y
print(x)
```

运行结果:480

(4)假设 x=32,y=15,进行 x 的除法赋值,具体代码如下:

```
x = 32
y = 15
x /= y
print(x)
```

运行结果:2. 1333333333333

(5)假设 x=32,y=15,进行 x 的取余赋值,具体代码如下:

```
x = 32
y = 15
x %= y
print(x)
```

运行结果:2

(6)假设 x=32,y=15,进行 x 的整除赋值,具体代码如下:

```
x = 32
y = 15
x //= y
print(x)
```

运行结果:2

6.2.3.2 案例实训

通过本章的学习,编写一个小程序,模拟黑客侵入某电商网站,植入了盗取用户密码的程序。该程序让用户输入密码,并从第 2 次开始提示密码错误,请重新输入。输入 5 次后输出:“密码被盗!”,并输出每次输入的密码。因没有讲循环控制语句,使用顺序语句实现并且请使用 Anaconda。

补充知识:str( )函数可以将数字型变量或常量转换成字符型变量或常量。

操作步骤如下:

第 1 步:用户先输入正确的密码,具体代码如下:

```
password = ""                                    #记录用户输入的密码
```

第 2 步:记录用户可以输入密码的机会,具体代码如下:

```
i=4                                              #记录用户输入密码的机会
```

第 3 步:用户输入密码,并且减少密码输入次数,此行代码要求需重复四次,具体代码如下:

```
password += input("请输入密码:")
password += "、" + input("密码错误,还有"+str(i)+"次机会,请重新输入:")
i-=1                                             #输入密码的机会减少一次
password += "、" + input("密码错误,还有"+str(i)+"次机会,请重新输入:")
i-=1                                             #输入密码的机会减少一次
password += "、" + input("密码错误,还有"+str(i)+"次机会,请重新输入:")
i-=1                                             #输入密码的机会减少一次
password += "、" + input("密码错误,还有"+str(i)+"次机会,请重新输入:")
```

第 4 步:超过可输入次数时,显示密码被盗并且显示正确密码,具体代码如下:

```
print("\n 密码被盗!", password)                  # 输出“密码被盗!”和历次输入的密码
```

此程序所需全部代码如下:

```
password = ""                                    #记录用户输入的密码
i=4                                              #记录用户输入密码的机会
password += input("请输入密码:")
password += "、" + input("密码错误,还有"+str(i)+"次机会,请重新输入:")
i-=1                                             #输入密码的机会减少一次
password += "、" + input("密码错误,还有"+str(i)+"次机会,请重新输入:")
i-=1                                             #输入密码的机会减少一次
password += "、" + input("密码错误,还有"+str(i)+"次机会,请重新输入:")
i-=1                                             #输入密码的机会减少一次
password += "、" + input("密码错误,还有"+str(i)+"次机会,请重新输入:")
print("\n 密码被盗!", password)                  # 输出“密码被盗!”和历次输入的密码
```

6.2.4 字符串:藏头诗

6.2.4.1 知识储备

字符串(string)是由数字、字母或下划线组成的一串字符。在编程语言中会经常应用到字符串。Python 中字符串是一种类型,可以通过特定的函数实现对字符串的拼接、截取以及格式化等操作。

(1)截取字符串。

字符串属于序列,可采用切片方法来截取字符串。其语法格式为:

```
string[start:end:step]
```


上述语法格式中的参数说明如下:

string:要被截取的字符串。

start:要截取的第一个字符的索引值(包含该字符),若不设定则默认为 0。

end:要截取的最后一个字符的索引值(不包含该字符),若不设定则默认为字符串长度。

step:切片的步长,若不设定则默认为 1,同时最后一个冒号可省略。

在 Python 中,字符串的索引同序列的索引一样,均是从 0 开始,每个字符占一个位置。应用切片方法截取子字符串的具体代码如下:

```
str="今天,是学 python 的第 100 天"        # 定义一个字符串
str1 = str[0]                           # 截取第 1 个字符
str2 = str[4: ]                         # 截取第 5 个字符(包括)之后的部分
str3 = str[ :6]                         # 截取前 6 个字符
str4 = str[1:4]                         # 截取第 2 个字符到第 4 个字符
print(str1 + '\n' + str2 + '\n' + str3 + '\n' + str4)
```

运行结果如下:

今

学 python 的第 100 天

今天,是学 p

天,是

(2)拼接字符串。

通过前边的学习,相信读者对接下来的拼接方法并不陌生。使用加法"+"运算符即可完成对多个字符串的拼接,"+"可以连接多个字符串并最终产生一个字符串对象。比如下面这个例子,具体代码如下:

```
str1 = "ヾ(    )     "
str2 = "┳━┳"
str3 = "ヾ(^Д^*)/"
print(str1 + str2 + str3)
```

运行结果如图 6.26 所示。

ヾ(◍°∇°◍)ﾉﾞ┳┳ヾ(^Д^*)/

图 6.26　拼接字符串示例

注意,字符串不能与其他类型的数据直接拼接,否则将出现错误,如输入以下代码:

```
str_1 = "今天是学 Python 的第"
num_day = 100
str_2 = "天。"
print(str_1 + num_day+ str_2)
```

这时会出现报错,如图 6.27 所示。

TypeError: can only concatenate str (not "int") to str

图 6.27　拼接字符串报错示例

为解决上述错误,只要将上例中的整数转换为字符串即可,使用 str( )函数进行转换。转换之后再运行就不会出错,具体代码如下:

```
str_1 = "今天是学 Python 的第"
num_day = 100
str_2 = "天。"
print(str_1 + str(num_day) + str_2)
```

运行结果如下:今天是学 Python 的第 100 天

有时候也可以通过多行代码来拼接,此方式只适合常量字符串拼接,具体代码如下:

```
strr=("Python"
      "字符串"
      "拼接")
print(str)
```

运行结果如下:Python 字符串拼接

6.2.4.2　案例实训

藏头诗又名"藏头格",是杂体诗中的一种,常见的一种形式就是将诗人想要表达的内容藏于每句诗的头一个字。摘诗句首字连接起来,隐晦的表达特殊含义。如经典电影《唐伯虎点秋香》中广为人知的"我爱秋香"就是唐伯虎的一首藏头诗,收录在《唐寅诗集》中:

我画蓝江水悠悠,爱晚亭上枫叶愁。

秋月溶溶照佛寺,香烟袅袅绕经楼。

具体代码如下:

```
print("输入 4 句藏头诗")
word1= input("")
word2= input("")
word3= input("")
word4= input("")
new=word1[0]+word2[0]+word3[0]+word4[0]
print("藏头诗为:",new)
```

运行结果如图 6.28 所示。

```
输入4句藏头诗
我画蓝江水悠悠
爱晚亭上枫叶愁
秋月溶溶照佛寺
香烟袅袅绕经楼
藏头诗为： 我爱秋香
```

图 6.28 输出藏头诗示例

6.2.5 字符串:小说词频统计

6.2.5.1 知识储备

Python 提供了很多查找字符串的方法,这里主要介绍以下三种方法。

(1)count( )方法。

count( )方法用于检索指定字符串在某个字符串中出现的次数,返回值为整数。若检索的字符串不存在,返回值为 0。其语法格式如下:

```
str.count(sub[, start[, end]])
```

上述语法格式中的参数说明如下:

str:原字符串。

sub:表示要检索的字符串。

start:可选参数,指定字符串开始搜索的位置。若不指定,默认为第一个字符,第一个字符索引值为 0。

end:可选参数,字符串中结束搜索的位置。字符中第一个字符的索引为 0。若不指定,默认为字符串的最后一个位置。

返回值:该方法返回子字符串在字符串中出现的次数。

例如,定义一个字符串,运用 count( )方法检索字符串中字母“H”出现的次数,具体代码如下:

```
string = 'Hello World ! Hello Python !'
print ("字母 H 在 string 中出现的次数为 : ", string.count('H'))
print ("字母 H 在 string 的前两个字符出现的次数为 : ", string.count('H', 1))
```

运行结果如下:

字母 H 在 string 中出现的次数为:2

字母 H 在 string 的前两个字符出现的次数为:1

(2)find( )方法。

find( )方法检测字符串中是否包含子字符串 str,如果指定 beg(开始)和 end (结束)范围,则检查是否包含在指定范围内,如果包含子字符串,返回开始的索引值,否则返回 -1。其语法格式如下:

```
str.find(sub[, start[, end]])
```

上述语法格式中的参数说明如下：

str：原字符串。

sub：表示要检索的字符串。

start：可选参数，指定字符串开始搜索的位置。若不指定，默认为第一个字符，第一个字符索引值为 0。

end：可选参数，字符串中结束搜索的位置。字符中第一个字符的索引为 0。若不指定，默认为字符串的最后一个位置。

返回值：如果包含子字符串则返回开始的索引值，否则返回-1。例如，定义三个字符串 str1、str2 和 str3，检测 str1 中是否包含其他两个字符串，具体代码如下：

```
str1 = 'python is on the way'
str2 = 'on'
str3 = 'nice'
print(str1.find(str3)) # 不在字符串 str1 中
print(str1.find(str2)) # str2 在字符串 str1
print(str1.find(str2,1,3)) # 从索引 1 开始检测，检测长度为 3
```

运行结果如下：

-1

4

-1

如果检测的字符串不存在于原字符串中，返回值为-1，如上例结果第一行和第三行。可以根据 find( )方法的返回值是否为正整数，判断检测的字符串是否存在于原字符串中。此外，字符串对象还提供了 rfind( )方法，作用与 find( )方法类似，不过 rfing( )是从原字符串的右边开始检索，具体不再赘述。

(3) index( )方法。

index()方法检测字符串中是否包含子字符串 str，如果指定 start（开始）和 end（结束）范围，则检查是否包含在指定范围内，该方法与 Python 中的 find()方法一样，只是如果 str 不在原字符串 string 中会报一个异常，影响后面程序执行。其语法格式如下：

```
str.index(sub[, start[, end]])
```

上述语法格式中的参数说明如下：

str：原字符串。

sub：表示要检索的字符串。

start：可选参数，指定字符串开始搜索的位置。若不指定，默认为第一个字符，第一个字符索引值为 0。

end：可选参数，字符串中结束搜索的位置。字符中第一个字符的索引为 0。若不指定，默认为字符串的最后一个位置。

返回值：如果包含子字符串，返回开始的索引值；否则，返回异常。

例如，定义两个字符串 str11 和 str12，检测 str12 在 str11 中的指定范围内是否存在，具体代码如下：

```
str11 = 'python is on the way'
str12 = 'on'
# 空格,等其他操作符对其索引位置也有影响
# 如果包含子字符串 返回检测到的索引值
print(str11. index(str12))
print(str11. index(str12,1,3)) # 从索引 1 开始检测,检测长度为 3
```


运行结果如下：

ValveError：substring not found

4

str12 存在于 str11 中,返回开始的索引值,但 str12 在上例中不存在于 str11 的指定范围中,则报出一个异常 ValueError：substring not found。当检索长度改为 6,具体代码如下：

```
str11 = 'python is on the way'
str12 = 'on'
# 空格,等其他操作符对索引位置也有影响
# 如果包含子字符串 返回检测到的索引值
print(str11. index(str12))
print(str11. index(str12,1,6)) # 从索引 1 开始检测,检测长度为 6
```

运行结果如下：

4

4

6.2.5.2 案例实训

词频(term frequency,TF)是指文件或语料库中词汇出现的频率或次数,是衡量一个词汇重要性的一种指标。词频统计是文献计量学中传统的和具有代表性的一种内容分析方法,为学术研究提供了新方法和视野,是文本挖掘的重要手段。

绕口令又称急口令、吃口令、拗口令等,是一种民间传统的语言游戏。它是将若干双声、叠韵词或发音相同、相近的语、词集中在一起,组成简单、有趣的语韵,要求快速念出,所以读起来使人感到节奏感强,妙趣横生。下面以一段经典的绕口令为文本"石狮寺前有四十四个石狮子,寺前树上结了四十四个涩柿子,四十四个石狮子不吃四十四个涩柿子,四十四个涩柿子倒吃四十四个石狮子。"输出字符串 name 中前两个字符"石狮"两字出现的次数和出现的位置。具体代码如下：

```
word="石狮寺前有四十四个石狮子,寺前树上结了四十四个涩柿子," \
    "四十四个石狮子不吃四十四个涩柿子,四十四个涩柿子倒吃四十四个石狮子。"
name="石狮柿子"
count=word.count(name[0:2])                          #词为"石狮"的统计数(出现次数)
order="
size=-2
for i in range(count):                              #按出现次数查找位置
    size=word.find(name[0:2],size+len(name[0:2]))      #列出出现位置
    order+=str(size)+" "
print(name[0:2]+"出现次数:",count)
print(name[0:2]+"出现位置:"+order)
```

运行结果如下：
石狮出现次数:4

6.2.6 字符串:密码加密

6.2.6.1 知识储备

(1)大小写转换。

Python 提供了 lower()方法和 upper()方法进行字母的大小写转换,即 lower()方法可将大写字母转换为小写形式以及 upper()方法将小写字母转化为大写形式。

①lower()方法。

lower()方法可将给定字符串中的大写字母转换为小写形式。lower()方法返回将字符串中所有大写字符转换为小写后生成的字符串。如果原字符串中没有需要转换的字符,则返回原字符串。其基本语法格式如下：

```
str.lower()
```

应用 lower()方法将定义的字符串中的全部字母转换为小写形式,具体代码如下：

```
s = "Runoob EXAMPLE...WOW!!!"
print(s.lower())
```

运行结果如下：
runoob example...wow!!!

② upper()方法。

upper()方法可将给定字符串中的小写字母转换为大写形式。upper()方法返回将字符串中所有小写字符转换为大写后生成的字符串。如果原字符串中没有需要转换的字符,则返回原字符串。其基本语法格式如下：

```
str.upper()
```

应用 upper()方法将定义的字符串中的全部字母转换为大写形式,具体代码如下：

```
str = "this is string example...wow!!!"
print(str.upper())
```

运行结果如下：
THIS IS STRING EXAMPLE...WOW!!!

(2)Random 模块介绍。

Random 库是使用随机数的 Python 标准库。

从概率论角度来说,随机数是随机产生的数据(如抛硬币),但是计算机是不可能产生随机值的,真正的随机数也是在特定条件下产生的确定值。计算机不能产生真正的随机数,那么伪随机数也就被称为随机数。

伪随机数是指计算机通过梅森旋转算法生成的(伪)随机序列元素。Python 中用于生成伪随机数的函数库是 Random,因为是标准库,使用时候只需要 import random。

Random 库包含基本随机函数和扩展随机函数两类函数。

基本随机函数:seed()、random()。

扩展随机函数:randint()、getrandbits()、uniform()、randrange()、choice()、shuffle()。

6.2.6.2 案例实训

日常生活中,人们在不同平台都有许多账号,如果账号密码都一样,这样虽然便于记忆,但是安全性很差。若设置不同的密码,又不便于记忆,这时我们可以编辑一个密码加密软件来管理密码。

本节任务:编写一个程序,将自己不同账号的密码统一加密保存起来,密码可以包含英文字母和数字。加密方式是将每位原密码的 ASCII 值加 3 返回新字母和数字,然后在新生成的每位密码前加一位随机生成的密码。具体代码如下:

```
import random
i= input("输入你的英文密码:\n").strip("")
num='abcdefghigklmnopqrstuvwxyz1234567890'
password=''
for item in i:
    new = chr(ord(item) + 3)
    low = random.choice(num)                # 随机输出一个 num 中的字符串
    upp = random.choice(num).upper()        # 随机输出一个 num 中的字符串,并转换为大写
    password += upp + new + low
print("新生成密码:",password)
```

运行结果如图 6.29 所示。

```
输入你的英文密码:
love520
新生成密码:  0obLrkQyyEhv08g05b733
```

图 6.29 密码加密示例

6.3 Python 程序结构

6.3.1 if 条件语句:短信数字验证码

6.3.1.1 知识储备

使用 if…else 语句时,表达式可以是一个单纯的布尔值或变量,也可以是比较表达式或逻辑表达式,如果满足条件,则执行 if 后面的语句块,否则,执行 else 后面的语句块。这种形式的选择语句,相当于汉语里的关联词语“如果…否则…”。“if…else”语句的语法格式如下:

```
if 表达式:
    语句块 1
else:
    语句块 2
```

6.3.1.2 **案例实训**

现在,很多电子商务平台都通过短信数字验证码进行支付验证。短信数字验证码是通过短信传达数字的验证形式,安全性较高。短信验证码通常为4~6位数。

假设手机短信收到的数字验证码为"123456",编写一个程序,让用户输入数字验证码,如果数字验证码输入正确,提示"支付成功";否则,提示"数字验证码错误"。

具体代码如下:

```
num = input("验证码:")
    if num == "123456":
        print("支付成功!")
    else:
        print("数字验证码错误!")
```

输入111111,运行结果如图6.30所示。

```
验证码:111111
数字验证码错误!
```

图6.30 数字验证码错误示例

输入123456,运行结果如图6.31所示。

```
验证码:123456
支付成功!
```

图6.31 数字验证码正确示例

6.3.2 if 条件语句:BMI 体质指数

6.3.2.1 **知识储备**

使用"if…elif…else"语句,该语句是一个多分支选择语句,通常表现为"如果满足某种条件,进行某种处理,否则,如果满足另一种条件,执行另一种处理"。"if…elif…else"语句的语法格式如下:

```
if 表达式1:
    语句块1
elif 表达式2:
    语句块2
else:
    语句块n
```

使用if…elif…else语句时,表达式可以是一个单纯的布尔值或变量,也可以是比较表达式或逻辑表达式,如果表达式为真,执行语句;而如果表达式为假,则跳过该语句,进行下一个elif的判断,只有在所有表达式都为假的情况下,才会执行else中的语句。

6.3.2.2 **案例实训**

体质指数(body mass index,简称BMI)是国际常用来测量体重与身高比例的工具。它利用身高和体重之间的比例去衡量一个人是否过瘦或过胖。体质指数适合18至65岁的人士使用,其计算公式如下:

体质指数(BMI)=体重/身高的平方

我国成人 BMI 标准为:<=18.4 为偏瘦;18.5~23.9 为正常;24~27.9 为过重;>=28 为肥胖。根据 BMI 中国标准编写一个程序,根据用户输入的体重和身高,计算体质指数(BMI),并输出对应体质分类。

具体代码如下:

```
weight = float(input("体重(kg):"))
high = float(input("身高(m):"))
bmi = float(format((weight/high * * 2),".1f"))
if bmi <= 18.4:
    print("偏瘦")
elif 23.9 >= bmi >= 18.5:
    print("正常")
elif 27.9 >= bmi >= 24:
    print("过重")
else:
    print("肥胖")
```


输入体重 52,身高 1.6,运行结果如图 6.32 所示。

```
体重(kg):52
身高(m):1.6
正常
```

图 6.32　体质指数示例(1)

输入体重 100,身高 1.7,运行结果如下:

```
体重(kg):100
身高(m):1.7
肥胖
```

图 6.33　体质指数示例(2)

6.3.3　while 循环语句:密码输错 6 次账户冻结

6.3.3.1　知识储备

while 循环是通过一个条件来控制是否要继续反复执行循环体中的语句。其语法格式如下:

while 条件表达式:

　　循环体

当条件表达式的返回值为 True 时,则执行循环体中的语句;执行完毕后,重新判断条件表达式的返回值,直到表达式返回的结果为 False 时,退出循环。

6.3.3.2　案例实训

编写一个程序,输入 6 位密码(6 位密码为 123456),密码正确后提示“密码正确,正进入系统!”;输入错误,输出“密码错误,已经输错 * 次”,密码输错 6 次后输出“密码输错 6 次,请与发卡行联系!!”。

具体代码如下：

```
password = "123456"
i = 0
while i < 6:
    num = input("请输入6位数字密码!")
    i += 1
if num == password :
        print("密码正确,正进入系统!")
        i = 8
    else:
        print("密码错误,已经输错",i,"次")
if i == 6:
    print("密码输错6次,请与发卡行联系!!")
```

输入6位数字密码:123456,运行结果如图6.34所示。

```
请输入6位数字密码！123456
密码正确，正进入系统！
```

图6.34　密码正确显示示例

输入6位数字密码:111111,222222,333333,444444,555555,666666,运行结果如图6.35所示。

```
请输入6位数字密码！111111
密码错误，已经输错 1 次
请输入6位数字密码！222222
密码错误，已经输错 2 次
请输入6位数字密码！333333
密码错误，已经输错 3 次
请输入6位数字密码！444444
密码错误，已经输错 4 次
请输入6位数字密码！555555
密码错误，已经输错 5 次
请输入6位数字密码！666666
密码错误，已经输错 6 次
密码输错6次，请与发卡行联系！！
```

图6.35　密码错误显示示例

6.3.4　for 循环语句:数据分解

6.3.4.1　知识储备

for循环是一个计次循环,通常适用于枚举或遍历序列,以及迭代对象中的元素。一般应用在循环次数已知的情况下。其语法格式如下:

for 迭代变量 in 对象:
　　循环体

其中,迭代变量用于保存读取出的值;对象为要遍历或迭代的对象,该对象可以是任何有序的序列对象,如字符串、列表和元组等;循环体为一组被重复执行的语句。

6.3.4.2 案例实训

在计算机中,数据的存储和运算都使用二进制数表示。美国有关的标准化组织就出台了ASCII编码。ASCII编码也叫基础ASCII码,使用7位二进制数来表示所有的大写和小写字母、数字0到9、标点符号,以及在美式英语中使用的特殊控制字符。其中48~57为0到9十个阿拉伯数字,65~90为26个大写英文字母,97~122为26个小写英文字母,其余为一些控制字符、通信专用字符、标点符号和运算符号等。

编写一个程序,可以从输入的字符串中分别对数字、英文大小写字母、英文标点符号(基础ASCII码中除数字和字母以外的)和汉字等其他字符(字符Unicode编码值为256以上的)进行提取,然后分别输出。

具体代码如下:

```
digit =''
num = ''
pun = ''
other = ''
data = input ("请输入需要分解的字符:")
for item in data:
    if ord(item) in range (48,58):
        digit = digit+''+item
    elif ord(item) in range (65,91) or ord(item) in range (97,123):
        num = num+''+item
    elif ord(item) < 128:
        pun = pun+','+item
    else:
        other = other+''+item
print('提取数字:',digit)
print('提取英文字母:',num)
print('提取标点或控制符:',pun)
print('其他',other)
```

输入abc数据分析=123,运行结果如图6.36所示。

```
请输入需要分解的字符: abc数据分析=123
提取数字: 123
提取英文字母: abc
提取标点或控制符: ,=
其他 数据分析
```

图6.36 数据分解示例

6.4 Python 函数

6.4.1 知识储备

6.4.1.1 函数定义

在前面几个小节,我们已经多次提到过函数,如 input()、print()、str()、range()、len()等,以上都是 Python 的内置函数,可以直接使用。此外,Python 还支持自定义函数,把一段有规律的、可重复使用的代码定义成函数,从而实现一次编写多次调用的目的。

下面介绍如何创建函数和调用函数。

(1)创建函数。

创建函数也称为定义函数,使用 def 关键字实现,语法格式如下:

```
def    function_name([parameterlist]):
       ['''comments''']
       [functionbody]
```

参数说明:

function_name:函数名称,此为自定义名称,不与 python 关键字重复,符合规范即可。

parameterlist:可选参数,向定义函数中传递的参数。若有多个参数,各参数间用逗号相隔;不指定参数,表示定义函数无参数,在调用时,不加入参数。

"comments":可选参数,为函数注释。注释是说明定义函数的功能、参数的作用,以及帮助他人和自己迅速读懂定义函数的内容。

functionbody:可选参数,函数体,定义函数运行时要执行的功能代码。函数存在返回值,使用 return 语句可将函数运行结果返回;若函数只有函数体,一般使用 pass 语句作为占位符。

编写函数的目的是一次定义重复调用,提高编程效率,减少程序中的重复内容。下面给出函数 get_digit()的具体定义,函数功能是将输入的字符串中的数字提取出来,具体代码如下:

```
def get_digit(instr):
    num = ""
    for item in instr:
if item.isdigit():
        num += item
    print(num)
```

(2)调用函数。

调用函数,即运行定义函数的过程。调用函数的语法格式如下:

```
function_name([parametersvalue])
```

参数说明:

function_name:要调用的函数名称,必须是先前已经定义的,函数定义在前,调用在后。

parametersvalue:可选参数,传递各参数的值。存在多个参数值时,各参数值间需使用逗号分隔;无参数时,则不用写入参数。

6.4.1.2 函数参数传递

有参数时,参数放在函数名称后面的一对小括号中,主调函数和被调用函数之间有数据传递关系。参数的作用在于函数运行时,函数对参数根据函数体进行操作。

(1)形式参数与实际参数。

形式参数(形参)和实际参数(实参)都叫作参数。两者区别如下:

①形式参数:定义函数时,函数名后面括号中的参数为“形式参数”,也称形参。

②实际参数:调用函数时,函数名后面括号中的参数为“实际参数”,也称实参。实参根据不同的类型,分为值传递和引用传递。实参为不可变对象时,进行的是值传递;实参为可变对象时,进行的是引用传递。值传递和引用传递的基本区别是:进行值传递后,改变形参的值,实参的值不变;引用传递后,改变形参的值,实参的值也改变。

(2)位置参数。

位置参数也称必备参数,调用时的数量、位置和定义函数时一样。下面分别进行说明。

在调用函数时,实参数量必须与形参数量一致,否则将抛出 TypeError 异常,提示缺少必要的位置参数。

调用定义函数时,指定的实参位置必须与形参位置一致,否则将产生以下两种结果:

①抛出异常。指定的实参与形参的位置、数据类型不一致,那么就抛出异常。

②不抛出异常,得到的结果与正确运行不一致。指定的实参与形参的位置不一致,数据类型却是一致时,那么就不会抛出异常,但是得到的结果与正确运行不一致。

6.4.1.3 函数返回值

定义函数时,需要返回值,可使用 return 语句为函数指定返回值,返回值类型不做限制。程序运行至 return 语句时,函数的执行立即结束,后面程序不执行。

return 语句的语法格式如下:

```
result=return [value]
```

参数说明:

result:保存返回结果,可以是一个值,也可以是多个值。

value:可选参数,用于指定要返回的值。

注解:函数定义时,若无 return 语句,或将其省略时,返回 None,即返回空值;函数内不同位置,可给出不同的多个返回值,但最终返回的只有一个值。

6.4.1.4 局部变量

局部变量是指在函数内部定义并使用的变量,只在函数内部有效。如下例中,函数内部和外部都定义了一个 count,但代表了不同的变量值。例如,在函数体外部定义一个 count 变量(值为 10),在函数体内部定义一个 count 变量,用于计算所有数的和。具体代码如下：

```
count=10
def total(num):
    count =0
for i in range(0,num+1):
        count+=i
    print('函数内部 count 的值为:',count)
total(100)
print('函数外部 count 的值为:',count)
```

运行结果如图 6.37 所示。

```
函数内部count的值为:  5050
函数外部count的值为:  10
```

图 6.37 局部变量示例

如果变量在函数外部没有定义，而在函数内部有同名变量，在外部输出该变量时，就会抛出 NameError 异常，如定义函数 add()，计算两个数之间所有整数的和(包括这两个数)，将此和赋值给函数内部的 count 变量。在函数体外部直接调用变量 count 时，就会抛出异常，具体代码如下：

```
def total(num):
    count =0
for i in range(0,num+1):
        count+=i
total(100)
print('函数外部 count 的值为:',count)
```

运行结果如图 6.38 所示。

```
    print(count)
NameError: name 'count' is not defined
```

图 6.38 局部变量异常示例

在函数体外定义变量之初，给它一个初始值，而后在函数体内需访问、修改此变量，就需要定义此变量为全局变量。函数体内外都可以访问的变量，叫作全局变量。全局变量主要有以下两种情况：

(1)一个变量在函数体外定义时，不仅在函数体外可以访问，在函数体内也可以访问。但在函数体外定义的全局变量，只能访问，不能修改。

(2)使用 global 关键字在函数体内定义一个变量为全局变量，在函数体外可以访问该变量，在函数体内可以对其修改。如下例函数 add()，变量 count 在函数体内使用 global 进行声明，此变量变为全局变量，具体代码如下：

```
count=10
def add(x):
    global count   #将 count 定义为全局变量
    count +=x
add(16)
print(count)
```

运行结果如下：

26

6.4.2 案例实训

期末考试结束了,老师根据同学们的期末考试成绩,需要给出同学们期末考试的成绩等级,分为优秀、良好、及格、不及格四个等级,考试成绩在 90 分及以上的为优秀,成绩在 75 分及以上的为良好,成绩在 60 分及以上的为及格,低于 60 分为不及格,如何使用我们学过的编程知识,实现这一功能呢?

下面是实现此功能的程序代码,以此代码为例,讲解 Python 函数相关知识。

```
def test( count):
if count>=90:
msg='你的成绩为优秀'
elif count>=75:
msg='你的成绩为良好'
elif count>=60:
msg='你的成绩为及格'
elif count>=0:
msg='你的成绩为不及格'
return msg
print( test( int( input( "请输入你的考试分数:" ) ) ) )
```

在此程序中,定义的函数为 test( ),形式参数为 count,实际参数为输入成绩分数,该函数运行结束,输出返回值为 msg,变量 count 为局部变量,函数无全局变量。

运行程序,输入 88,此时 88 为实际参数,传递给形式参数 count,运行结果如图 6.39 所示。

请输入你的考试分数：88
你的成绩为良好

图 6.39 Python 函数示例

6.5 本章小结

本章以掌握 Python 编程基础为目的,主要介绍了 Python 语法基础、程序结构、函数,包括数据类型、运算符、字符串、条件语句、循环语句等具体内容。

第三篇
数据采集篇

7 实训1 成都市二手房出售数据采集

7.1 项目情景

李雷:你的黑眼圈好严重啊? 昨晚熬夜到很晚吧?

韩梅梅:是呀,最近想要在附近买套二手房,但是二手房信息太多了,看得眼花缭乱的。

李雷:你可以试试爬虫。你只需要设置一个程序脚本,它就会像一个机器人一样自动帮你爬取二手房信息并保存到表格中,这样你浏览起来就方便很多。

韩梅梅:还有这样神奇的程序,我去学一下。

一个月后……

李雷:看你气色好多了,看来爬虫为你节约了不少时间和精力吧!

韩梅梅:太感谢你给我介绍了这个工具,表格一目了然,我再也不用一页一页地翻看二手房信息了,我已经从表格中筛选到几套中意的房子了。

7.2 实训目标

(1)了解爬虫的定义。

(2)了解数据的应用价值。

(3)掌握数据爬虫的流程。

(4)了解爬虫的方法。

(5)掌握八爪鱼采集器的使用方法。

(6)掌握 Python 爬虫库:Requests。

7.3 实训任务

(1)下载八爪鱼采集器。

(2)选择采集模板。

(3)确定采集目标采集数据。

(4)将采集数据保存为所需格式。

7.4 技术准备

7.4.1 大数据采集

数据是大数据技术的首要条件,因而大数据采集是大数据技术的第一步,是大数据技术的基础和关键环节。其后的数据分析和知识挖掘都是建立在大数据采集的基础之上。随着大数据技术与应用越来越被重视以及大数据来源和方式的多样化,大数据采集技术也面临越来越严峻的挑战。

7.4.1.1 大数据采集的特点

传统意义上的数据采集是指从传感器和其他待测设备等模拟和数字被测单元中自动采集信息的过程。传统的数据采集系统由传感器、测量硬件和带有可编程软件的计算机组成,计算机外接数据采集设备进行数据采集。计算机设备上安装服务器软件,采集的数据通常保存在关系数据库中;采集设备通常是单片机系统或嵌入式系统,并带有多种传感器;采集设备与计算机服务器之间通过串口或网口进行通信。传统数据采集的数据来源单一,且存储管理和分析量相对较小,多数采用关系数据库和并行数据仓库即可处理。

随着互联网技术的广泛应用,更加开放的、多样化的数据开始出现。数据不但体量巨大,而且更新速度快,来源广泛,因而互联网数据成为大数据采集的重点和难点。因此,在互联网背景下,大数据采集是指对各种来源(如传感器数据、互联网数据、社交网络数据等)的结构化、半结构化和非结构化海量数据所进行的数据获取。与传统的数据采集相比,大数据采集的数据源更加多样化,采集技术手段也更加多样化和更加复杂。

综上,大数据采集与传统的数据采集对比如表 7.1 所示。

表 7.1 大数据采集与传统的数据采集对比

比较项目	大数据采集	传统的数据采集
数据来源	来源广泛	来源单一
数据量	数据量巨大	数据量相对较小
数据类型	多种类型:结构化、半结构化、非结构化,以非结构化为主	结构简单:结构化数据为主
数据存储	分布式数据库	关系型数据库和并行数据仓库

7.4.1.2 大数据采集的意义

大数据采集是大数据治理的基础,其后的数据分析与挖掘都是建立这一基础之上,采集的数据的数量尤其是质量,直接决定了最终分析结果的可靠性。因此,大数据采集技术早已成为大数据技术与应用的关键要素之一,大数据采集也已经成为大数据产业的基石。

7.4.2 下载和安装八爪鱼采集器

第1步:打开八爪鱼官网(https://www.bazhuayu.com/),下载八爪鱼采集器,见图7.1。

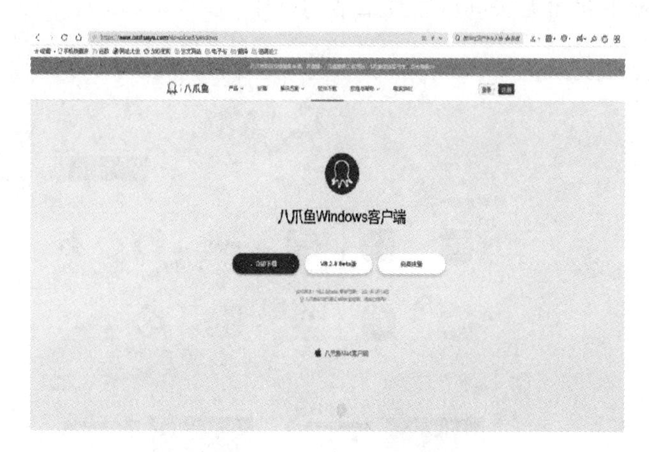

图7.1 八爪鱼官网

第2步:下载之后解压文件,找到"Octopus Setup 8.1.8.exe"文件,双击安装软件(默认安装即可)。

第3步:安装成功后打开该软件,出现登录界面,见图7.2。

图7.2 八爪鱼登录界面

7.5 实训步骤

八爪鱼采集器中有许多免费的采集模板，此案例使用八爪鱼中的房天下采集模板进行采集，操作步骤如下：

第1步：登记八爪鱼主页及房天下任务页面，选择跟图7.3和图7.4中红框名字完全一致的模板。因为房天下二手房模板有三个，三种模板采集的数据也略有不同，大家要避免因采集的数据不同而无法进行后续章节的操作。

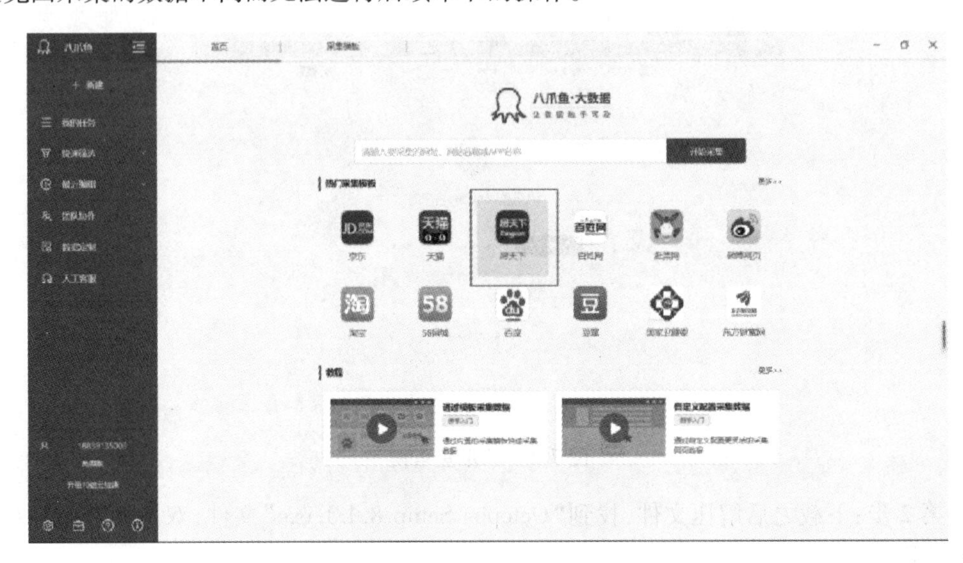

图7.3 八爪鱼主页

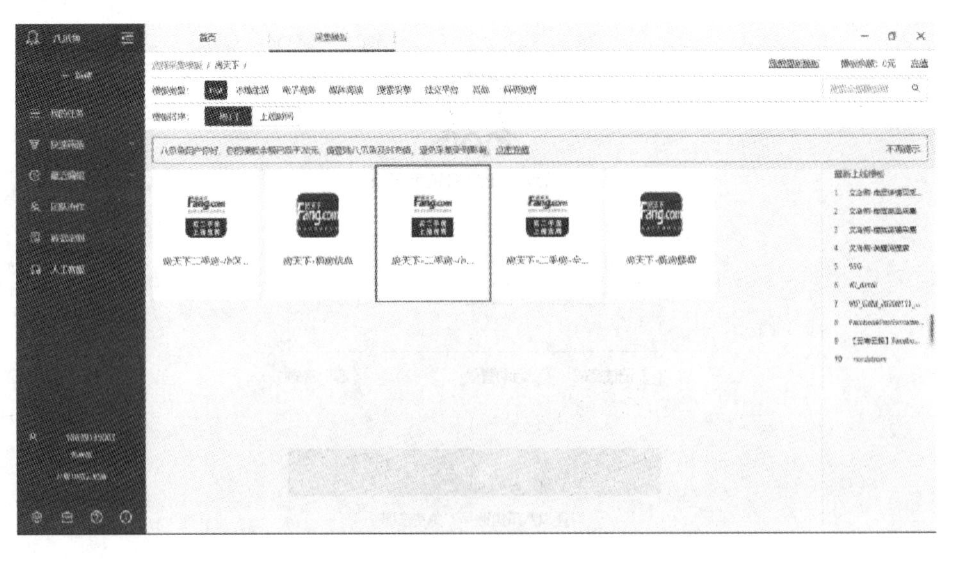

图7.4 房天下任务页面选取

第 2 步:单击“立即使用”按钮,见图 7.5。

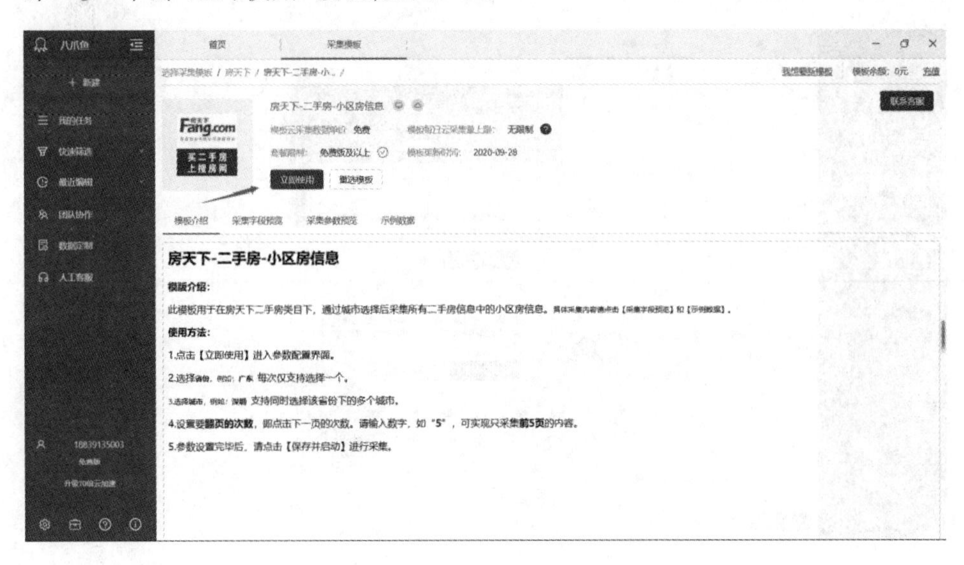

图 7.5　使用房天下数据采集模板

第 3 步:选择需要采集的城市,设置采集页数,单击“保存”按钮并启动,见图 7.6。

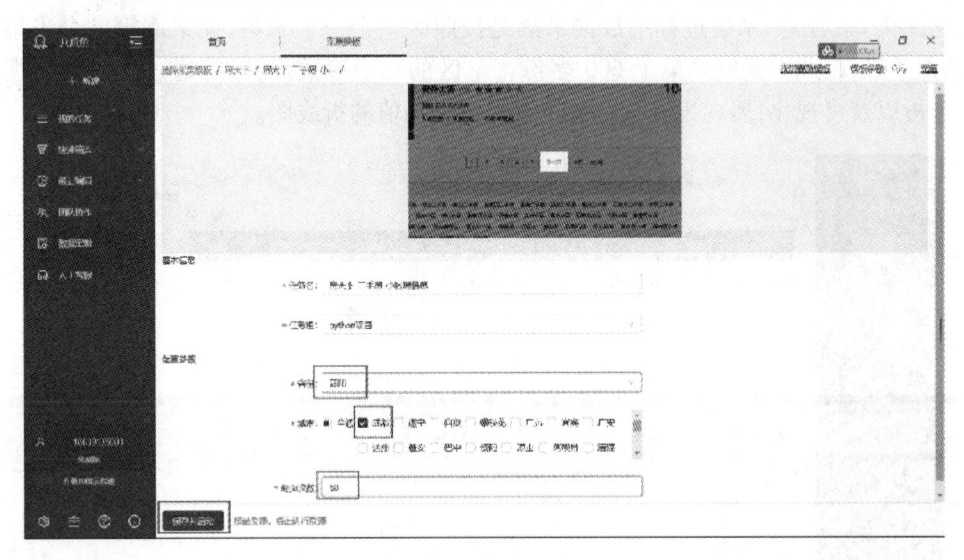

图 7.6　设置采集目标

第 4 步:单击“启动本地采集”按钮,采集器就会开始采集,见图 7.7。

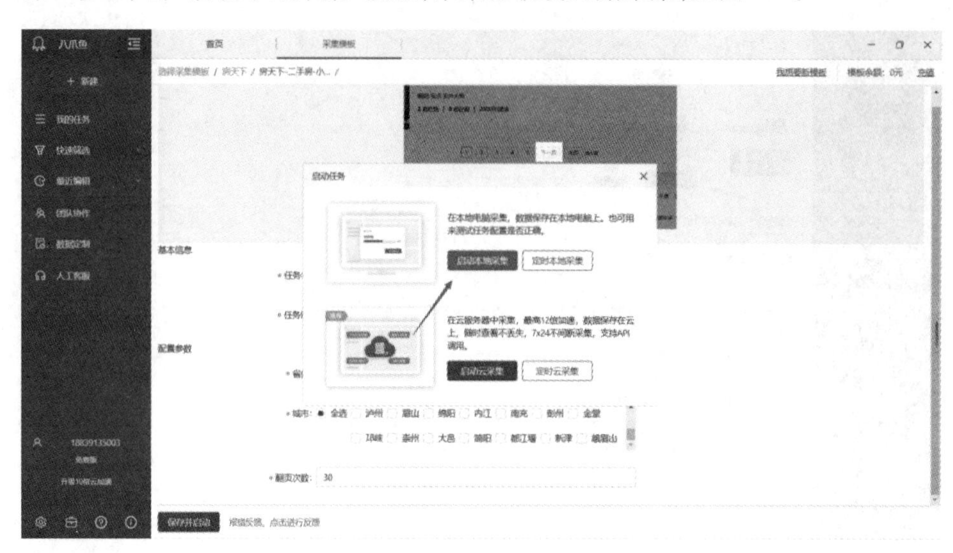

图 7.7 采集数据

第 5 步:查看采集数据条数,若到达理想采集数据的数量值时,单击“停止采集”按钮,见图 7.8。注意:采集过程中数据采集是按照区一个一个采集,此案例第一个采集的区是青羊区,因此本案例采集了 600 多份青羊区的二手房数据,最终通过代码对数据整理、分析以及可视化,展现出青羊区各街道房价平均值的折线图。

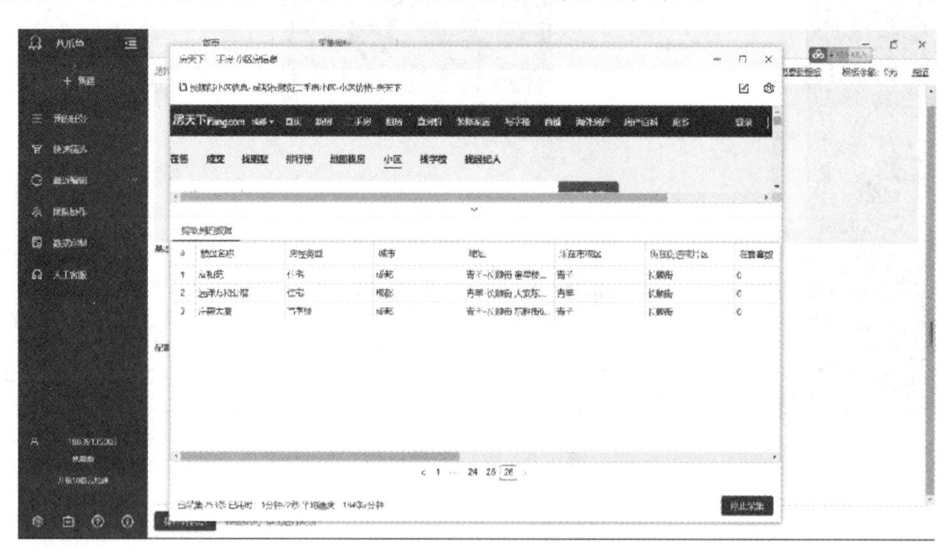

图 7.8 控制数据采集数量

第 6 步:单击“导出数据”按钮导出数据,见图 7.9。

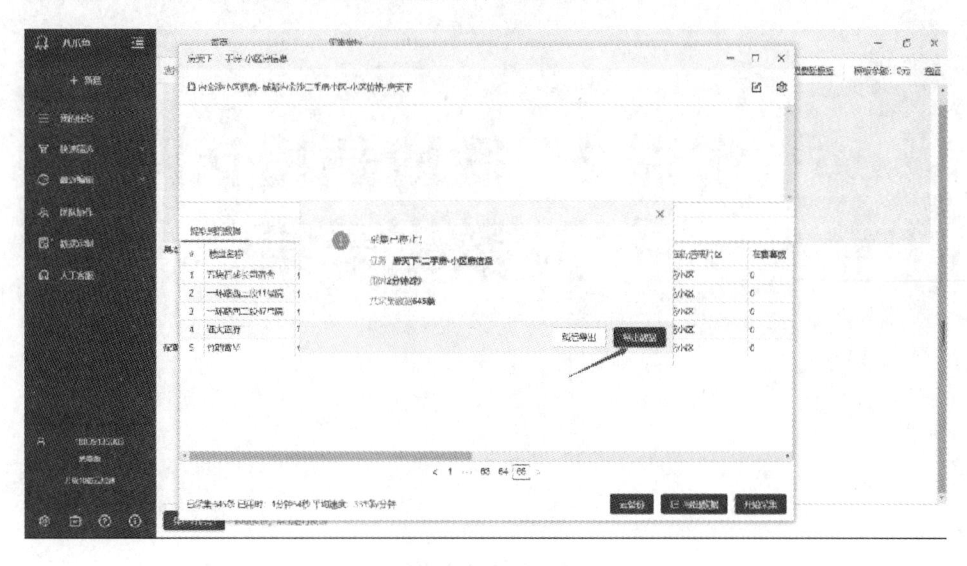

图 7.9　导出数据

第 7 步:选择 CSV 文件格式,单击“确认”按钮,选择保存路径,保存文件以供后续步骤使用,见图 7.10。

图 7.10　保存 CSV 格式数据

7.6　本章小结

本章介绍了如何运用八爪鱼数据采集器的现有模板采集所需数据,八爪鱼采集器相对于编写代码采集数据而言操作更加简便、更容易上手。经过本章实操练习,相信大家对于数据采集流程有了初步的了解,后续章节大家将会学习编写代码采集所需数据的方法。

8 实训2 微博热搜话题数据采集

8.1 项目情景

韩梅梅:最近微博热搜中奥运比赛的喜讯真是层出不穷啊,但是工作太忙了,有的热搜还没来得及看就不见了。

李雷:要不要试一下爬虫,可以将某一时刻的微博热搜保存成文件。

韩梅梅:那我这样就可以保存几次,等晚上有空了一起看,太方便了吧,而且文件长期保存岂不是就像老报纸对于现在的意义,能让我回想起当天的大新闻。

李雷:是的,爬虫程序就像一个相机,将此刻的微博热搜咔嚓"照"下来,可以永久保存。

几天后……

韩梅梅:这个程序真是太有用了,每天晚上都可以看到爬取的微博热搜,看着随着天数的增加,我国奥运健儿获得的每一枚奖牌都令我激动不已。虽然工作忙碌,我也不会错过很多大新闻了。

8.2 实训目标

(1)掌握数据爬虫的流程。

(2)掌握网络头文件的获取方式。

(3)掌握 Python 爬虫库:Requests。

8.3 实训任务

此项目是要爬取微博热搜数据,而数据爬取需要很多准备工作,如了解第三方库的基本操作,以及获得网络头文件的方法。

(1)安装 Requests 库、Lxml 库等第三方库。

(2)获取微博热搜网页所需信息。

(3)按照爬虫常见思路设计代码爬取微博热搜数据。

(4)将爬取的数据保存为 CSV 文件格式。

8.4 技术准备

8.4.1 网络爬虫概述

网络爬虫(web crawler)是一种按照一定的规则,自动地抓取万维网信息的程序或者脚本,它们被广泛用于互联网搜索引擎或其他类似网站,可以自动采集所有其能够访问到的页面内容,以获取或更新这些网站的内容和检索方式。从功能上来讲,爬虫一般分为数据采集、处理、储存三个部分。

网络爬虫按照系统结构和实现技术,大致可以分为以下四种类型:通用网络爬虫(general purpose web crawler)、聚焦网络爬虫(focused web crawler)、增量式网络爬虫(incremental web crawler)、深层网络爬虫(deep web crawler)。传统网络爬虫从一个或若干个初始网页的 URL 开始,获得初始网页上的 URL,在抓取网页的过程中,不断从当前页面上抽取新的 URL 放入队列,直到满足系统的停止条件。聚焦爬虫的工作流程较为复杂,需要根据一定的网页分析算法过滤与主题无关的链接,保留有用的链接并将其放入等待抓取的 URL 队列。然后,它将根据一定的搜索策略从队列中选择下一步要抓取的网页 URL,并重复上述过程,直到达到系统的某一条件时停止。另外,所有被爬虫抓取的网页将会被系统存储,进行一定的分析、过滤,并建立索引,以便之后的查询和检索;对于聚焦爬虫来说,这一过程所得到的分析结果还可能对以后的抓取过程给出反馈和指导。

网络爬虫系统的功能是下载网页数据,为搜索引擎系统提供数据来源。很多大型的网络搜索引擎系统,都被称为基于 Web 数据采集的搜索引擎系统,如 Google、Baidu。由此可见,网络爬虫系统在搜索引擎中的重要地位。网页中除了包含供用户阅读的文字信息外,还包含一些超链接信息。网络爬虫系统正是通过网页中的超链接信息不断获得网络上的其他网页。因为这种采集过程像一个爬虫或者蜘蛛在网络上漫游,所以它才被称为网络爬虫系统或者网络蜘蛛系统,在英文中称为 Spider 或者 Crawler。

在网络爬虫的系统框架中,主过程由控制器、解析器、资源库三部分组成。控制器的主要工作是负责给多线程中的各个爬虫线程分配工作任务。解析器的主要工作是下载网页,进行页面的处理,主要是将一些 JS 脚本标签、CSS 代码内容、空格字符、HTML 标签等处理掉,爬虫的基本工作是由解析器完成。资源库是用来存放下载的网页资源,一般都采用大型的数据库存储,如 Oracle 数据库,并对存储内容建立索引。

网络爬虫系统一般会选择一些比较重要的、网页中链出超链接数较大的网站的 URL 作为种子 URL 集合。网络爬虫系统以这些种子集合作为初始 URL,开始数据的抓取。因为网页中含有链接信息,通过已有网页的 URL 会得到一些新的 URL,可以把网页之间的指向结构视为一个森林,每个种子 URL 对应的网页是森林中的一棵树的根节点。这样,网络爬虫系统就可以根据广度优先搜索算法或者深度优先搜索算法遍历所有的网页。由于深度优先搜索算法可能会使爬虫系统陷入一个网站内部,不利于搜索比较靠近的网站首页的网页信息,因此一般采用广度优先搜索算法采集网页。网络爬虫系统先将种子 URL 放入下载队列,然后简单地从队首取出一个 URL 下载其对应的网页。得到网页的内容将其存储后,经过解析网页中的链接信息可以得到一些新的 URL,再将这些 URL 加入下载队列。然后再取出一个 URL,对其对应的网页进行下载及再解析,如此反复进行,直到遍历了整个网络或者满足某种条件后才会停止下来。

网络爬虫基本流程为:

(1)发起请求:通过 HTTP 库向目标站点发起请求,即发送一个 Request,请求可以包含额外的 headers 等信息,等待服务器响应。

(2)获取响应内容:如果服务器能正常响应,会得到一个 Response,Response 的内容便是所要获取的页面内容,类型有 HTML、Json 字符串、二进制数据(如图片视频)等。

(3)解析内容:得到的内容如果是 HTML,可以用正则表达式、网页解析库进行解析;如果是 Json,可以直接转为 Json 对象解析;如果是二进制数据,可以做保存或者进一步处理。

(4)保存数据:保存形式多样,可以存为文本,也可以保存至数据库,或者保存为特定格式的文件。

网络爬虫的具体工作步骤如下:

第 1 步,选取一部分精心挑选的种子 URL。

第 2 步,将这些 URL 放入待抓取 URL 队列。

第 3 步,从待抓取 URL 队列中取出待抓取的 URL,解析 DNS,并且得到主机的 IP,并将 URL 对应的网页下载下来,存储进已下载网页库中。此外,将这些 URL 放进已抓取 URL 队列。

第 4 步,分析已抓取 URL 队列中的 URL,分析其中的其他 URL,并且将分析后的其他 URL 放入待抓取 URL 队列,从而进入下一个循环。

8.4.2 网络爬虫的常用技术

8.4.2.1 数据抓取

在网络爬虫实现上,Python 有许多与此相关的库可供使用。在数据抓取方面包括 urllib2(urllib3)、requests、mechanize、selenium、splinter。其中,urllib2(urllib3)、requests、mechanize 用来获取 URL 对应的原始响应内容;selenium、splinter 通过加载浏览器驱动,获取浏览器渲染之后的响应内容,模拟程度更高。如果要考虑效率,应使用 urllib2(urllib3)、requests、mechanize 等解决,尽量不用 selenium、splinter,因为后者需要加载浏览器而导致效率较低。对于数据抓取,涉及的过程主要是模拟浏览器向服务器发送构造好的 http 请求,常见类型有:get/post。

8.4.2.2 数据解析

在数据解析方面,相应的库包括 lxml、beautifulsoup4、re、pyquery。对于数据解析,主要是从响应页面里提取所需的数据,常用方法有 xpath 路径表达式、CSS 选择器、正则表达式等。其中,xpath 路径表达式、CSS 选择器主要用于提取结构化的数据,而正则表达式主要用于提取非结构化的数据。

8.4.3 Python 相关库介绍

Python 的标准库非常庞大,所提供的组件涉及范围十分广泛,包含了大量的内置模块及第三方模块;同时,读者还可以开发自定义模块。读者依靠它们来实现系统级功能,如文件 I/O、简单计算等。此外还有大量以 Python 编写的模块,提供了日常编程中许多问题的标准解决方案,从而加强了 Python 程序的可移植性,提高了工作效率。

8.4.3.1 模块概述

在 Python 中,一个扩展名为“.py”的文件就可称为一个模块,并通常将实现某一特定功能的代码放在一个“.py”文件中作为一个模块,从而实现在其他程序和脚本中可直接对其进行调用。

除了内置模块外,用户也可在 Python 中自定义模块,并可对代码进行规范,同时便于调用已经编写完毕的代码,提高开发效率。创建自定义模块可以将模块中相关代码(变量、函数等)单独编写在一个文件中,并命名为“模块名+.py”的形式,即创建一个.py 文件。在创建自定义模块时,应注意模块名的定义,不应与自带的内置模块相同。

同样,用户也可以使用第三方模块,但使用前需要对第三方模块进行下载安装,主要通过 pip 命令实现。具体的语法格式如下:

pip <command> [module]

其中,command 为要执行的命令,常见的命令有 install(安装)、uninstall(卸载)、list(显示已安装的第三方模块)等。

8.4.3.2 模块导入

Python 中主要有两种导入模块的方法:导入整个模块和导入模块中的部分组件(类、方法、函数、变量等),可通过 dir 查看具体组件。常用的导入方式包括以下三种:

(1) import module [as xx]:导入整个模块,通过 module.xx 实现组件功能,其中[asxx]表示为模块起的别名,方便后面调用,可省略。

(2) from module import xx:从模块中导入指定组件,直接使用组件名 xx 实现其功能。

(3) from module import *:导入模块的全部组件,直接使用组件名实现功能。

8.4.3.3 包

Python 中为避免由于模块名重复而产生的冲突,引入了包的概念。简单来说,包其实就是一个分层次的目录结构,是按照文件目录来组织模块的一种方法。各文件目录下的模块功能相近。

在每一个包目录下都必须要有一个名称为“__init__.py”的文件。该文件可以为空,也可含有 Python 代码。__init__.py 文件本身就是一个模块,模块名即为包名,在该文件中的 Python 代码,在导入包时此模块内容会自动执行。

包的导入和使用同模块导入相同,具体形式如下:

(1) import package.module :导入指定包中的指定模块。

(2) from package import module:如果包中含有指定模块,直接导入指定模块,直接使用“module.组件名”即可实现其功能,无须带包前缀。

（3）from package.module import xx：导入指定包和模块下的组件，直接使用组件名实现功能。

（4）from package.module import xx：导入指定包和模块下的全部组件。

8.4.4 Requests 库、Lxml 库的安装、简介及基本操作

Requests 是一个操作简单便捷的 Python HTTP 库，用来实现 HTTP 请求。因此，Requests 是在 Python 爬虫开发中实现 HTTP 请求过程最常用的库。

Lxml 是第一款表现出高性能特征的 Python XML 库，支持 Xpath1.0、XSLT1.0、定制元素类，甚至 Python 风格的数据绑定接口。Lxml 是通过 Cpython 实现的，构建在两个 C 库上（libxml2 和 libxslt），为执行解析、序列化、转换等核心任务提供了主要动力，是爬虫处理网页数据的一件利器。

8.4.4.1 Requests 库的安装

Requests 库不是 Python 内置的，为第三方模块，因此在使用前需要进行安装。常用的安装方式有两种：

方式一：通过官网下载最新发行版本，然后解压压缩文件，运行 setup.py 文件进行安装。具体操作如下：

第 1 步：进入官网 https://requests.kennethreitz.org//en/latest，见图 8.1。

图 8.1　Requests 库下载官网

第 2 步：单击“Python”标签，打开下载界面，选择“Navigation”下的“Downloads files”菜单，单击下载“requests.tar.gz”压缩包，见图 8.2。

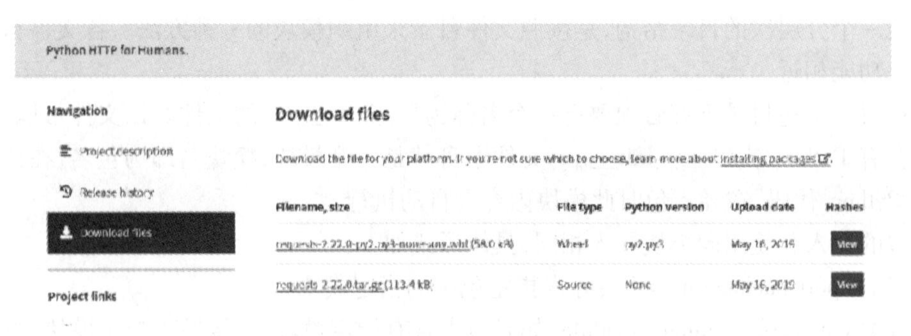

图 8.2　下载 Requests 安装包

第 3 步:解压下载完成的“requests.tar.gz”压缩包,运行“setup.py”文件进行安装。

方式二:通过“pip”进行安装,命令为“pip install requests”,具体操作如下:

第 1 步:按组合键“Win+R”打开运行窗口,在搜索框内输入“cmd”调出 cmd 命令行,见图 8.3。

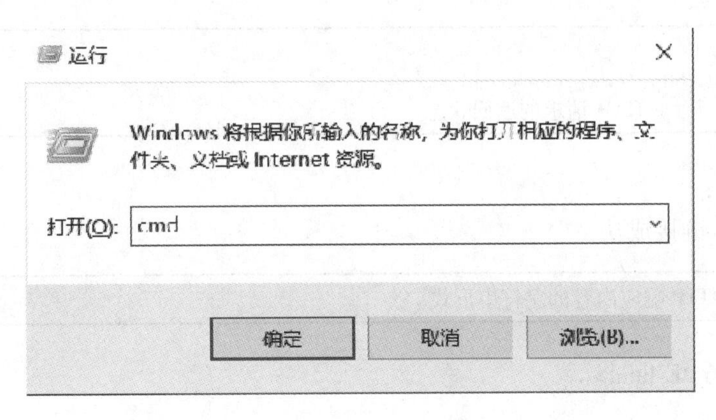

图 8.3　调取 cmd 命令窗口

第 2 步:在 cmd 命令窗口中输入“pip install requests”,如图 8.4 所示。单击“Enter”键,开始安装 Requests 库,等待出现成功安装的提示(Successfully installer...)即可,安装完成,见图 8.5。

图 8.4　输入安装命令

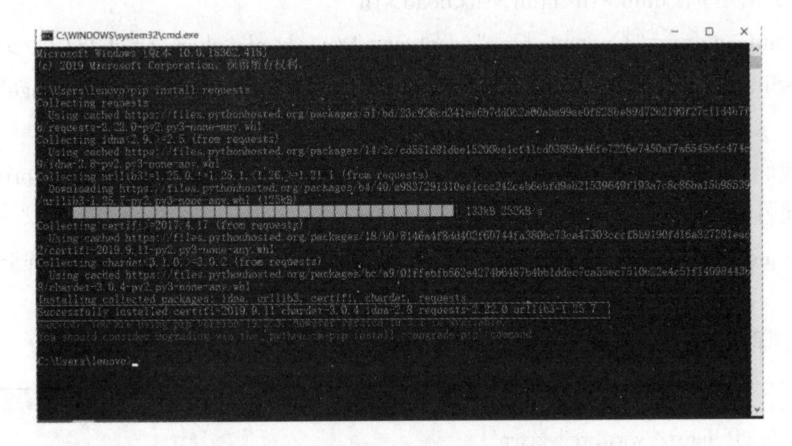

图 8.5　安装成功提示

8.4.4.2　Requests 库的基本操作

(1)Requests 库 get()方法是获取 HTML 网页的主要方法,相当于 HTTP 的 get。

下面使用 get() 方法演示如何通过其返回对象 response 来获取 www.weibo.com 域名的基本信息,具体代码如下:

```
import requests
r = requests.get("http://www.weibo.com")
print(r.status_code) #HTTP 请求的返回状态
```

运行结果:

200 #表示链接成功

```
print(r.text) #HTTP 响应内容的字符串形式
```

<! DOCTYPE html>

<html>

<head>

<metahttp-equiv="Content-type" content="text/html;charset=gb2312"/> <title>Sina Visitor System</title>

……

```
print(r.encoding) #从 HTTP header 中猜测的响应内容的编码方式
```

ISO-8859-1

```
print(r.apparent_encoding) #从内容中分析出的响应内容的编码方式
```

GB2312

```
print(r.content) # HTTP 响应内容的二进制形式
```

b'<! DOCTYPE html>\n<html>\n<head>\n

<meta http-equiv="Content-type" content="text/html; charset=gb2312"/>\n

<title>Sina Visitor System</title>\n</head>\n<body>\n<span id="message">

……

如上代码所示,requests 对象的 get() 方法返回的 response 对象 r,通过 print() 函数输出 r 的属性,便可以获得网站域名的相关信息。

(2)Requests 库中 head() 方法是获取 HTML 网页头信息的方法,相当于 HTTP 的 head。

例如,抓取微博首页的头部信息,具体代码如下:

```
import requests
r = requests.head('http://www.weibo.com')
r.headers
```

{'Server': 'WeiBo', 'Date': 'Tue, 12 Nov 2019 14:50:33 GMT', 'Content-Type': 'text/html', 'Content-Length': '276', 'Connection': 'keep-alive', 'Location': 'https://weibo.com/', 'LB_HEADER': 'venus241'}

```
r.encoding
```

'ISO-8859-1'

如上代码所示,先导入 requests 库,然后调用其中的 head() 函数,返回 response 对象 r,最后通过引用 r 的相关属性,显示对应网页的相关信息。

(3) Requests 库中 post() 方法主要用于向 HTTP 网页提交 POST 请求,相当于 HTML 的 post。http://httpbin.org 网站可测试 HTTP 请求和响应的各种信息,因此将指定的 url 地址 http://httpbin.org 用 post() 方法添加到 sendinformation 信息,具体代码如下:

```
import requests
sendinformation = {'Name':'Mary', 'Age':'21'}
r = requests.post('http://httpbin.org/post', data=sendinformation)
print(r.text)
```

```
{
"args": {},
"data": "",
"files": {},
"form": {
"Age": "21",
"Name": "Mary"
},
"headers": {
"Accept": "*/*",
"Accept-Encoding": "gzip, deflate",
"Content-Length": "16",
import requests
r =requests.head('http://www.weibo.com')
r.headers
r.encoding
import requests
sendinformation = {'Name':'Mary', 'Age':'21'}
r =requests.post('http://httpbin.org/post', data=sendinformation)
print(r.text) 163
"Content-Type": "application/x-www-form-urlencoded",
"Host": "httpbin.org",
"User-Agent": "python-requests/2. 14. 2"
```

```
},
"json": null,
"origin": "124.207.151.142, 124.207.151.142",
"url": "https://httpbin.org/post"
}
```

由以上代码的交互输出结果可以看出，字典 sendinformation 以 form 表单的形式发送给 response 对象。同样的，也可以直接向 url 地址发送字符串，具体代码如下：

```
r =requests.post('http://httpbin.org/post', data='I love you, Genny')
print(r.text)
```

```
{
"args": {},
"data": "I love you, Genny",
"files": {},
"form": {},
"headers": {
"Accept": "*/*",
"Accept-Encoding": "gzip, deflate",
"Content-Length": "17",
"Host": "httpbin.org",
"User-Agent": "python-requests/2.14.2"
},
"json": null,
"origin": "124.207.151.142, 124.207.151.142",
"url": "https://httpbin.org/post"
}
```

以上输出结果中，字符串以"data"："I love you, Genny"键值对被保存下来。

（4）Requests 库中 put( ) 方法用于向 HTML 网页提交 put 请求，相当于 HTML 的 put。例如，给指定的 put( ) 方法添加字典 sendinformation 信息，具体代码如下：

```
sendinformation = {'Name':'Mary', 'Age':'21'}
r = requests.put('http://httpbin.org/put', data = sendinformation)
print(r.text)
```

```
{
"args": {},
"data": "",
"files": {},
"form": {
"Age": "21",
```

"Name" : "Mary"
},
"headers" : {
"Accept" : " */* ",
"Accept-Encoding" : "gzip, deflate",
"Content-Length" : "16",
"Content-Type" : "application/x-www-form-urlencoded",
"Host" : "httpbin.org",
"User-Agent" : "python-requests/2.14.2"
},
"json" : null,
"origin" : "124.207.151.142, 124.207.151.142",
"url" : "https://httpbin.org/put"
}

同样的,由交互输出结果可以看出,put()方法也是以 form 表单的形式存储自定义的字典,并返回 response 对象。

(5)Requests 库中的 patch() 方法主要用于向 HTML 网页提交局部修改请求,相当于 HTTP 的 patch。例如,使用 patch() 方法修改上面例子中 put()方法添加的字典 sendinformation 对象。

```
sendinformation = {'Name':'Kitty', 'Age':'21'}
r = requests.patch('http://httpbin.org/patch', data = sendinformation)
print(r.text)
```

{
"args" : {},
"data" : "",
"files" : {},
"form" : {
"Age" : "21",
"Name" : "Kitty"
},
"headers" : {
"Accept" : " */* ",
"Accept-Encoding" : "gzip, deflate",
"Content-Length" : "17",
"Content-Type" : "application/x-www-form-urlencoded",
"Host" : "httpbin.org",
"User-Agent" : "python-requests/2.14.2"
},

```
sendinformation = {'Name':'Kitty', 'Age':'21'}
r =requests.patch('http://httpbin.org/patch', data = sendinformation)
print(r.text)165
"json": null,
"origin": "124.207.151.142, 124.207.151.142",
"url": "https://httpbin.org/patch"
}
```

上述通过 patch() 方法成功将字典中的 Name 值修改为 Kitty。

(6)Requests 库中的 delete() 方法用于向 HTML 页面提交删除请求,相当于 HTTP 的 delete。现在,删除上个例子中 patch() 方法修改后的 sendinformation 字典,具体代码如下:

```
r =requests.delete('http://httpbin.org/delete')
print(r.text)
```

```
{
"args": {},
"data": "",
"files": {},
"form": {},
"headers": {
"Accept": "*/*",
"Accept-Encoding": "gzip, deflate",
"Host": "httpbin.org",
"User-Agent": "python-requests/2.14.2"
},
"json": null,
"origin": "124.207.151.208, 124.207.151.208",
"url": "https://httpbin.org/delete"
}
```

由执行结果可以看出,form 表单为空,说明成功删除了 sendinformation 字典。

(7)Requests 库中 request() 方法用来构造一个请求,支撑上述各种基础方法。调用格式通常为:

```
Requests.request(method, url, ** kwargs)
```

在上面的调用格式中,method 为请求方式,可以为 get()、post()、put() 等方法;url 代表目标页面的 url 地址;** kwargs 为控制访问参数,具体参数可参照 Requests 文档学习。例如,params 参数,代表字节或字典序列,可以作为参数增加到 url 中,具体代码如下:

```
sendinformation = {'Name':'Kitty', 'Age':'21'}
r=requests.request('PUT', 'http://httpbin.org/put', data = sendinformation)
print(r.text)
```


```
{
"args": {},
"data": "",
"files": {},
"form": {
"Age": "21",
"Name": "Kitty"
},
"headers": {
"Accept": "*/*",
"Accept-Encoding": "gzip, deflate",
"Content-Length": "17",
"Content-Type": "application/x-www-form-urlencoded",
"Host": "httpbin.org",
"User-Agent": "python-requests/2.14.2"
},
"json": null,
"origin": "124.207.151.142, 124.207.151.142",
"url": "https://httpbin.org/put"
}
```


通过上述结果可以看出,通过调用 request() 方法,可以包装出通用的接口来模拟 requests 对象常用方法的功能。

8.4.5 网页头文件的获取

网络爬虫是一种按照一定的规则,自动地抓取万维网信息的程序或者脚本,它们被广泛用于互联网搜索引擎或其他类似网站,可以自动采集所有其能够访问到的页面内容,以获取或更新这些网站的内容和检索方式。从功能上来讲,爬虫一般分为数据采集、处理、储存三个部分。

想要通过编写代码实现网络爬取,需要对网页前端有一定了解,所以此部分为大家介绍一下代码中需要用到的常用网页内容,以及如何找到这些内容。下面以微博热搜话题数据采集为例来介绍相关知识。

第 1 步:进入微博主页,单击"搜索框"→"查看完整热搜榜",见图 8.6 和图 8.7。

第 2 步:在微博热搜榜页面,鼠标右击"序号"两字上方箭头的地方,单击"检查"→"Network"→"All",若无内容,则需要单击页面左上角刷新符号,才会出现内容,然后单击 Name 文本框里的第一个文件,Header 中即会出现 Request URL,红框中就是爬虫代码需要的 URL 地址,见图 8.8。

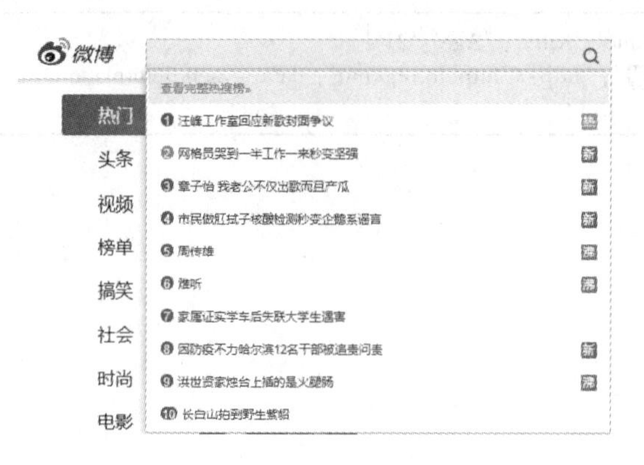

图 8.6　微博热门页面

图 8.7　微博热搜榜页面

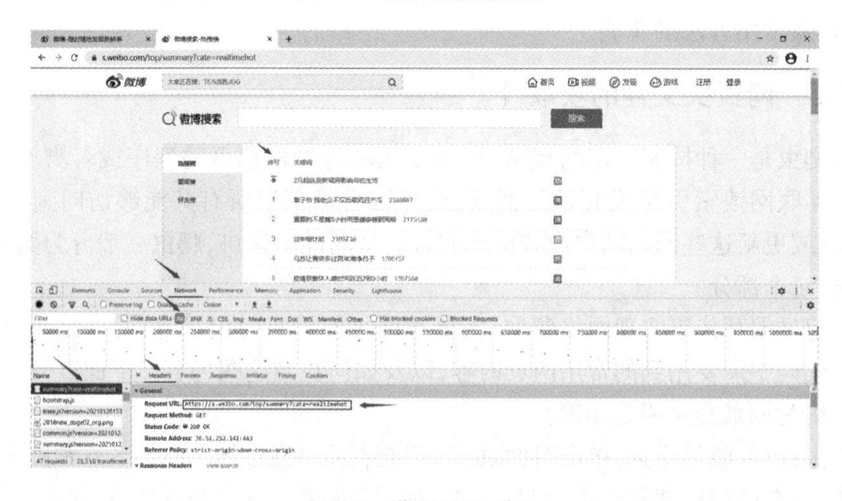

图 8.8　获取 URL 地址

第 3 步:同一路径下拉动图 8.9 所示的箭头所指下拉框,拉至最底部,User-agent 也是数据爬取代码中常用的网页前端内容。

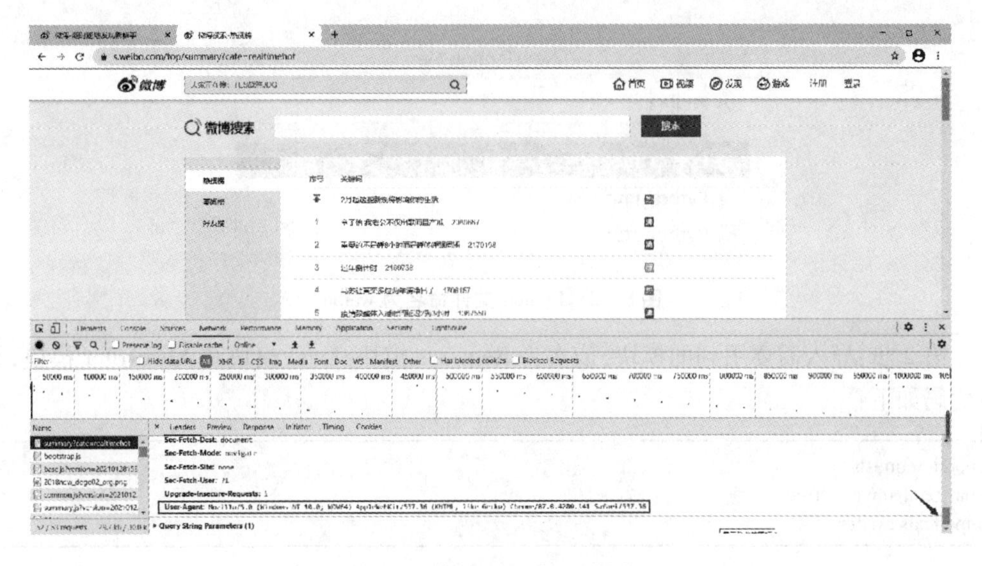

图 8.9　获取 User-agent 信息

8.5　实训步骤

第 1 步：打开 PyCharm，新建项目文件 weibo，具体操作见图 8.10、图 8.11 和 8.12。

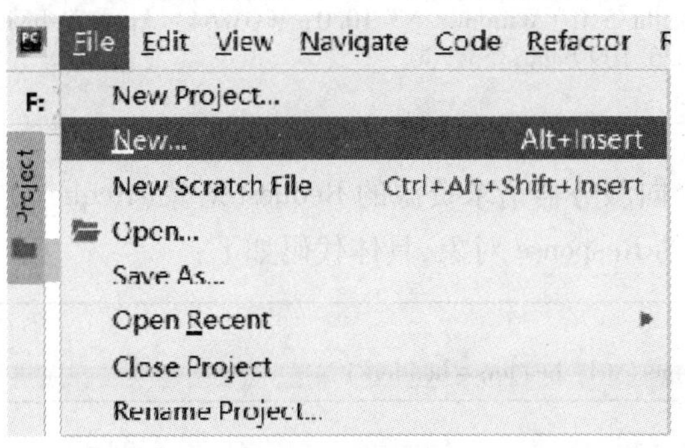

图 8.10　新建文件

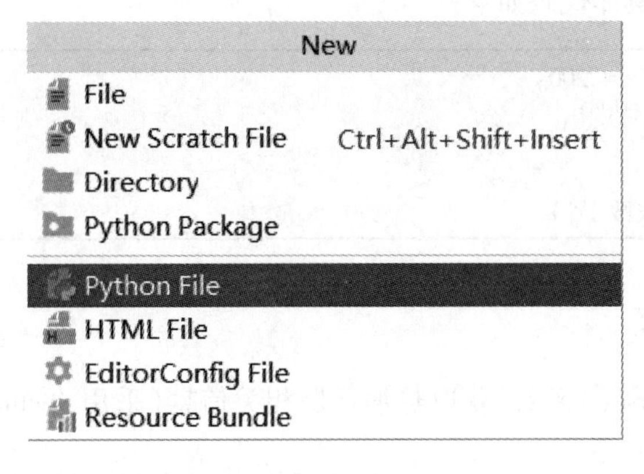

图 8.11　选择 Python 文件

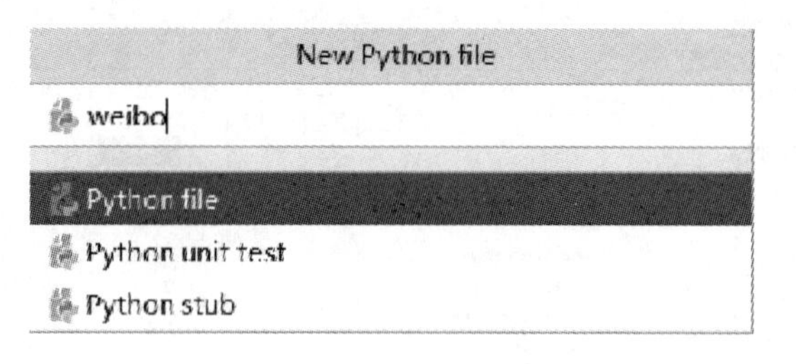

图 8.12　Python 文件命名为 weibo

第 2 步:导入需要用到的模块,依次为 Requests 模块、Lxml 模块和 Xlexwriter 模块,具体代码如下:

```
import requests
from lxml import etree
import xlsxwriter
```

第 3 步:从 URL 获取数据,具体代码如下:

```
url = 'http://s.weibo.com/top/summary? cate=realtimehot'
```

第 4 步:为了避免网站屏蔽,需要定义文件头,模拟浏览器访问,具体代码如下:

```
headers = {
    'User-Agent': 'Mozilla/5.0 (Windows NT 10.0; WOW64) AppleWebKit/537.36 (KHTML, like Gecko) Chrome/72.0.3626.109 Safari/537.36'
}
```

第 5 步:构造一个向服务器请求资源的 Request 对象(Request),并且 get()方法返回一个包含服务器资源的 Response 对象,具体代码如下:

```
def get(url):
    response = requests.get(url, headers=headers)
```

第 6 步:检测链接是否成功,若链接成功则会显示网页请求成功;若链接失败,则会出现网页请求失败,具体代码如下:

```
if response.status_code == 200:
    print("网页请求成功")
    parse(url)
else:
    print("网页请求失败了")
```

运行结果:

网页请求成功

第 7 步:定义 parse()函数,获取热搜话题相关信息(采用 xpath 选择器语法定位爬虫),具体代码如下:

```
def parse(url):
    response = requests.get(url, headers=headers)
    # 定义选择器
    selector = etree.HTML(response.text)
    # 获取微博热搜序号(xpath)选择器
    number = selector.xpath('//td[@class="td-01 ranktop"]/text()')  # 热搜排名
    topic = selector.xpath('//td[@class="td-02"]/a/text()')  # 热搜标题
    hot = selector.xpath('//td[@class="td-02"]/span/text()')  # 热搜热度
```

此部分还可以采用 CSS 选择器语法定位爬虫,具体代码如下(两种选择器后续代码完全相同):

```
def parse(url):
    response = requests.get(url, headers=headers)
    # 定义选择器
    selector = etree.HTML(response.text)
    number = [each.text for each in selector.cssselect('#pl_top_realtimehot > table > tbody > tr > td.td-01.ranktop')]
    topic = [each.text for each in selector.cssselect('#pl_top_realtimehot > table > tbody > tr > td.td-02 > a')]
    hot = [each.text for each in selector.cssselect('#pl_top_realtimehot > table > tbody > tr > td.td-02 > span')]
```

XPath 是 XML 文档中查找结点的语法,即通过元素的路径来查找这个元素。Xpath 比较强大,而 CSS 选择器在性能上更优,运行速度更快,语法上更简洁。

第 8 步:去掉热搜中的某些不是序号开头的,是点开头的行,具体代码如下:

```
while "•" in number:
    exclude_number_index = number.index("•")
    number.pop(exclude_number_index)
    topic.pop(exclude_number_index + 1)
```

第 9 步:利用 for 循环,打印出标签中的指定数据(这里解释一下:topic[ ]中之所以是 i+1,是为了除去微博热搜中的置顶消息,因为置顶消息既没排名又没热度显示),具体代码如下:

```
for i in range(len(number)):
    print(number[i], topic[i + 1], hot[i])
```

第 10 步:创建一个名为 weibo_sp 的 excel 表格文件,具体代码如下:

```
workbook = xlsxwriter.Workbook('weibo.xlsx')
```

第 11 步:在创建好的表格中指定一个 sheet 表,具体代码如下:

```
worksheet = workbook.add_worksheet()
```

第 12 步:利用 for 循环,在 excel 表中写入数据,然后将表格关闭,具体代码如下:

```
    for i in range(len(number)):
        worksheet.write(i, 0, number[i])
        worksheet.write(i, 1, topic[i + 1])
        worksheet.write(i, 2, hot[i])
    # 将表格关闭
    workbook.close()
get(url)
```


从以上爬虫程序运行的结果来看,我们已经成功地爬取了微博热搜话题的"热度排名""热搜话题"和"浏览量"的数据,运行结果如图 8.13 所示。

```
40 他手举国旗吓退了约旦劫匪 98043
41 2男子自带皮艇激流翻船一人溺亡 97543
42 大熊猫齐刷刷吃东西什么样 94610
43 南京萤火虫进入最佳观赏期 93693
44 北辙南辕开播 93364
45 东京奥运会空场引发酒店退订潮 91641
46 欧洲杯应援妆 90973
47 原来我也曾是别人眼里的光 89826
48 美国倒塌大楼找到一只幸存猫 89369
49 欧洲杯决赛派对果酒 89357
```

图 8.13　网络爬虫爬取微博热搜话题示例

完整代码如下:

```
import requests
from lxml import etree
import xlsxwriter
url = 'http://s.weibo.com/top/summary? cate=realtimehot'
headers = {
    'User-Agent': 'Mozilla/5.0 (Windows NT 10.0; WOW64) AppleWebKit/537.36 (KHTML, like Gecko) Chrome/72.0.3626.109 Safari/537.36'
}
def get(url):
    response = requests.get(url, headers=headers)
    if response.status_code == 200:
        print("网页请求成功")
        parse(url)
    else:
        print("网页请求失败了")
# 将微博热搜的数据给爬下来
def parse(url):
    response = requests.get(url, headers=headers)
    # 定义选择器
    selector = etree.HTML(response.text)
    # 获取微博热搜序号(xpath)选择器
    number = selector.xpath('//td[@class="td-01 ranktop"]/text()')  # 热搜排名
    topic = selector.xpath('//td[@class="td-02"]/a/text()')  # 热搜标题
    hot = selector.xpath('//td[@class="td-02"]/span/text()')  # 热搜热度
    '''
    # 获取微博热搜序号(css)选择器
    number = [each.text for each in selector.cssselect('#pl_top_realtimehot > table > tbody > tr > td.td-01.ranktop')]
```

```
    topic = [each.text for each in selector.cssselect('#pl_top_realtimehot > table > tbody > tr > td.td-02
> a')]
    hot = [each.text for each in selector.cssselect('#pl_top_realtimehot > table > tbody > tr > td.td-02 >
span')]
    '''
    while "•" in number:
        exclude_number_index = number.index("•")
        number.pop(exclude_number_index)
        topic.pop(exclude_number_index + 1)

    for i in range(len(number)):
        print(number[i], topic[i + 1], hot[i])

    workbook = xlsxwriter.Workbook('weibo.xlsx')
    # 在创建好的表格中指定一个 sheet 表
    worksheet = workbook.add_worksheet()
    # 在 excel 表中写入数据
    for i in range(len(number)):
        worksheet.write(i, 0, number[i])
        worksheet.write(i, 1, topic[i + 1])
        worksheet.write(i, 2, hot[i])
    # 将表格关闭
    workbook.close()
get(url)
```

8.6 本章小结

本章利用爬虫的基础知识以及 Requests 库、Beautifulsoup 库及 Lxml 库的相关知识设计简单的爬虫程序,获取了微博热搜信息。此外,本章节还介绍了一些外部工具和模块的使用方法,以及解析网页获取所需信息的方法。

9 实训3　春雨平台医生资源数据爬取

9.1　项目情景

李雷:梅梅,你怎么脸色不太好呀,不舒服吗?

韩梅梅:我胃有点儿难受,老是胃疼,吃完饭总是胀气。

李雷:那你去医院看了吗?

韩梅梅:我去了一趟,但是排队的人太多了,我没办法等那么长时间,而且专家号更难挂。

李雷:你可以线上找医生呀,现在有很多在线医疗平台,如春雨医生平台,在线医生数量多,而且你能看到医生擅长的方面、就诊人数,这些对你挑选对症的医生更有帮助。你看(搜索平台给韩梅梅看)。

韩梅梅:还真是,这里的医生好多呀,全国各地的都有,我这样就可以异地求名医了呀。

李雷:知道你工作忙,我帮你把肠胃科的医生信息爬虫下来,你告诉我你的筛选标准,我告诉你符合条件的医生名字,你就可以线上就诊了。

韩梅梅:太感谢啦!

几天后……

韩梅梅:我在线跟医生说了我的症状,医生介绍了几样药,我吃了几天果然好多了,不愧是专家,这次可得感谢你给我介绍这么省时间的在线就医平台。

9.2　实训目标

(1)掌握数据爬虫的流程。

(2)掌握网络头文件的获取方式。

(3)掌握 Python 爬虫库:Requests。

9.3 实训任务

(1)安装 Requests 库、BeautifulSoup 库、Pandas 库和 Numpy 库。

(2)学习了解 BeautifulSoup 库、Pandas 库和 Numpy 库的基本用法。

(3)使用 Requests 库爬取春雨医生数据。

(4)将爬取的数据保存为 csv 文件格式。

9.4 技术准备

9.4.1 BeautifulSoup 库简介

简单来说,BeautifulSoup 是 Python 的一个库,最主要的功能是从网页抓取数据。官方解释如下:BeautifulSoup 提供一些简单的、Python 式的函数用来处理导航、搜索、修改分析树等功能。它是一个工具箱,通过解析文档为用户提供需要抓取的数据,因为简单,所以不需要多少代码就可以写出一个完整的应用程序。BeautifulSoup 自动将输入文档转换为 Unicode 编码,输出文档转换为 utf-8 编码。

9.4.2 Pandas 库和 Numpy 库简介

Pandas 库是基于 Numpy 库的数据分析模块,提供了大量标准模型和高效操作大型数据集所需要的工具。Pandas 库主要提供了三种数据结构:①Series,带标签的一维数组;②DataFrame,带标签且大小可变的二维表格结构;③Panel,带标签且大小可变的三维数组。

Numpy 库是一个由多维数组对象和用于处理数组的例程集合组成的库。Numpy 库和 Matplotlib(绘图库)一起使用,可以替代 matlab。Numpy 库中最重要的对象为"ndarray",其为 n 维数组类型,描述相同类型的元素的集合,可以使用索引来访问集合中的元素。

Pandas 库、Numpy 库的安装方法与 Requests 库安装方法相同,这里就不赘述了。

9.5 实训步骤

第 1 步:打开 PyCharm,新建项目为 chunyu。

第 2 步:导入 Requests 库、BeautifulSoup 库、Pandas 库和 Numpy 库,具体代码如下:

```
import requests
from bs4 import BeautifulSoup
import re
import pandas as pd
import numpy as np
```

第3步：在加载所需第三方库之后，伪装请求头，对爬取页面发出请求，获得页面源代码，具体代码如下：

```
head = {'User-Agent': 'Mozilla/5.0 (Windows NT 6.3; Win64; x64) AppleWebKit/537.36(KHTML, like Gecko) Chrome/41.0.2272.118 Safari/537.36'}
page = requests.get('https://www.chunyuyisheng.com/pc/doctors/0-0-1/', headers=head)
page.text
```

注意，在这一步中，如果省略 headers 参数，直接用 requests.get 函数访问网址的时候，有可能出现返回的网页源代码和实际源代码不一致的状况，因此需要设置 headers 参数，让服务器误以为这次访问是由浏览器发起的而非程序脚本。

此时返回的页面信息是杂乱无章的，因此需要解析网页信息，具体代码如下：


```
soup1 =BeautifulSoup(page.content, features='lxml', from_encoding='html.parser')
print(soup1)
```

解析后的网页源代码和我们在浏览器中看的相同，在这里只显示其中一部分。

```
<! DOCTYPE html>
<html lang="en">
<head>
<meta charset="utf-8"/>
<meta content="width=device-width, user-scalable=no, initial-scale=1.0,
maximum-scale=1.0, minimum-scale=1.0" name="viewport"/>
<meta content="ie=edge,chrome=1" http-equiv="X-UA-Compatible"/>
<meta content="妇科全地区的医生信息" name="description"/>
<meta content="医生、妇科、全地区、按科室找医生" name="keywords"/>
<title>妇科全地区医生列表-春雨医生</title>
<link href="https://resource.chunyu.mobi/@/static/favicon.ico" rel="shortcut
icon"/>
<! --fis 编译该 html 后自动引入的 css 放置位置-->
<link
href="//static.chunyuyisheng.com/@/static/pc/pkg/seo_jinja/layout/base_aio_7c155
4504d.css" rel="stylesheet"/>
<link
href="//static.chunyuyisheng.com/@/static/pc/css/seo/clinic_doctor_f6489ed.css"
rel="stylesheet" type="text/css"/>
<! --项目公共 head js 放置区域-->
</head>
<body>
……
```

以上为获取到的该页面所有网页源代码，那么本项目的目的是获取本页面的20名医生信息，所以在源代码中找到信息对应的标签，并通过 find_all 函数找出所需信息，具体代码如下：

```
Link = soup1.find_all('div', class_='detail')
    print(Link)
```

部分结果如下：

[<div class = " detail" >

<div class = " des-item" >

<a class = " name-wrap" href = " /pc/doctor/clinic_web_b9a01c9136c08040/"

target = " _blank" >

<span class = " name" >刘海防 </span>

<span class = " clinic" >妇科 </span>

<span class = " grade" >副主任医师</span>

</a>

</div>

<div class = " des-item" >

<a class = " hospital" href = " /pc/hospital/8dbb5f7d0c0820ef/" target = " _blank" >

复旦大学附属华山医院北院

</a>

</div>

<div class = " des-item" >

<span class = " half-item" >服务人次 <i class = " color-black" >34918</i></span>

<span class = " half-item" >好评率(%)<i>100.0</i></span>

</div>

<p class = " des" >擅长：子宫肌瘤、卵巢囊肿、恶性肿瘤、子宫内膜异位症、

女性不孕症、妊娠并发症</p>

</div>

可以看到，获取的结果以 list 形式返回，上方给出的为一名医生的信息，结果共计获得了 20 名医生的信息。

在这个页面上，医生信息仅包含姓名、二级科室、职称等基础信息。我们可以看到，在基础信息中心给出了医生详情页面的链接，可以通过这个链接访问医生详情页面，获取更为详细的医生数据，医生详情页面见图 9.1。

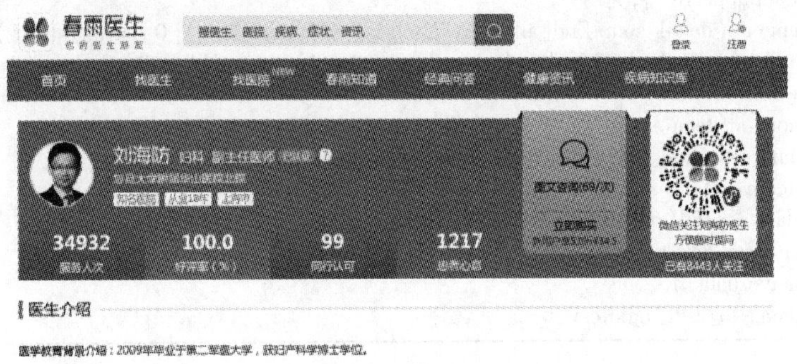

图 9.1 春雨医生页面

可以看到,在这个页面有更为详细的医生信息,如同行评分、单次图文咨询价格、微信关注人数和教育背景等。同样,我们可以查看该页面的网页源代码,确定所要爬取数据的对应标签,可通过 find_all 函数获取信息。

下面给出的代码为获取医生列表页面的 20 个医生基础信息及详情信息的代码。

```
import requests
from bs4 import BeautifulSoup
import re
import pandas as pd
import numpy as np
head = {'User-Agent': 'Mozilla/5.0 (Windows NT 6.3; Win64;x64) AppleWebKit/537.36(KHTML, like Gecko) Chrome/41.0.2272.118 Safari/537.36'}
page = requests.get('https://www.chunyuyisheng.com/pc/doctors/0-0-1/', headers=head)
# page.text
soup1 = BeautifulSoup(page.content, features='lxml', from_encoding='html.parser')
# print(soup1)
Link = soup1.find_all('div', class_='detail')
# print(Link)
data = []
for item in Link:
    item_data = []
    item_data.append(item.find_all("span", class_="name")[0].string.strip())
    item_data.append(item.find_all("span", class_="clinic")[0].string.strip())
    item_data.append(item.find_all("span", class_="grade")[0].string.strip())
    item_data.append(item.find_all("a", class_="hospital")[0].string.strip())
    #访问医生详情页面并获取数据
    item_data.append("https://www.chunyuyisheng.com" + item.find_all("a", class_="hospital")
[0].get("href"))
    item_data.append(item.find_all("p", class_="des")[0].string.strip)
    detail_url = "http://www.chunyuyisheng.com" + item.find_all("a", class_="name-wrap")[0].get
("href")
    detail_page = requests.get(detail_url, headers=head)
    detail_soup = BeautifulSoup(detail_page.content, fromEncoding="html.parser")
    temp = detail_soup.find_all("ul", class_="doctor-data")[0].find_all("li", class_="item")
    for part in temp:
        item_data.append(part.find_all("span", class_="number")[0].string.strip())
    #异常处理
    try:
        temp = detail_soup.findall("a", class_="doctor-pay-wrap")[0].find_all("span", class_=
"price")[0]
        item_data.append(temp.strig.strip())
    except:
        item_data.append('暂无')
    item_data.append(detail_soup.find_all("div", class_="footer-des")[0].string.strip())
    temp = detail_soup.find_all("div", class_="paragraph j-paragraph")[0].find_all("p", class_=
"detail")[0].text
    item_data.append(temp.strip())
    temp = detail_soup.find_all("li", class_="tag-item tag-item-dead")
    for part in temp:
        item_data.append(part.find_all("span", class_="hl")[0].string.strip())
    data.append(item_data)
print(pd.DataFrame(data))
pd.DataFrame(data).to_csv('data.csv')
```

这部分代码较长,首先创建的空 list 用于存储这 20 个医生的全部信息,接下来最外层的循环是循环整个页面的 20 名医生的所有信息，在每个最外层循环开始时要先创建一个空的 list，用于存储当前循环医生的全部数据。代码存在大量的相似语句，这些是用于将各个数据字段如姓名、好评率等存入 item_data 这个 list 中，在最外层循环的最后一步可以看到代码，将本次循环的医生数据存入了 data 这个空 list 中。在代码中还包含了对医生详情页面的访问并获取数据，这一部分与之前访问医生列表页面时的逻辑完全相同，在获取详情页面数据时出现的两个 for 循环可以参考网页源代码。除此之外，由于在获取数据时可能有部分医生处于不可咨询的状态，那么在详情页面中问诊价格的部分就无法获取，通过 try 语句进行异常处理，在出现这种状况的时候将问诊价格设置为暂无。

运行结果如图 9.2 所示。

```
     0    1       2              3   \
0  刘海防  妇科  副主任医师   复旦大学附属华山医院北院
1   杨力  妇科   主治医师      北京大学第三医院
2  张淞文  妇科   主任医师       北京妇产医院
3  曹瑞勤  妇科   主治医师    复旦大学附属华山医院北院
4  周莉娜  妇科   主治医师      上海市第一人民医院
5  何毛毛  妇科   主治医师    广州医科大学附属第一医院
6  刘帅斌  妇科   主治医师    重庆医科大学附属第二医院
7   兰晶  妇科  副主任医师   复旦大学附属华山医院北院
8   孙洁  妇科   主治医师      北京中日友好医院
```

图 9.2　医生信息爬取示例

以上结果只显示了部分数据，可以看到第一列到第四列分别为医生姓名、所属二级科室、职称、医生所在医院，后续还有好评率、问诊量等数据。到目前为止，仅获取了医生列表页面第一页的数据，观察页面网址可以发现，第二页、第三页等页面网址和第一页极为相似，例如：

https://www.chunyuyisheng.com/pc/doctors/0-0-1/? page=1

https://www.chunyuyisheng.com/pc/doctors/0-0-1/? page=2

https://www.chunyuyisheng.com/pc/doctors/0-0-1/? page=3

……

那么，假如我们需要获取该科室的前五页共计 100 名医生的数据，可以通过在以上所有代码的最外面构建一个新的循环，将前五页的页面网址通过循环依次传递给 requests.get 函数。获取所有所需数据后需要对数据集进行处理，如重命名列名、删除异常值等，这部分知识点在预处理章节中已经出现过，本任务重点讲述数据爬取的部分，在此不再赘述。

9.6　本章小结

本章首先介绍了问题的背景和意义，其次详细介绍了数据的爬取。通过数据爬取我们获取到医生姓名、所属二级科室、职称、医生所在医院等信息，这对前一章节所介绍的 Requests 库爬取数据的方法做了进一步的巩固练习。

第四篇
数据预处理篇

10 实训4 数据加载

10.1 项目情景

李雷:怎么几天不见,感觉你闷闷不乐的呀!

韩梅梅:哎,别提了,上次不是学习了爬虫嘛,我现在对爬取数据非常在行,但在数据加载时遇到了问题,不能将数据加载进软件。

李雷:看来你得去学学有关数据加载这方面的知识了,这样你就可以根据文件类型进行加载了。

韩梅梅:原来如此,那我马上去学习一下这方面的知识。

一周后……

李雷:最近看你心情不错,怎么样,问题解决了吧?

韩梅梅:太感谢你给我的建议了,我现在可以熟练地进行数据加载了。

10.2 实训目标

(1)掌握 Pandas 加载 Excel 文件。

(2)掌握 Pandas 加载 CSV 文件。

(3)掌握加载 HTML 文件和 XML 文件。

(4)掌握 Pandas 加载 TXT 文件。

10.3 实训任务

(1)辨别文件类型。

(2)使用正确的加载方式进行数据加载。

10.4　技术准备

10.4.1　Python 数据加载模块简介

凡是涉及机器学习与数据挖掘,第一个步骤都是把原始数据加载到系统中。原始数据可能是日志文件、数据集文件或者数据库。在 Python 中,数据加载和整合常用的是 Python Data Analysis Library 库。

Python Data Analysis Library 或 Pandas 是基于 Numpy 的一种工具,该工具是为了解决数据分析任务而创建的。Pandas 纳入了大量库和一些标准的数据模型,提供了高效地操作大型数据集所需的工具。Pandas 提供了大量能使我们快速便捷地处理数据的函数和方法。它是使 Python 成为强大而高效的数据分析环境的重要因素之一。

Pandas 是 Python 的一个数据分析包,最初由 AQR Capital Management 于 2008 年 4 月进行开发,并于 2009 年年底开发出来,目前由专注于 Python 数据包开发的 PyData 开发团队继续开发和维护,属于 PyData 项目的一部分。Pandas 最初作为金融数据分析工具而被开发出来,为时间序列分析提供了很好的支持。Pandas 的名称来自面板数据(panel data)和 Python 数据分析(data analysis)。panel data 是经济学中关于多维数据集的一个术语,在 Pandas 中也提供 panel 的数据类型。

10.4.2　大数据预处理介绍

数据预处理是指在进行数据分析、挖掘和可视化前对数据进行的一些必要处理方法,包括对数据的采集、存储、检索、加工、变换和传输。根据数据的组成结构、工作方式以及数据的时间和空间分布,数据预处理可以有多种不同的方法,如图 10.1 所示。

数据预处理			
数据清洗	数据集成	数据规约	数据变换

图 10.1　数据预处理方法

图 10.1 所示的数据预处理方法中,数据清洗即发现并纠正数据文件中可识别错误,将数据集中的“脏数据”清洗出去。数据集成是将不同来源、格式、结构的数据在逻辑或物理上有机地集中起来。数据规约需要尽可能在保持数据原貌的情况下对数据量进行缩小。数据变换是对数据的数值、类型、单位进行转换以保证数据可用性。

数据预处理完毕后,我们需要通过以下五个方面对数据质量进行评估,如图 10.2 所示。

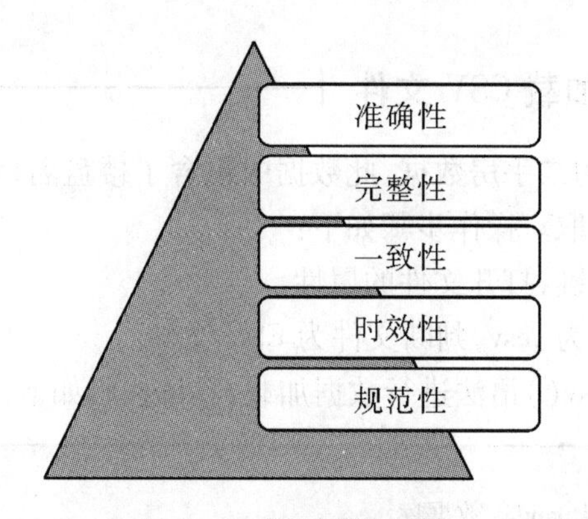

图 10.2　数据质量评估

以上指标中,规范性是指数据符合数据标准、数据模型、业务规则、元数据或权威参考数据的程度。完整性是指按照数据规则要求,数据元素被赋予数值的程度。准确性是指数据准确表示其所描述的真实实体(实际对象)真实值的程度。一致性是指数据与其他特定上下文中使用的数据无矛盾的程度。时效性是指数据在时间变化中的正确程度。除此之外,还有一些业内认可的补充指标,并且在质量工作的实际开展中,可以根据数据的实际情况和业务要求进行扩展,如可访问性、唯一性、稳定性和可信性。

10.5　实训步骤

10.5.1　Pandas 加载 Excel 文件

此处使用之前爬取的微博数据,此数据中包含微博热搜的话题排名、话题名称与话题热度三类关键信息。操作步骤如下:

第 1 步:单击鼠标右键,打开文件的属性。

第 2 步:文件的后缀为 .xlsx,判断文件为 Excel 文件。

第 3 步:使用 read_excel( )语法进行数据加载,具体代码如下:

```
import pandas as pd    #调用 pandas 数据库
df = pd.read_excel('C:\\Users\\77208\\Desktop\\weibo.xlsx')
print(df.head())
```

运行结果如图 10.3 所示。

	1	薇娅发长文谈《你好,李焕英》	4236146
0	2	香港年轻人穿汉服庆新春	2390067
1	3	屈楚萧再否认家暴	2070219
2	4	《刺杀小说家》原著作者发文	1545412
3	5	男子买车厘子看岳父全家被隔离	895843
4	6	云同学会怎么玩	864710

图 10.3　Pandas 加载 Excel 文件示例

10.5.2 Pandas 加载 CSV 文件

此处使用之前爬取的二手房数据,此数据中包含了楼盘名称、地址、单位价格等关键信息,加载后可以方便读取。操作步骤如下:

第 1 步:单击鼠标右键,打开文件的属性。

第 2 步:文件的后缀为 .csv,判断文件为 CSV 文件。

第 3 步:使用 read_csv( )语法进行数据加载,具体代码如下:

```
#读取 csv 文件
import pandas as pd    #调用 pandas 数据库
df = pd.read_csv('C:\\Users\\77208\\Desktop\\house.csv')
print(df.head())
```

运行结果如图 10.4 所示。

```
        楼盘名称         ...                               楼盘详情链接
0       时代凯悦         ...      https://cd.esf.fang.com/loupan/3210050493.htm
1       新城市广场       ...      https://cd.esf.fang.com/loupan/3210043013.htm
2  王家塘街11号院        ...      https://cd.esf.fang.com/loupan/3211218952.htm
3       万和苑           ...      https://cd.esf.fang.com/loupan/3210333126.htm
4       锦城华府         ...      https://cd.esf.fang.com/loupan/3210955308.htm

[5 rows x 14 columns]
```

图 10.4 Pandas 加载 CSV 文件示例

10.5.3 Pandas 加载 XML 和 HTML 文件

10.5.3.1 Pandas 加载 XML 文件

此处使用自带文件 demo.xml,其中包含了 xml 文件的所有格式,并且非常简单,可作为例子进行讲解。操作步骤如下:

第 1 步:单击鼠标右键,打开文件的属性。

第 2 步:文件的后缀为 .xml,判断文件为 XML 文件。

第 3 步:使用 xml.dom.minidom 库进行数据加载,具体代码如下:

```
#读取 xml 文件
from xml.dom.minidom import parse
#获取 python 节点下得所有 id 属性
def getTagId():
    #获取 demo.xml 文档对象
doc = parse("demo.xml")

for node in doc.getElementsByTagName("python"):
        #获取标签 ID 属性
value_str = node.getAttribute("id")
        #打印输出
print(value_str)
#获取属性 ID
getTagId()
```

运行结果如下：

0

1

2

3

4

5

6

7

8

9

10.5.3.2　Pandas **加载** HTML **文件**

此处使用自带文件 folium_map2.html，为地图的网页文件。操作步骤如下：

第 1 步：单击鼠标右键，打开文件的属性。

第 2 步：文件的后缀为 .html，判断文件为 HTML 文件。

第 3 步：使用 webbrowser.open( ) 语法进行数据加载，具体代码如下：

```
#读取 HTML 文件
import webbrowser
webbrowser.open('folium_map2.html')
```

运行结果如图 10.5 所示。

图 10.5　Pandas **加载** HTML **文件示例**

10.5.4　Pandas 加载 TXT 文件

第 1 步：自行创立文件，在记事本中输入“hello，python”，并保存为 python.txt 格式。

第 2 步：进行数据加载，具体代码如下：

```
#读取 TXT 文件，此处需要自行建立文件
import pandas as pd
txt = pd.read_csv('C:/Users/77208/Desktop/python.txt')
print(txt)
```

运行结果如下:

Empty DataFrame

Columns:[hello,python]

Inder:[]

10.6 本章小结

本章主要介绍 Python 利用 Pandas 库加载数据的几种主要方式,包括 Excel 文件、CSV 文件、HTML 文件、XML 文件、TXT 文件,为后续的分析打下基础。

11 实训5 数据预处理

11.1 项目情景

李雷:看你愁眉苦脸的,是又遇到问题了吗?

韩梅梅:是的,我发现加载的数据会有空缺值,我应该怎么只查看我所需要的数据呢?

李雷:哦,这是数据预处理方面的知识,去学习一下吧,加油,学无止境!

韩梅梅:好的,那我马上去学习一下这方面的知识。

一周后……

李雷:哟,心情不错呀,怎么样,问题解决了吧?

韩梅梅:太感谢你给我的建议了,我现在可以熟练地进行数据预处理了。

11.2 实训目标

(1)掌握基本的数据整理方法。

(2)掌握数据抽取与转换方法。

(3)掌握数据缺失值的发现与处理。

(4)掌握不均衡分类数据的处理。

(5)掌握文本数据的处理。

11.3 实训任务

(1)掌握数据预处理的相关代码。

(2)可以根据自己的需求合理地进行运用数据预处理。

11.4 实训内容

11.4.1 数据整理

进行数据加载,具体代码如下:

```
import pandas as pd    #调用 pandas 数据库
house = pd.read_csv('C:\\Users\\77208\\Desktop\\house.csv')
print(house.shape)
```


运行结果如下:

(645,14)

11.4.1.1 浏览和描述数据

(1)查看第一行数据,具体代码如下:

```
print(house.iloc[0])       #查看第一行
```

运行结果如图 11.1 所示。

```
楼盘名称                                时代凯悦
房屋类型                                  住宅
城市                                      成都
地址              \n                       ...
所在市或区                                青羊
所在街道或片区                          八宝街
在售套数                                  28
在租套数                                   0
建成年份                                2006
单位价格_元每平米      \n                   ...
涨跌幅度                              ↑0.83%
```

图 11.1 查看第一行数据示例

(2)查看多行数据,具体代码如下:

```
print(house.iloc[0:2])       #查看多行
```

运行结果如图 11.2 所示。

```
    楼盘名称         ...                            楼盘详情链接
0   时代凯悦         ...    https://cd.esf.fang.com/loupan/3210050493.htm
1   新城市广场       ...    https://cd.esf.fang.com/loupan/3210043013.htm

[2 rows x 14 columns]
```

图 11.2 查看多行数据示例

(3)查看第一列数据,具体代码如下:

```
print(house.iloc[:,0])        #查看第一列数据
```

运行结果如图 11.3 所示。

```
0          时代凯悦
1         新城市广场
2       王家塘街11号院
3           万和苑
4          锦城华府
5          西岸蒂景
6        红墙巷24号院
7         守经街6号院
8          壹号公馆
9      横过街楼街74号院
10         红墙国际
```

图 11.3 查看第一列数据示例

(4)查看多列数据,具体代码如下:

```
print(house.iloc[:,0:2])        #查看多列数据
```

运行结果如图 11.4 所示。

```
          楼盘名称  房屋类型
0          时代凯悦    住宅
1         新城市广场    住宅
2       王家塘街11号院    住宅
3           万和苑    住宅
4          锦城华府    住宅
5          西岸蒂景    住宅
6        红墙巷24号院    住宅
7         守经街6号院    住宅
8          壹号公馆    住宅
9      横过街楼街74号院    住宅
```

图 11.4 查看多列数据示例

(5)查看单个数据单元,具体代码如下:

```
print(house.iloc[1,1])        #查看单个数据单元
```

运行结果如下:

住宅

(6)以在售套数为例,查看描述性统计量,具体代码如下:

```
print(house['在售套数'].describe())        #以在售套数为例,查看描述统计量
```

运行结果如图 11.5 所示。

```
count    645.000000
mean       1.863566
std        4.405318
min        0.000000
25%        0.000000
50%        0.000000
75%        2.000000
max       42.000000
Name: 在售套数, dtype: float64

Process finished with exit code 0
```

图 11.5　查看描述性统计量示例

11.4.1.2　按条件筛选

(1)筛选出在售套数大于 25 的行,具体代码如下:

```
print(house[house['在售套数']>25])        #筛选出在售套数大于 25 的行
```

运行结果如图 11.6 所示。

```
       楼盘名称          ...                                        楼盘详情链接
0      时代凯悦          ...     https://cd.esf.fang.com/loupan/3210050493.htm
120    新城市广场商铺     ...   https://cd.esf.fang.com/loupan/shop/3211040520...
133    成都花园上城       ...     https://cd.esf.fang.com/loupan/3210666152.htm
134    优品道二期         ...     https://cd.esf.fang.com/loupan/3210939040.htm

[4 rows x 14 columns]
```

图 11.6　筛选“在售套数”示例

(2)更改列名,具体代码如下:

```
house.rename(columns={'楼盘名称':'name'},inplace=True)    #更改列名
print(house.head())
```

运行结果如图 11.7 所示。

```
          name
0       时代凯悦
1      新城市广场
2   王家塘街11号院
3        万和苑
4       锦城华府

[5 rows x 14 columns]
```

图 11.7　更改列名示例

11.4.1.3 计算统计量

(1)计算在售套数的最大值,具体代码如下:

```
print('最大值', house['在售套数'].max())    #计算在售套数的最大值
```

运行结果如下:

最大值 42

(2)计算在售套数的最小值,具体代码如下:

```
print('最小值', house['在售套数'].min())    #计算在售套数的最小值
```

运行结果如下:

最小值 0

(3)计算在售套数的和,具体代码如下:

```
print('求和', house['在售套数'].sum())    #计算在售套数的和
```

运行结果如下:

求和 1 202

(4)计算在售套数的平均值,具体代码如下:

```
print('平均值', house['在售套数'].mean())    #计算在售套数的平均值
```

运行结果如下:

平均值 1.863 565 891 472 868

(5)计算在售套数的个数,具体代码如下:

```
print('计数', house['在售套数'].count())    #计算在售套数的个数
```

运行结果如下:

计数 645

11.4.1.4 删除行和列

(1)按列名删除一列,具体代码如下:

```
print(house.drop('楼盘名称', axis=1))    #按列名删除一列
```

运行结果如图 11.8 所示。

	房屋类型	...	楼盘详情链接
0	住宅	...	https://cd.esf.fang.com/loupan/3210050493.htm
1	住宅	...	https://cd.esf.fang.com/loupan/3210043013.htm
2	住宅	...	https://cd.esf.fang.com/loupan/3211218952.htm
3	住宅	...	https://cd.esf.fang.com/loupan/3210333126.htm
4	住宅	...	https://cd.esf.fang.com/loupan/3210955308.htm
5	住宅	...	https://cd.esf.fang.com/loupan/3210053133.htm
6	住宅	...	https://cd.esf.fang.com/loupan/3210638992.htm

图 11.8 按列名删除一列示例

(2)按列名删除多列,具体代码如下:

```
print(house.drop(['楼盘名称', '房屋类型'], axis=1))    #按列名删除多列
```

运行结果如图 11.9 所示。

```
   城市   ...                                        楼盘详情链接
0  成都   ...  https://cd.esf.fang.com/loupan/3210050493.htm
1  成都   ...  https://cd.esf.fang.com/loupan/3210043013.htm
2  成都   ...  https://cd.esf.fang.com/loupan/3211218952.htm
3  成都   ...  https://cd.esf.fang.com/loupan/3210333126.htm
4  成都   ...  https://cd.esf.fang.com/loupan/3210955308.htm
5  成都   ...  https://cd.esf.fang.com/loupan/3210053133.htm
6  成都   ...  https://cd.esf.fang.com/loupan/3210638992.htm
7  成都   ...  https://cd.esf.fang.com/loupan/3210757204.htm
```

图 11.9　按列名删除多列示例

(3)按顺序删除第 1 列,具体代码如下:

```
print(house.drop(house.columns[0],axis=1))    #按顺序删除第 1 列
```

运行结果如图 11.10 所示。

```
  房屋类型   ...                                        楼盘详情链接
0   住宅   ...  https://cd.esf.fang.com/loupan/3210050493.htm
1   住宅   ...  https://cd.esf.fang.com/loupan/3210043013.htm
2   住宅   ...  https://cd.esf.fang.com/loupan/3211218952.htm
3   住宅   ...  https://cd.esf.fang.com/loupan/3210333126.htm
4   住宅   ...  https://cd.esf.fang.com/loupan/3210955308.htm
5   住宅   ...  https://cd.esf.fang.com/loupan/3210053133.htm
6   住宅   ...  https://cd.esf.fang.com/loupan/3210638992.htm
7   住宅   ...  https://cd.esf.fang.com/loupan/3210757204.htm
```

图 11.10　按顺序删除第 1 列示例

(4)删除第 2 行,具体代码如下:

```
print(house.drop(1))    #删除第 2 行
```

运行结果如图 11.11 所示。

```
        楼盘名称   ...                                        楼盘详情链接
0       时代凯悦   ...  https://cd.esf.fang.com/loupan/3210050493.htm
2   王家塘街11号院   ...  https://cd.esf.fang.com/loupan/3211218952.htm
3        万和苑   ...  https://cd.esf.fang.com/loupan/3210333126.htm
4       锦城华府   ...  https://cd.esf.fang.com/loupan/3210955308.htm
5       西岸蒂景   ...  https://cd.esf.fang.com/loupan/3210053133.htm
6    红墙巷24号院   ...  https://cd.esf.fang.com/loupan/3210638992.htm
7     守经街6号院   ...  https://cd.esf.fang.com/loupan/3210757204.htm
8       壹号公馆   ...  https://cd.esf.fang.com/loupan/3210191902.htm
```

图 11.11　删除第 2 行示例

11.4.1.5　分组计算

(1)根据所在街道或片区分组,并求单位价格的平均值,具体代码如下:

```
print(house.groupby('所在街道或片区').mean())    #分组计算
```

运行结果如图 11.12 所示。

```
            在售套数      在租套数
所在街道或片区
八宝街      1.646617    0.015038
府南新区    1.602273    0.022727
杜甫草堂    1.440860    0.010753
浣花小区    2.157143    0.014286
草市街      0.765957    0.014184
贝森        6.362069    0.017241
长顺街      1.290323    0.016129

Process finished with exit code 0
```

图 11.12　分组求单价平均值示例

(2)根据多个字段进行分组,并求年龄的平均值,具体代码如下:

```
print(house.groupby(['所在街道或片区', '所在市或区']).mean())
```

运行结果如图 11.13 所示。

```
                         在售套数      在租套数
所在街道或片区 所在市或区
八宝街          青羊   1.646617    0.015038
府南新区        青羊   1.602273    0.022727
杜甫草堂        青羊   1.440860    0.010753
浣花小区        青羊   2.157143    0.014286
草市街          青羊   0.765957    0.014184
贝森            青羊   6.362069    0.017241
长顺街          青羊   1.290323    0.016129
```

图 11.13　分组求年龄平均值示例

11.4.1.6　对一列数据应用函数

针对上述示例数据,我们将在售套数增加 1 套,具体代码如下:

```
house = house['在售套数'].apply(lambda x: x+1)   #将在售套数增加 1
print(house)            #输出增加后的数据
```

运行结果如下:

```
0   29
1   26
2   16
3   15
4   13
5    7
6    6
7    6
8    6
9    5
```

11.4.1.7 合并数据集

首先我们需要新建一个数据集,具体代码如下:

```
#创建新的数据集
data1 =pd.DataFrame()
data1['楼盘名称'] = ['时代凯瑞']
data1['房屋类型'] = ['人生苦短,我用 python']
print(data1)
```

运行结果如图 11.14 所示。

```
        楼盘名称            房屋类型
    0   时代凯瑞      人生苦短，我用python
```

图 11.14　新建数据集示例

(1)横向合并数据集,具体代码如下:

```
print(pd.concat([house, data1], axis=1))    #横向合并数据集
```

运行结果如图 11.15 所示。

	楼盘名称	房屋类型	...	楼盘名称	房屋类型
0	时代凯悦	住宅	...	时代凯瑞	人生苦短，我用python
1	新城市广场	住宅	...	NaN	NaN
2	王家塘街11号院	住宅	...	NaN	NaN
3	万和苑	住宅	...	NaN	NaN
4	锦城华府	住宅	...	NaN	NaN
5	西岸蒂景	住宅	...	NaN	NaN

图 11.15　横向合并数据集示例

(2)纵向合并数据集,具体代码如下:

```
print(pd.concat([house, data1], axis=0, sort=False))    #纵向合并数据集
```

运行结果如图 11.16 所示。

```
641   一环路西三段11号院
642   一环路西二段47号院
643        证大正府
644        竹韵菁华
0          时代凯瑞

[646 rows x 14 columns]
```

图 11.16　纵向合并数据集示例

11.4.2 样本数据抽取

11.4.2.1 简单随机抽样

随机抽样法是指调查对象总体中每个部分都有同等被抽中的可能,是一种完全依照机会均等的原则进行的抽样调查方法。它是一种"等概率"。随机抽样有四种基本形式,即简单随机抽样、等距抽样、类型抽样和整群抽样。Python 可以通过 sample 函数实现从数据集中随机抽取样本。具体地,以上述 house 为例,具体代码如下:

```
print( house.sample( n=2, replace=False, axis=0) )        #简单随机抽取 2 个样本
```

运行结果如图 11.17 所示。

```
          楼盘名称
136     优品道一期
528         杏园

[2 rows x 14 columns]
```

图 11.17 随机抽取样本示例

11.4.2.2 划分训练集与测试集

很多机器学习过程实际上就是选择模型,由于模型只是参数未知,所以就需要得到一个最优参数,使得模型可以比较准确地描述自变量到因变量的变化情况。对于模型的训练和度量,需要用到已知的数据集。数据集一般可以分为训练集和测试集。具体地,在建立模型之前,便可以通过 sklearn 库中提供的 train_test_split 函数划分训练集与测试集。以鸢尾花数据集为例,具体代码如下:

```
import pandas as pd
import numpy as np
from sklearn.datasets import load_iris
#加载数据集
iris=load_iris()
#创建新数据集
#iris.data 为自变量,iris.target 为因变量,isir.feature_names 为列名
#合并自变量和因变量
iris_data =np.hstack((iris.data,iris.target.reshape(len(iris.target),1)))
#将数据整理成 dataframe
column_names = iris.feature_names
column_names.append('target')
iris_data =pd.DataFrame(iris_data,columns=column_names)
#调用 sklearn 包进行划分
from sklearn.model_selection import train_test_split
x_train,x_test, y_train, y_test = train_test_split(iris_data.iloc[:,0:4],
                                                   iris_data['target'],test_size=0.3)
print('训练集数据:', x_train.shape)
print('测试集数据:', x_test.shape)
print('训练集目标变量:', y_train.shape)
print('测试集目标变量:', y_test.shape)
```

运行结果如图 11.18 所示。

```
训练集数据： (105, 4)
测试集数据： (45, 4)
训练集目标变量： (105,)
测试集目标变量： (45,)
```

图 11.18 划分训练集与测试集示例

11.4.3 数据转换

标准化和归一化有着消除量纲的重要作用,在建立一些数据挖掘模型之前,必须要对特征进行标准化或归一化。归一化是将样本的特征值转换到同一量纲下,把数据映射到[0,1]或者[-1, 1]区间内,仅由变量的极值决定。标准化是依照特征矩阵的列处理数据,其通过求 z-score 的方法,转换为标准正态分布。它们的相同点是都能取消由于量纲不同而引起的误差;都是一种线性变换;都是对向量 X 按照比例压缩再进行平移。

11.4.3.1 归一化和标准化

(1)数据归一化,具体代码如下:

```
import numpy as np
#归一化
feature = np.array([[3],[4],[5],[6]])
#创建缩放器
min_max =preprocessing.MinMaxScaler(feature_range=(0,1))
#缩放特征值
min_max.fit_transform(feature)
print(min_max.fit_transform(feature))
```

运行结果如图 11.19 所示。

```
[[0.        ]
 [0.33333333]
 [0.66666667]
 [1.        ]]
```

图 11.19 数据归一化

(2)数据标准化,具体代码如下:

```
from sklearn import preprocessing
import numpy as np
feature = np.array([[3],[4],[5],[6]])
#创建缩放器
standardization = preprocessing.StandardScaler()
#特征变换
standardization.fit_transform(feature)
print(standardization.fit_transform(feature))
```

运行结果如图 11.20 所示。

```
[[-1.34164079]
 [-0.4472136 ]
 [ 0.4472136 ]
 [ 1.34164079]]
```

图 11.20 数据标准化

11.4.3.2 数据去重

此处使用自带文件“前 100 名医生数据.xlsx”的第一列数据。操作步骤如下：

(1)进行数据加载,具体代码如下：

```
import pandas as pd    #调用 pandas 数据库
data = pd.read_excel('C:\\Users\\77208\\Desktop\\前 100 名医生数据.xlsx')
doctor = data.iloc[:,0]    #将第一列数据赋予 doctor
print(doctor)
```

运行结果如图 11.21 所示。

```
0    薛丽
1    孙颖
2    张新霞
3    胡晓霞
4    郭爱云
5    宋大龙
6    孙娇娇
7    田改英
8    李倩
9    庞丽华
```

图 11.21 数据加载

(2)用 duplicated 方法返回一个 Series,表示各行是否为重复数据,具体代码如下：

```
print(doctor.duplicated())    #查看重复数据
```

运行结果如图 11.22 所示。

```
0     True
1     True
2    False
3    False
4    False
5    False
6    False
7    False
8    False
9     True
```

图 11.22 查看重复数据

(3)drop_duplicates 方法可以返回一个去重后的 dataframe,具体代码如下:

```
print(doctor.drop_duplicates())        #数据去重
```

运行结果如图 11.23 所示。

```
14        孙东梅
15        褚雅琪
16        张丽平
17        王淑华
18        叶宇齐
19        许心灵
Name: 0, Length: 75, dtype: object
```

图 11.23　数据去重

11.4.3.3　**长格式转换为宽格式**

长格式转换为宽格式的数据转换方式多用于对问卷的处理。例如,一个人回答了三个问题,那么问卷数据可能会有三行,此时需要做的就是将其变为一行数据,三个问题处于列的位置。

(1)创建示例数据集,以便后续代码操作使用。具体代码如下:

```
#创建数据集
data2 = pd.DataFrame({'Name':['A','A','A','B','B','B','C','C','C'],
                      'Question':['Q1','Q2','Q3','Q1','Q2','Q3','Q1','Q2','Q3'],
                      'Answer':[1,2,3,4,5,6,7,8,9]})
print(data2)
```

运行结果如图 11.24 所示。

```
  Name Question  Answer
0    A       Q1       1
1    A       Q2       2
2    A       Q3       3
3    B       Q1       4
4    B       Q2       5
5    B       Q3       6
6    C       Q1       7
7    C       Q2       8
8    C       Q3       9
```

图 11.24　创建数据集

(2)格式旋转,具体代码如下:

```
data2_1 = data2.pivot(index='Name', columns='Question', values='Answer')
print(data2_1)
```

运行结果如图 11.25 所示。

```
Question  Q1  Q2  Q3
Name
A          1   2   3
B          4   5   6
C          7   8   9
```

图 11.25　格式旋转

(3)重置索引,具体代码如下:

```
print(data2_1. reset_index())
```

运行结果如图 11.26 所示。

```
Question Name  Q1  Q2  Q3
0           A   1   2   3
1           B   4   5   6
2           C   7   8   9
```

图 11.26　重置索引

11.4.4　缺失值发现与处理

在获得数据的过程中,出现缺失数据是不可避免的,除了删除缺失数据外,还可以通过均值插补、中位数插补等方法填补缺失数据。

本小节使用的数据为前面章中的二手房数据。

11.4.4.1　缺失值发现

判断数据中是否存在缺失值,具体代码如下:

```
print(house.isnull().sum(axis=0))        #查看各变量中的缺失值
```

运行结果如图 11.27 所示。

```
楼盘名称            0
房屋类型            0
城市                0
地址                0
所在市或区          0
所在街道或片区      0
在售套数            0
在租套数            0
建成年份            0
单位价格_元每平米   0
涨跌幅度          132
主图链接            0
页面网址            0
楼盘详情链接        0
dtype: int64
```

图 11.27　查看缺失值

11.4.4.2 缺失值处理

由查看缺失值的运行结果可知，数据中存在缺失值，数据变量中“涨跌幅度”存在缺失值，因此需要进行缺失值处理。

（1）删除缺失值，具体代码如下：

```
print(house.dropna())    #删除缺失值
```

运行结果如图 11.28 所示。

```
642    一环路西二段47号院
644          竹韵菁华

[513 rows x 14 columns]
```

图 11.28　删除缺失值

（2）用前一项填充缺失值，具体代码如下：

```
print(house.fillna(method='ffill'))    #用前一项填充缺失值
```

运行结果如图 11.29 所示。

```
641    一环路西三段11号院
642    一环路西二段47号院
643          证大正府
644          竹韵菁华

[645 rows x 14 columns]
```

图 11.29　用前一项填充缺失值

（3）用后一项填充缺失值，具体代码如下：

```
print(house.fillna(method='backfill'))    #用后一项填充缺失值
```

运行结果如图 11.30 所示。

```
641    一环路西三段11号院
642    一环路西二段47号院
643          证大正府
644          竹韵菁华

[645 rows x 14 columns]
```

图 11.30　用后一项填充缺失值

（4）用 0 插补缺失值，具体代码如下：

```
print(house.fillna(0))        #用 0 插补缺失值
```

运行结果如图 11.31 所示。

```
641    一环路西三段11号院
642    一环路西二段47号院
643          证大正府
644          竹韵菁华

[645 rows x 14 columns]
```

图 11.31　用 0 插补缺失值

11.4.5　不均衡数据的处理

在数据挖掘分类问题中,存在正反例数目差异较大的情况,这种情况叫作类别不平衡。为了验证后续相关方法,首先需要生成一个不均衡的数据集,假定 0 类和 1 类的样本量之比为 4 比 1,具体代码如下:

```
from sklearn.datasets import make_classification
from collections import Counter
#生成一组 0 和 1 比例为 4 比 1 的样本,X 为特征,y 为对应的标签
X, y = make_classification(n_classes=2, class_sep=2,
weights=[0.8, 0.2], n_informative=3,
                           n_redundant=1, flip_y=0,
                           n_features=20, n_clusters_per_class=1,
                           n_samples=500, random_state=10)
#查看生成样本类别分布
print(Counter(y))
```

运行结果如图 11.32 所示。

```
Counter({0: 400, 1: 100})
```

图 11.32　生成不均衡的样本类别

目前,0 类数据为 400,1 类数据为 100,为了消除样本不平衡的问题,我们可以选择过采样或者欠采样。

11.4.5.1　过采样与欠采样

(1)过采样。

过采样为增加少数类样本的数量。目前较为流行的过采样方法为 SMOTE 算法,即对于少数类样本 a, 随机选择一个最近邻的样本 b, 然后从点 a 与点 b 的连线上随机选取一个点 c 作为新的少数类样本。具体代码如下:

```
from sklearn.datasets import make_classification
from collections import Counter
#生成一组 0 和 1 比例为 4 比 1 的样本,X 为特征,y 为对应的标签
X, y = make_classification(n_classes=2, class_sep=2,
weights=[0.8, 0.2], n_informative=3,
                           n_redundant=1, flip_y=0,
                           n_features=20, n_clusters_per_class=1,
                           n_samples=500, random_state=10)
```

```
from imblearn.over_sampling import SMOTE
smote = SMOTE()
X_smo, y_smo = smote.fit_sample(X, y)
print(Counter(y_smo))
```

运行结果图 11.33 所示。

```
Counter({0: 400, 1: 400})
```

图 11.33　过采样示例

(2)欠采样。

欠采样为抽取部分多数类样本,具体代码如下:


```
from imblearn.under_sampling import RandomUnderSampler
    rus = RandomUnderSampler() #建立 RandomUnderSampler 模型对象
    X_rus, y_rus = rus.fit_sample(X, y)
    print(Counter(y_rus))
```

运行结果如图 11.34 所示。

```
Counter({0: 100, 1: 100})
```

图 11.34　欠采样示例

11.4.5.2　调整正负样本权重

除调整数据集外,还可以通过在模型中调整类别的权重来缓解样本不均衡的问题。以逻辑回归模型为例,示例代码设置两类的权重为各类样本数的反比。具体代码如下:

```
from sklearn.linear_model import LogisticRegression
log_model =LogisticRegression(class_weight={0:0.2,1:0.8})
```

11.4.6　文本数据的处理

如今,电商、电影、酒旅等行业都存在着大量的文本数据,利用文本挖掘获得文本中的信息,也是数据挖掘领域中重要的一部分。

11.4.6.1　文本清洗

(1)创建供后续操作的文本,具体代码如下:

```
text_eng = [' The more prople you love, the weaker you are. ',
            'There is only one thing we say to Death: "Not today."',
            'Chaos is a ladder. Only the ladder is real and climb is all there            is. ']
```

(2)去除文本两端的空格,具体代码如下:

```
print([line.strip() for line in text_eng])
```

运行结果如图 11.35 所示。

```
['The more prople you love, the weaker you are.', 'There is only
  one thing we say to Death: "Not today."', 'Chaos is a ladder.
 Only the ladder is real and climb is all there is.']
```

图 11.35　去除文本两端的空格

(3)删除句点,具体代码如下:

```
print([line.replace(".", "") for line in text_eng])
```

运行结果如图 11.36 所示。

```
[' The more prople you love, the weaker you are ', 'There is
 only one thing we say to Death: "Not today"', 'Chaos is a
 ladder Only the ladder is real and climb is all there is ']
```

图 11.36　删除句点

(4)调用第三方库,便捷地实现去除文本中所有标点,具体代码如下:

```
import unicodedata
import sys
text_eng = [' The more prople you love, the weaker you are. ',
            'There is only one thing we say to Death: "Not today."',
            'Chaos is a ladder. Only the ladder is real and climb is all there is. ']
dict_p = dict.fromkeys(i for i in range(sys.maxunicode)
if unicodedata.category(chr(i)).startswith('P'))
print([line.translate(dict_p) for line in text_eng])
```

运行结果如图 11.37 所示。

```
[' The more prople you love the weaker you are ', 'There is only
  one thing we say to Death Not today', 'Chaos is a ladder Only
 the ladder is real and climb is all there is ']
```

图 11.37　去除文本中所有标点

11.4.6.2　文本分词

在分析文本之前,需要将句子或段落拆解为单独的词汇,通过调用 nltk.tokenize 库可以进行英文分词,调用 jieba 库可以进行中文分词。

(1)英文分词,具体代码如下:

```
import nltk.tokenize as tk
text_eng = [' The more prople you love, the weaker you are. ',
            'There is only one thing we say to Death: "Not today."',
            'Chaos is a ladder. Only the ladder is real and climb is all there is. ']
tokenizer = tk.WordPunctTokenizer()
print(tokenizer.tokenize(text_eng[0]))
```

运行结果如图 11.38 所示。

```
['The', 'more', 'prople', 'you', 'love', ',', 'the', 'weaker', 'you', 'are', '.']
```

图 11.38　英文分词

(2)中文分词,具体代码如下:(此处需要安装 jieba 库,在 cmd 中输入 pip install jieba 安装)

```
import jieba
    seg_list = jieba.cut("这里是伟大的北京天安门,伟大的中华人民共和国!")
    print([", ".join(seg_list)])
```


运行结果如图 11.39 所示。


```
['这里, 是, 伟大, 的, 北京, 天安门, , , 伟大, 的, 中华人民共和国, !']
```

图 11.39　中文分词

11.4.6.3　**删除停止词**

在句子和段落中,并非每一个词都会在后续分析中起到作用,句子中可能会存在较多的诸如“的、了、地”等没有情感倾向的停止词,所以在清洗文本数据时,需要构建停止词表并删除需要分析的文档中的停止词。具体代码如下:

```
import nltk.tokenize as tk
import sys
import unicodedata
text_eng = ['The more prople you love, the weaker you are.',
            'There is only one thing we say to Death: "Not today."',
            'Chaos is a ladder. Only the ladder is real and climb is all there is.']
tokenizer = tk.WordPunctTokenizer()
dict_p =dict.fromkeys(i for i in range(sys.maxunicode)
if unicodedata.category(chr(i)).startswith('P'))
#构建停止词列表,通常通过读取外部文件或加载第三方库进行构建
stop_words = ['the','are']
#去除字符串前后空格,移除字符串内标点符号并将所有字母小写,
#对字符串分词
doc = tokenizer.tokenize(text_eng[0].strip().translate(dict_p).lower())
#输出去掉停用词后的结果
print([word for word in doc if word not in stop_words])
```

运行结果如图 11.40 所示。

```
['more', 'prople', 'you', 'love', 'weaker', 'you']
```

图 11.40　删除停止词

11.4.6.4　**按单词重要性计算权重**

在一篇文档中,多次出现的词语可能和该文档的主题高度相关,而存在于该文档且不存在于其他文档的词汇可能表示该文档的特点,TF-IDF 算法结合了词频(term frequency)和逆向文件频率(inverse document frequency),用以评估一个字词对于一个文件集或一个语料库中的其中一份文件的重要程度。字词的重要性随着它在文件中出现的次数呈正比增加,但同时会随着它在语料库中出现的频率呈反比下降。

TF-IDF 可以理解为:如果某个单词在一篇文章中出现的频率高,并且在其他文章中很少出现,则认为此词或者短语具有很好的类别区分能力。具体代码如下:

```
import pandas as pd
import numpy as np
from sklearn.feature_extraction.text import TfidfVectorizer
text_eng = ['The more prople you love, the weaker you are.',
            'There is only one thing we say to Death: "Not today."',
            'Chaos is a ladder. Only the ladder is real and climb is all there is.']
dict_p =dict.fromkeys(i for i in range(sys.maxunicode)
                      if unicodedata.category(chr(i)).startswith('P'))
text_data = [line.strip().translate(dict_p) for line in text_eng]
print(text_data)
```

运行结果如图 11.41 所示。

```
['The more prople you love the weaker you are', 'There is only
 one thing we say to Death Not today', 'Chaos is a ladder Only
 the ladder is real and climb is all there is']
```

图 11.41 计算单词权重

```
#创建 TF-IDF 特征矩阵
tfidf = TfidfVectorizer()
fea_mat = tfidf.fit_transform(text_data)
#按词语与列的对应关系升序排列
col_list =sorted(tfidf.vocabulary_.items(), key=lambda item:item[1])
#构造为 Dataframe
print(pd.DataFrame(fea_mat.toarray(),columns=[x[0] for x in col_list]))
```

运行结果如图 11.42 所示。

```
        all       and       are  ...      we    weaker       you
0  0.000000  0.000000  0.297303  ...  0.0000  0.297303  0.594606
1  0.000000  0.000000  0.000000  ...  0.3205  0.000000  0.000000
2  0.223665  0.223665  0.000000  ...  0.0000  0.000000  0.000000
```

图 11.42 按词语与列的对应关系升序排列

11.5 本章小结

本章介绍了数据预处理的相关知识。数据预处理在建模过程中占据了十分重要的地位,我们大量的时间其实是消耗在数据预处理和特征工程上的。本章涉及的知识从数据的浏览和整理到数据的转换,从样本抽取到不平衡数据的处理,都是在建模过程中使用频率极高的知识点。跟随示例代码操作可以初步了解数据预处理的相关知识,熟练操作则需要在实际应用中不断练习。当然,有更多的数据预处理方法本章并未涉及,如缺失值的多重插补、自助法抽样等,这些方法需要读者在实际应用中进一步学习。

第五篇
数据统计分析篇

12 实训6 心脏病数据分析

12.1 项目情景

李雷:我奶奶的心脏不大好,想请教下心脏病的发生与哪些因素有关?

韩梅梅:你可以参考来自瑞士 Cleveland Clinic Foundation 收集的数据集。该数据集共303条数据,14个变量,分别为 age、sex、cp、trestbps、chol、fbs、restecg、thalach、exang、oldpeak、slope、ca、thal、num。其中,age、trestbps、chol、thalach、oldpeak 为定量变量,其他9个变量均为定性变量。

李雷:听上去挺全面的,怎样去分析这些数据呢?能否预测一个病人是否有心脏病以及有什么类型的心脏病?

韩梅梅:通过本节课程的学习,这些问题就可以迎刃而解了。本节课程通过对心脏病数据分析的讲解,对单变量分布的描述分析、两个变量间关系的描述分析、变量间的相关分析、变量重要性分析及变量筛选、文本数据分析分别进行了系统的阐述。

12.2 实训目标

(1)理解单变量分布分析、变量间关系分析的重要意义。

(2)理解多变量间关系分析的三种方法的应用条件及分析思路。

(3)熟练掌握 Python 操作,并会对结果进行解释。

12.3 实训任务

众所周知,心脏病已经成为人类健康的三大杀手之一。心脏病发病年轻化已成为一个趋势,故此项目旨在通过对数据集的分析,研究心脏病与哪些数据有关。

(1)对心脏病数据进行单变量分布的描述分析。

(2)对心脏病数据进行多变量间关系的描述分析。

(3)对心脏病数据进行变量相关性分析。

12.4 技术准备

12.4.1 第三方数据分析模块

12.4.1.1 Numpy 库

Numpy(Numerical Python 的简称)是 Python 科学计算的基础库,其他几个常用的库都是构建于它之上的。它是使用最广泛的数据分析模块之一。其统计学方面的功能包括对矩阵和高维数组(n-dimensional array,简称 Ndarray)的运算、生成伪随机数、简单最小二乘回归等;代数方面的功能包括傅立叶变换、矩阵运算、多项式运算等。它还可用于数据文件的存取。另外,Numpy 对 Scikit-learn 来说非常重要,因为 Scikit-learn 使用 Numpy 数组形式的数据进行处理。所以,运用 Scikit-learn 之前,需要把数据转换为 Numpy 数组形式。当然,在运用之前,必须要先调用该模块,并把它简化为 np,具体代码如下:

```
import numpy as np
```

12.4.1.2 Pandas 库

Pandas 是 Python 中用于数据分析的库,它在数据结构和数据存取方面有较明显的优势。Pandas 可以生成类似 Excel 表格式的数据框(data frame),在数据框的不同列可以使用不同的数据(如整数型、浮点数、字符串),可以对数据框进行各种修改操作;还可以生成不同类型的数据文件,读取不同类型的数据文件,从数据库中读取数据。在运用之前,必须要先调用该模块,并把它简化为 pd,具体代码如下:

```
import pandas as pd
```

12.4.1.3 Scipy 库

Scipy 是一个强大的科学计算工具库,包含很多功能。其中,统计学方面的功能包括产生随机数、生成多种统计分布、多种统计检验、更好地描述统计方法等;积分学方面的功能包括数值积分、微分方程、生成稀疏矩阵等。Scikit-learn 经常需要利用 Scipy 中的 spare 函数生成稀疏矩阵。在进行统计分析时,必须要先调用该模块中的统计模块,并简化为 stats,具体代码如下:

```
import scipy.stats as st 或者 from scipy import stats
```

12.4.1.4 Scikit-learn 库

Scikit-learn 主要用于更高层次的数据分析——机器学习和数据挖掘。它是针对 Python 编程语言的免费软件机器学习库。它具有各种分类、回归和聚类算法,包括支持向量机、随机森林、梯度提升、k 均值和 DBSCAN,并且旨在与 Python 数值科学库 Numpy 和 Scipy 联合使用。

12.4.2 分组工具

两个定性变量间关系分析的工具是二维交叉表(cross table),又称列联表(contingency table)。交叉表是一种用于计算分组频率的特殊透视表。其中,一个变量为行变量,另一个变量为列变量。绘制交叉表可以用 Pandas 的 Groupby、pivot-table,而 pandas.crosstab 函数则更为方便快捷。Crosstab 和 Groupby 在进行简单分组、处理二维变量方面比较方便,pivot_table 在进行复杂分组、处理多维变量方面比较方便。这里,我们用 Groupby 进行简单分组分析,运用 pivot_table 进行复合分组分析。

12.5 实训步骤

12.5.1 单变量分布的描述分析

12.5.1.1 定性变量分布的分析

定性变量取值的集中趋势用众数来代表,离散趋势用异众比率来代表,分布的偏斜情况用各类的比重来反映。分析定型变量的频数分布时,重点运用 Pandas 库,个别地方用 Scipy 库。

以 hd 数据集内的“cp”为例,此案例中“cp”表示为胸痛类型,“1”为“典型的心绞痛”,“2”为“非典型心绞痛”,“3”为“非心绞痛”,“4”为“无症状”。Pandas 进行频数分布分析的操作步骤如下:

第 1 步:导入 Pandas 库。具体代码如下:

```
import pandas as pd
```

第 2 步:读取 hd 文档。具体代码如下:

```
hd=pd.read_csv("C:\hd.csv")
```

第 3 步:计算 cp 的四个类别的频数。具体代码如下:

```
cp_counts=hd["cp"].value_counts()
```

第 4 步:显示 cp 的四个类别的频数。具体代码如下:

```
print(cp_counts[:4])
```

完整代码如下:

```
import pandas as pd
hd=pd.read_csv("C:\hd.csv")
cp_counts=hd["cp"].value_counts()
print(cp_counts[:4])
```

运行结果如图 12.1 所示。

```
4    142
3     83
2     49
1     23
Name: cp, dtype: int64
```

图 12.1 频数分布示例

另外,也可以输出以频率形式表示的分布情况,操作步骤为:

第 1 步:计算 cp 的四个类别的频率,并保留小数点后面四位小数。具体代码如下:

```
cp_counts=hd["cp"].value_counts(normalize=True).round(4)
```

第 2 步:显示 cp 的四个类别的频率。具体代码如下:

```
print(cp_counts[:4])
```

完整代码如下:

```
cp_counts=hd["cp"].value_counts(normalize=True).round(4)
print(cp_counts[:4])
```

运行结果如图 12.2 所示。

```
4    0.4781
3    0.2795
2    0.1650
1    0.0774
Name: cp, dtype: float64
```

图 12.2 频率分布示例

如果想转换为百分比形式,并且给出各类的具体含义,可以用下面代码进行转换:

```
print("4(无症状):{:.2%};\n\
3(非心绞痛):{:.2%};\n\
2(非典型性心绞痛):{:.2%};\n\
1(典型性心绞痛):{:.2%}".format(144/303,86/303,50/303,23/303)  )
```

运行结果如图 12.3 所示。

```
4(无症状):47.52%;
3(非心绞痛):28.38%;
2(非典型性心绞痛):16.50%;
1(典型性心绞痛):7.59%
```

图 12.3　百分比分布示例

众数是指该变量取值中出现次数最多的变量值。它是作为定性交量取值的代表。从定性变量的频数分布可以直接看到众数,如变量 cp 的取值中,第 4 类的比重最大,因而第 4 类作为 cp 取值的众数。为了反映 cp 取值的离散程度,需要计算其异众比率。异众比率是变量的取值中不同于众数类的其他各类所占比重之和。在本案例中,就是 cp 的另外三类所占比重之和。

计算异众比率的具体代码如下:

```
print('异众比率:{:.2%}'.format(1-144/303))
```

运行结果如图 12.4 所示。

```
异众比率:52.48%
```

图 12.4　计算异众比率

从 hd 数据的分析可以看出,样本中关于 cp(胸痛类型)这个变量,第 4 类(无症状)占比最高。“无症状”是变量 cp 的众数,即胸痛类型是以“无症状”为代表。另外,我们用异众比率来反映变量 cp 取值的离散程度,即 cp 的取值中不同于“无症状”的比重。可以看出,患有其他三类症状的人数所占比重也不小,占 52.48%,这说明如果用“无症状”作为胸痛类型的代表,其代表性并不好。

12.5.1.2　**定量变量分布的分析**

(1)基于 Pandas 的描述分析。

Pandas 既可以对所有变量单独计算每个统计量,也可以对所有变量计算多个常用统计量。具体示例如下:

对各定量变量求众数。其中,“age”为“年龄”,“trestbps”为“静息血压”,“chol”为“血清胆甾醇”,“thalach”为“达到最大心率阈值”,“oldpeak”为“运动相对于休息引起的 ST 降低”。具体代码如下:

```
col=["age","trestbps","chol","thalach","oldpeak"]
hd1=pd.DataFrame(hd,columns=col)
print(hd1.count())
```

运行结果如图 12.5 所示。

```
age          297
trestbps     297
chol         297
thalach      297
oldpeak      297
dtype: int64
```

图 12.5　对各定量变量求众数

对各定量变量求和。具体代码如下：

```
print(hd1.sum())
```


运行结果如图 12.6 所示。

```
age          16199.0
trestbps     39113.0
chol         73463.0
thalach      44431.0
oldpeak        313.5
dtype: float64
```

图 12.6　对各定量变量求和

对各定量变量求均值。具体代码如下：

```
print(hd1.mean())
```

运行结果如图 12.7 所示。

```
age           54.542088
trestbps     131.693603
chol         247.350168
thalach      149.599327
oldpeak        1.055556
dtype: float64
```

图 12.7　对各定量变量求均值

对各定量变量求中位数。具体代码如下：

```
print(hd1.median())
```

运行结果如图 12.8 所示。

```
age          56.0
trestbps    130.0
chol        243.0
thalach     153.0
oldpeak       0.8
dtype: float64
```

图 12.8 对各定量变量求中位数

对各定量变量求众数。具体代码如下：

```
print(hd1.mode())
```

运行结果如图 12.9 所示。

```
    age  trestbps  chol  thalach  oldpeak
0  58.0     120.0   197    162.0      0.0
1   NaN       NaN   234      NaN      NaN
```

图 12.9 对各定量变量求众数

对各定量变量求极小值。具体代码如下：

```
print(hd1.min())
```

运行结果如图 12.10 所示。

```
age          29.0
trestbps     94.0
chol        126.0
thalach      71.0
oldpeak       0.0
dtype: float64
```

图 12.10 对各定量变量求极小值

对各定量变量求极大值。具体代码如下：

```
print(hd1.max())
```

运行结果如图 12.11 所示。

```
age          77.0
trestbps    200.0
chol        564.0
thalach     202.0
oldpeak       6.2
dtype: float64
```

图 12.11 对各定量变量求极大值

输出各变量极小值的索引值即所在行。具体代码如下：

```
print(hd1.idxmin())
```

运行结果如图 12.12 所示。

```
age          131
trestbps     130
chol         199
thalach      242
oldpeak       13
dtype: int64
```

图 12.12　输出各变量极小值的索引值

输出各变量极大值的索引值即所在行。具体代码如下：

```
print(hd1.idxmax())
```

运行结果如图 12.13 所示。

```
age          160
trestbps     125
chol         151
thalach      131
oldpeak       90
dtype: int64
```

图 12.13　输出各变量极大值的索引值

对各定量变量求四分之一分位数（下四分位数）。具体代码如下：

```
print(hd1.quantile(0.25))
```

运行结果如图 12.14 所示。

```
age          48.0
trestbps    120.0
chol        211.0
thalach     133.0
oldpeak       0.0
Name: 0.25, dtype: float64
```

图 12.14　对各定量变量求四分之一分位数

对各定量变量求四分之三分位数（上四分位数）。具体代码如下：

```
print(hd1.quantile(0.75))
```

运行结果如图 12. 15 所示。

```
age          61.0
trestbps    140.0
chol        276.0
thalach     166.0
oldpeak       1.6
Name: 0.75, dtype: float64
```

图 12. 15　对各定量变量求四分之三分位数

对各定量变量求标准差。具体代码如下：

```
print(hd1.std())
```

运行结果如图 12. 16 所示。

```
age           9.049736
trestbps     17.762806
chol         51.997583
thalach      22.941562
oldpeak       1.166123
dtype: float64
```

图 12. 16　对各定量变量求标准差

对各定量变量求方差。具体代码如下：

```
print(hd1.var())
```

运行结果如图 12. 17 所示。

```
age           81.897716
trestbps     315.517290
chol        2703.748589
thalach      526.315270
oldpeak        1.359842
dtype: float64
```

图 12. 17　对各定量变量求方差

对各定量变量求偏度。具体代码如下：

```
print(hd1.skew())
```

运行结果如图 12. 18 所示。

```
age          -0.219775
trestbps      0.700070
chol          1.118096
thalach      -0.536540
oldpeak       1.247131
dtype: float64
```

图 12.18 对各定量变量求偏度

对各定量变量求峰度。具体代码如下：

```
print(hd1.kurt())
```


运行结果如图 12.19 所示。

```
age          -0.521754
trestbps      0.814982
chol          4.444077
thalach      -0.051849
oldpeak       1.510972
dtype: float64
```

图 12.19 对各定量变量求峰度

通过 agg 函数对多个变量同时生成多个常见统计量。具体代码如下：

```
print(hd1.agg(["sum","mean","median","std","var"]))
```

运行结果如图 12.20 所示。

```
                 age      trestbps  ...       thalach     oldpeak
sum     16199.000000  39113.000000  ...  44431.000000  313.500000
mean       54.542088    131.693603  ...    149.599327    1.055556
median     56.000000    130.000000  ...    153.000000    0.800000
std         9.049736     17.762806  ...     22.941562    1.166123
var        81.897716    315.517290  ...    526.315270    1.359842

[5 rows x 5 columns]
```

图 12.20 对多个变量同时生成多个常见统计量

另外，describe 函数也可以生成多个统计量，而且操作更为简单。具体代码如下：

```
print(hd1.describe())
```

运行结果如图 12.21 所示。

	age	trestbps	chol	thalach	oldpeak
count	297.000000	297.000000	297.000000	297.000000	297.000000
mean	54.542088	131.693603	247.350168	149.599327	1.055556
std	9.049736	17.762806	51.997583	22.941562	1.166123
min	29.000000	94.000000	126.000000	71.000000	0.000000
25%	48.000000	120.000000	211.000000	133.000000	0.000000
50%	56.000000	130.000000	243.000000	153.000000	0.800000
75%	61.000000	140.000000	276.000000	166.000000	1.600000
max	77.000000	200.000000	564.000000	202.000000	6.200000

图 12.21　用 descibe 函数生成多个统计量

hd1. mad( )对各定量变量求平均绝对偏差。具体代码如下：

```
print(hd1.mad())
```

运行结果如图 12.22 所示。

```
age           7.433051
trestbps     13.781315
chol         39.506581
thalach      18.500425
oldpeak       0.935129
dtype: float64
```

图 12.22　对各定量变量求平均绝对偏差

(2)基于 Numpy 的描述分析。

Numpy 中也有几个函数用于简单的描述统计分析,包括 sum、mean、std、var、min、max、argmin(最小元素的索引)、argmax(最大元素的索引)等。针对上述例子,我们再用 Numpy 的这些统计函数进行分析。

Numpy 的数据格式主要是数组 array,在进行描述分析之前,必须先用 array 定义分析。由于 Pandas 读取 Excel 数据更为方便,因而先用 Pandas 读取数据,并定义 Pandas 数组,然后转为 Pumpy 数组。操作步骤如下:

第 1 步:导入 Pandas 库、Numpy 库。具体代码如下:

```
import pandas as pd
import numpy as np
```

第 2 步:加载 hd 文档。具体代码如下:

```
hd=pd.read_csv("C:\hd.csv")
```

第 3 步:选出定量变量。具体代码如下:

```
col_n1=['age','trestbps','chol','thalach','oldpeak']
```

第 4 步:重新定义数据框,只包含定量变量。具体代码如下:

```
hd1=pd.DataFrame(hd,columns=col_n1)
```

第 5 步:转化为 Numpy 数组形式。具体代码如下:

```
hd1=np.array(hd1)
```

第 6 步:显示 hd1。具体代码如下:

```
print(hd1)
```

完整代码如下:

```
import pandas as pd
import numpy as np
hd=pd.read_csv("C:\hd.csv")
col_n1=['age','trestbps','chol','thalach','oldpeak']
hd1=pd.DataFrame(hd,columns=col_n1)
hd1=np.array(hd1)
print(hd1)
```

运行结果如图 12.23 所示。

```
[[ 63.  145.  233.  150.    2.3]
 [ 67.  160.  286.  108.    1.5]
 [ 67.  120.  229.  129.    2.6]
 ...
 [ 68.  144.  193.  141.    3.4]
 [ 57.  130.  131.  115.    1.2]
 [ 57.  130.  236.  174.    0. ]]
```

图 12.23　基于 Numpy 的描述分析

sum 加上 axis=0,表示对列变量求和。具体代码如下:

```
print("sum:")
print(hd1.sum(axis=0))
```

运行结果如图 12.24 所示。

```
sum:
[16199.  39113.  73463.  44431.    313.5]
```

图 12.24　对列变量求和

基于 sum 的描述分析具体代码如下:

```
print("sum:")
print(np.sum(hd1,axis=0))
```

运行结果如图 12.25 所示。

```
sum:
[16199.  39113.  73463.  44431.    313.5]
```

图 12.25　基于 sum 的描述分析

其他几个统计量(std、max、argmax)的结果如下:

用 std 对变量求标准差,具体代码如下:

```
print("std:")
print(hd1.std(axis=0))
```

运行结果如图 12.26 所示。

```
std:
[ 9.03448759 17.73287744 51.90997071 22.90290734  1.16415796]
```

图 12.26　对变量求标准差

基于 std 的描述分析具体代码如下:

```
print("std:")
print(np.std(hd1,axis=0))
```

运行结果如图 12.27 所示。

```
std:
[ 9.03448759 17.73287744 51.90997071 22.90290734  1.16415796]
```

图 12.27　基于 std 的描述分析

用 max 对变量求极大值,具体代码如下:

```
print("max:")
print(hd1.max(axis=0))
```

运行结果如图 12.28 所示。

```
max:
[ 77.  200.  564.  202.    6.2]
```

图 12.28　对变量求极大值

基于 max 的指述分析,具体代码如下:

```
print("max:")
print(np.max(hd1,axis=0))
```

运行结果如图 12.29 所示。

```
max:
[ 77.  200.  564.  202.    6.2]
```

图 12.29　基于 max 的描述分析

用 argmax 对变量求最大元素的索引,具体代码如下:

```
print("argmax:")
print(hd1.argmax(axis=0))
```

运行结果如图 12.29 所示。

```
argmax:
[160 125 151 131  90]
```

图 12.29　对变量求最大元素的索引

基于 argmax 的描述分析,具体代码如下:

```
print("argmax:")
print(np.argmax(hd1,axis=0))
```

运行结果如图 12.30 所示。

```
argmax:
[160 125 151 131  90]
```

图 12.30　基于 argmax 的描述分析

Numpy 的 argmin 和 argmax 与 Pandas 的 idexmin 和 idexmax 的作用一样,它们非常有用,利用它们便于发现异常值的位置,便于对异常值进行标识和处理。

(3)基于 Scipy 的描述分析。

下面我们再用 Scipy 中的 stats 模块进行分析。Stats 提供了非常全面的统计函数。前面说过,Scipy 使用 Numpy 的数组形式 arrary,因而需要调用 Numpy 库。在描述统计方面,主要用下面的命令,其功能与 Pandas 和 Numpy 的基本相同,既可以生成单个常用统计量,也可以用 describe 函数同时生成多个统计量。操作步骤如下:

第 1 步:导入 Numpy 库、Scipy 库。具体代码如下:

```
import numpy as np
import scipy.stats as st
```

第 2 步:加载 hd 文档。具体代码如下:

```
hd=pd.read_csv("C:\hd.csv")
```

第 3 步:选出定量变量。具体代码如下:

```
col_n1=['age','trestbps','chol','thalach','oldpeak']
```

第 4 步:重新定义数据框,只包含定量变量。具体代码如下:

```
hd1=pd.DataFrame(hd,columns=col_n1)
```

第 5 步:转化为 Numpy 数组形式。具体代码如下:

```
hd1=np.array(hd1)
```

第 6 步:显示 hd1。具体代码如下:

```
print(hd1)
```

完整代码如下:

```
import numpy as np
import scipy.stats as st
hd=pd.read_csv("C:\hd.csv")
col_n1=['age','trestbps','chol','thalach','oldpeak']
hd1=pd.DataFrame(hd,columns=col_n1)
hd1=np.array(hd1)
print(hd1)
```

运行结果如图 12.31 所示。

```
[[ 63.  145.  233.  150.    2.3]
 [ 67.  160.  286.  108.    1.5]
 [ 67.  120.  229.  129.    2.6]
 ...
 [ 68.  144.  193.  141.    3.4]
 [ 57.  130.  131.  115.    1.2]
 [ 57.  130.  236.  174.    0. ]]
```

图 12.31 基于 Scipy 中的 stats 的描述分析

下面是各个统计量的生成代码和结果展示。

输出各定量变量的众数以及各众数出现的频数。具体代码如下:

```
print(st.mode(hd1))
```

运行结果如图 12.32 所示。

```
ModeResult(mode=array([[ 58., 120., 197., 162.,   0.]]), count=array([[18, 37,  6, 11, 96]]))
```

图 12.32 输出各定量变量的众数及各众数出现的频数

输出各定量变量的极小值。具体代码如下:

```
print(st.tmin(hd1,axis=0))
```

运行结果如图 12. 33 所示。

```
[ 29.  94. 126.  71.   0.]
```

图 12. 33　输出各定量变量的极小值

输出各定量变量的极大值。具体代码如下：

```
print(st.tmax(hd1,axis=0))
```


运行结果如图 12. 34 所示。

```
[ 77.  200.  564.  202.    6.2]
```

图 12. 34　输出各定量变量的极大值

输出各定量变量的二阶中心矩,即总体方差。具体代码如下：

```
print(st.moment(hd1,moment=2))
```

运行结果如图 12. 35 所示。

```
[8.16219660e+01 3.14454942e+02 2.69464506e+03 5.24543165e+02
 1.35526375e+00]
```

图 12. 35　输出各定量变量的二阶中心矩

输出各定量变量的偏度。具体代码如下：

```
print(st.skew(hd1))
```

运行结果如图 12. 36 所示。

```
[-0.21866299  0.69652904  1.11244063 -0.53382647  1.24082382]
```

图 12. 36　输出各定量变量的偏度

输出各定量变量的峰度。具体代码如下：

```
print(st.kurtosis(hd1))
```

运行结果如图 12. 37 所示。

```
[-0.53314559  0.78119187  4.34947889 -0.07111472  1.46551976]
```

图 12. 37　输出各定量变量的峰度

用 describe 生成各定量变量的多个统计量。具体代码如下：

```
print(st.describe(hd1))
```

运行结果如图 12. 38 所示。

```
DescribeResult(nobs=297, minmax=(array([ 29.,  94., 126.,  71.,   0.]),
       1.05555556]), variance=array([8.18977159e+01, 3.15517290e+02,
     1.35984234e+00]), skewness=array([-0.21866299,  0.69652904,  1.1
```

图 12.38　用 describe 生成各定量变量的多个统计量

根据对 hd 数据集的五个定量变量的分布情况的分析，可以得到以下三个方面的结论：

①分布的偏斜情况。这里的偏斜，是相对于对称分布而言的偏离情况，用偏度 skewness 来反映。其中，变量 age 的均值 mean = 54.4，中位数 median = 56，众数 mode = 58，即 mean<median<mode，可见变量 age 的分布呈左偏分布形态，即有明显的极小值存在；age 的偏度 skewness = -0.21，也验证了这一结论。变量 trestbps 表现出 mean>median>mode 的特点，且 skewness = 0.70，该变量呈轻微的右偏，即存在一些极大值。总体来说，五个变量的偏度的绝对值都不大，它们的偏斜情况都不是特别严重。

②分布的扁平情况。这里的扁平，是相对于正态分布而言的。从五个变量的峰度值可以看出，变量 chol 的峰度最大，因而它的尖顶现象更为明显，而另外几变量的分布则更为扁平。

③变量取值的离散情况。在这里，如果对五个变量的离散（变异）情况进行比较，就不能直接对它们的方差或标准差进行比较，因为它们的计量单位不同，平均水平不同，没有可比性。我们需要消除计量单位和平均水平的影响，用标准差系数进行比较。标准差系数的计算公式为：标准差/均值，即 std/mean。具体代码如下：

```
print('age','trestbps','chol','thalach','oldpeak')
print(9.038662/54.438944, 17.599748/131.689769, 51.776918/246.693069, 22.875003/149.607261,
1.161075/1.039604)
```

根据计算结果，五个变量标准差系数的由大到小的排序如图 12.39 所示。

```
age trestbps chol thalach oldpeak
0.16603301489463132 0.1336455226069992 0.20988395908277424 0.15290035287792617 1.1168435288821514
```

图 12.39　五个变量标准差系数由大到小的排序

由图 12.39 可知，oldpeak>chol>age>thalach>trestbps，即变量 oldpeak 的取值更为分散，而 trestbps 的取值最为集中。标准差系数除了用于对不同变量的离散情况进行比较，还用于反映一个定量变量所含信息的多少。变量的标准差系数越大，说明该变量所含信息越多，对后续的建模分析可能越重要。

12.5.2　两变量间关系的描述分析

12.5.2.1　两个定性变量间关系的描述分析

根据 hd 数据，研究不同类型心脏病人的性别构成。频数形式的交叉表是最基本的交叉表，它能展示不同变量的联合分布的原貌。Crosstab 生成二维交叉表的示例如下。其中，“sex”为“性别”，“1”为“男性”，“0”为“女性”；“num”为“心脏病的诊断结果”，“1、2、3、4”判断为“无心脏病”，“0”为“有心脏病”。具体代码如下：

```
print(pd.crosstab(hd.sex,hd.num,margins=True))
```

运行结果如图 12.40 所示。

num	0	1	2	3	4	All
sex						
0	71	9	7	7	2	96
1	89	45	28	28	11	201
All	160	54	35	35	13	297

图 12.40　Crosstab 生成二维交叉表

生成频率形式的交叉表,保留 4 位小数。具体代码如下:

```
print(pd.crosstab(hd.sex,hd.num,margins=True,normalize=True).round(4))
```

运行结果如图 12.41 所示。

num	0	1	2	3	4	All
sex						
0	0.2391	0.0303	0.0236	0.0236	0.0067	0.3232
1	0.2997	0.1515	0.0943	0.0943	0.0370	0.6768
All	0.5387	0.1818	0.1178	0.1178	0.0438	1.0000

图 12.41　生成频率形式的交叉表

如果需要考察列变量在不同行上的频数分布的差异,生成的就是行轮廓表;反之,就是列轮廓表。行(列)轮廓表对于观察一个变量在另一个变量不同组间的分布差异最为方便,也便于后面分析定性变量间的关系。如果要生成行轮廓表,Crosstab 中 normalize 参数设为“index”或 0;如果要生成列轮廓表,就设为 column 或 1。两种轮廓表生成的代码和行轮廓表的结果如下:

运用第一种方法生成行轮廓形式的交叉表。具体代码如下:

```
print(pd.crosstab(hd.sex,hd.num,normalize="index"))
```

运行结果如图 12.42 所示。

num	0	1	2	3	4
sex					
0	0.739583	0.093750	0.072917	0.072917	0.020833
1	0.442786	0.223881	0.139303	0.139303	0.054726

图 12.42　生成行轮廓表(1)

运用第二种方法生成行轮廓形式的交叉表。具体代码如下:

```
print(pd.crosstab(hd.sex,hd.num,normalize=0))
```

运行结果如图 12.43 所示。

```
num        0          1          2          3          4
sex
0     0.739583   0.093750   0.072917   0.072917   0.020833
1     0.442786   0.223881   0.139303   0.139303   0.054726
```

图 12.43　生成行轮廓表(2)

对于 hd 数据,我们根据心脏病类型 num 进行分组,分为五组,0 代表没有病,1、2、3、4 分别代表四种类型的心脏病。心脏病类型和性别两个变量的二维交叉表显示,总体来看,数据集内男性占比高于女性,变量 num 的每一类内,也是男性占比更高。但对于不同类型心脏病人来说,男女比例构成却有明显差异。

12.5.2.2　定性变量与定量变量间关系的描述分析

Pandas 中的 Groupby 分组技术可以分解为三个步骤,包括拆分对象(split)、应用(apply)和合并(combine)。它可用于对大量数据进行分组并在这些组上进行计算操作。首先,我们根据事先选定的一个或多个键(定性变量)将 Pandas 对象拆分为多个组。其次,一个函数应用到各个分组,每个分组产生一个新值。最后,各组的新值被合并到最终的结果对象中。

利用 Groupby 可汇总分组后各组的频数(count),计算各变量在不同组的总和(sum)、均值(mean)、中位数(median)、标准差(std)、方差(var)、极大值(max)、极小值(min)等统计量。如果是计算均值,则是 DataFrame.groupby0[待计算变量].meanO,其他同理。以下是按心脏病类型分组后各组的频数,以及各定量变量在各组中的 mean、std、max 的结果。其中,以计算均值为例,操作步骤如下:

第 1 步:导入 Pandas 库、Numpy 库。具体代码如下:

```
import pandas as pd
import numpy as np
```

第 2 步:加载 hd 文档。具体代码如下:

```
hd1=pd.read_csv("C:\hd.csv")
```

第 3 步:对每组病人计算各定量变量的均值。具体代码如下:

```
print(hd1.groupby("num")["age","trestbps","chol","thalach","oldpeak"].mean())
```

完整代码如下:

```
import pandas as pd
import numpy as np
hd1=pd.read_csv("C:\hd.csv")
print(hd1.groupby("num")["age","trestbps","chol","thalach","oldpeak"].mean())
```

运行结果如图 12.44 所示。

```
          age   trestbps        chol     thalach   oldpeak
num
0   52.643750  129.175000  243.493750  158.581250  0.598750
1   55.611111  133.277778  249.148148  145.981481  1.022222
2   58.200000  134.371429  260.857143  135.000000  1.802857
3   56.000000  135.457143  246.457143  132.057143  1.962857
4   59.692308  138.769231  253.384615  140.615385  2.361538
```

图 12.44　计算心脏病类型在不同组间的均值

我们也可以生成某一变量在不同组间的多个常用统计量的值。比如,生成变量 age 在不同组间的 mean、median、std 三个常用统计量的值。

具体代码如下:

```
print(hd1.groupby("num")["age"].agg([np.mean,np.median,np.std]))
```

运行结果如图 12.45 所示。

```
          mean  median       std
num
0    52.643750      52  9.551151
1    55.611111      57  7.891760
2    58.200000      59  7.250963
3    56.000000      56  7.780065
4    59.692308      60  9.419701
```

图 12.45　age 在不同组间的 mean、median、std 统计量的值

我们还可以生成多个变量在不同组间的多个常用统计量的值。比如,生成变量 age、trestbps 在不同组间的 mean、std 两个常用统计量的值。

具体代码如下:

```
print(hd1.groupby("num").agg({"age":[np.mean,np.std],"trestbps":[np.mean,np.std]}))
```

运行结果如图 12.46 所示。

```
           age              trestbps
          mean       std        mean        std
num
0    52.643750  9.551151  129.175000  16.373990
1    55.611111  7.891760  133.277778  18.196430
2    58.200000  7.250963  134.371429  18.125519
3    56.000000  7.780065  135.457143  21.660947
4    59.692308  9.419701  138.769231  17.186011
```

图 12.46　age、trestbps 在不同组间的 mean、std 统计量的值

如果觉得生成的表的表头层次较多,可以对各变量和各统计量的名称并列放置,操作步骤如下:

第 1 步:计算每组病人的 age、trestbps 两个主要统计量。具体代码如下:

```
agg_df=hd1.groupby("num").agg({"age":[np.mean,np.std],"trestbps":[np.mean,np.std]})
```

第 2 步:将各变量和各统计量的名称并列放置。具体代码如下:

```
agg_df.columns=['_'.join(col).strip()for col in agg_df.columns.values]
```

第 3 步:显示 agg_df。具体代码如下:

```
print(agg_df)
```

完整代码如下:

```
agg_df=hd1.groupby("num").agg({"age":[np.mean,np.std],"trestbps":[np.mean,np.std]})
agg_df.columns=['_'.join(col).strip()for col in agg_df.columns.values]
print(agg_df)
```

运行结果如图 12.47 所示。

```
       age_mean   age_std  trestbps_mean  trestbps_std
num
0     52.643750  9.551151     129.175000     16.373990
1     55.611111  7.891760     133.277778     18.196430
2     58.200000  7.250963     134.371429     18.125519
3     56.000000  7.780065     135.457143     21.660947
4     59.692308  9.419701     138.769231     17.186011
```

图 12.47　对各变量和各统计量的名称并列放置示例

通过以 hd 数据构成的简单分组表,得到的主要结论有:第 2 和第 4 类心脏病人的年龄偏大;从 0 类到 4 类,病人的 trestbps 的 oldpeak 两项指标的平均水平逐步升高;第 3 类病人的 trestbps 指标的标准差明显高于其他类病人,第 4 类病人的 chol 指标的标准差明显高于其他类病人。这些结论说明了心脏病类型与年龄、trestbps、oldpeak 三个指标有较强的关系。

12.5.3　变量相关性分析

12.5.3.1　定量变量间的相关分析

对于多个变量,我们可以同时分析它们的两两相关性。比如,对于 hd 数据集内的 age、tresbps、chol、thalbach 和 oldpeak 五个变量,我们可以同时计算它们的相关系数。下面仍以 Pandas 和 Numpy 为例进行分析。操作步骤如下:

第 1 步:选出定量变量。具体代码如下:

```
col=['age','trestbps','chol','thalach','oldpeak']
```

第 2 步:形成子集。具体代码如下:

```
hd1=pd.DataFrame(hd,columns=col)
```

第 3 步:将子集内的定量变量全部定义为 float 型。具体代码如下:

```
print(hd1.astype("float64").dtypes)
```

完整代码如下:

```
col=['age','trestbps','chol','thalach','oldpeak']
hd1=pd.DataFrame(hd,columns=col)
print(hd1.astype("float64").dtypes)
```


运行结果如图 12.48 所示。

```
age          float64
trestbps     float64
chol         float64
thalach      float64
oldpeak      float64
dtype: object
```

图 12.48　定义数据变量

用 Pandas 进行分析,计算一组变量的相关系数。具体代码如下:

```
print(hd1.corr().round(4))
```

运行结果如图 12.49 所示。

	age	trestbps	chol	thalach	oldpeak
age	1.0000	0.2905	0.2026	-0.3946	0.1971
trestbps	0.2905	1.0000	0.1315	-0.0491	0.1912
chol	0.2026	0.1315	1.0000	-0.0001	0.0386
thalach	-0.3946	-0.0491	-0.0001	1.0000	-0.3476
oldpeak	0.1971	0.1912	0.0386	-0.3476	1.0000

图 12.49　用 pandas 分析计算一组变量的相关系数

用 Numpy 进行分析,操作步骤如下:

第 1 步:数据格式转换,将 Pandas 数据转为 Numpy 数据。具体代码如下:

```
hd1=np.array(hd1).T
```

第 2 步:Numpy 计算一组变量的相关系数。具体代码如下:

```
print(np.corrcoef(hd1).round(4))
```

完整代码如下：

```
hd1=np.array(hd1).T
print(np.corrcoef(hd1).round(4))
```

运行结果如图 12.50 所示。

```
[[ 1.000e+00  2.905e-01  2.026e-01 -3.946e-01  1.971e-01]
 [ 2.905e-01  1.000e+00  1.315e-01 -4.910e-02  1.912e-01]
 [ 2.026e-01  1.315e-01  1.000e+00 -1.000e-04  3.860e-02]
 [-3.946e-01 -4.910e-02 -1.000e-04  1.000e+00 -3.476e-01]
 [ 1.971e-01  1.912e-01  3.860e-02 -3.476e-01  1.000e+00]]
```

图 12.50　用 Numpy 分析计算一组变量的相关系数

12.5.3.2　定性变量和定量变量关系的方差分析

对于 hd 数据，我们可以考察在五种不同类型的心脏病人之间，每个定量变量的均值是否相等，或在不同组间的差异是否有统计学意义。如果有，说明这些定量变量与心脏病类型有关系。

Scipy 的 stats 可进行方差分析。我们首先以 hd 数据集为例，分析不同类型心脏病人的五个定量指标的差异。操作步骤如下：

第 1 步：导入 Pandas 库。具体代码如下：

```
import pandas as pd
```

第 2 步：调用 Scipy 的统计模块。具体代码如下：

```
from scipy import stats
```

第 3 步：调用普通最小二乘模块。具体代码如下：

```
from statsmodels.formula.api import ols
```

第 4 步：调用线性模型模块。具体代码如下：

```
from statsmodels.stats.anova import anova_lm
```

第 5 步：将 num 设为定性变量。具体代码如下：

```
hd['num']=hd['num'].astype('category')
```

第 6 步：建立方差分析模型。具体代码如下：

```
model=ols('age~num',hd).fit()
```

第 7 步：生成方差分析表。具体代码如下：

```
anovatable=anova_lm(model)
print(anovatable)
```

完整代码如下：

```
import pandas as pd
from scipy import stats
from statsmodels.formula.api import ols
from statsmodels.stats.anova import anova_lm
hd['num']=hd['num'].astype('category')
model=ols('age~num',hd).fit()
anovatable=anova_lm(model)
print(anovatable)
```


运行结果如图 12.51 所示。

	df	sum_sq	mean_sq	F	PR(>F)
num	4.0	1525.827592	381.456898	4.903413	0.000769
Residual	292.0	22715.896314	77.794165	NaN	NaN

图 12.51　方差分析表

表中的 F 值用来衡量变量值在组间的综合差异。但我们更关注最后一列 PR，即 p 值。在进行判断时，一般将显著性水平 α 设为 0.01 或 0.05。本例中，age、thalach 和 oldpeak 三个变量的 PR 值都小于 0.01。因而，在 0.01 的显著性水平下，五种心脏病人之间的年龄 age 的差异是显著的。同理，thalach 的差异是显著的，oldpeak 的差异也是显著的，而五种类型的病人的 trestbps、chol 的差异是不显著的。对于显著的关系，即 trestbps 和 thalach 与 num 的具体关系，可以通过前面的描述分析找到答案。

12.5.3.3　定性变量间关系的卡方检验

卡方检验是检验两个定性变量之间是否有关系的一种统计方法。

下面基于心脏病类型 num 和胸痛类型 cp 两个变量的关系的二维交叉表，进行进一步的卡方检验。操作步骤如下：

第 1 步：调用 stats 中的 chi2 函数。具体代码如下：

```
from scipy.stats import chi2_contingency
```

第 2 步：导入 Numpy 库。具体代码如下：

```
import numpy as np
```

第 3 步：将列联表中的数据转为 Numpy 的 array 形式。具体代码如下：

```
data=np.array([[16,41,68,39],[5,6,9,35],[1,1,4,30],[0,2,4,29],[1,0,1,11]])
```

第 4 步：执行 chi2 函数。具体代码如下：

```
Chi2,p,df,exp=chi2_contingency(data)
print("Pearson Chi2:\n p-value={},df={}".format(p,df))
```

完整代码如下：

```
from scipy.stats import chi2_contingency
import numpy as np
data=np.array([[16,41,68,39],[5,6,9,35],[1,1,4,30],[0,2,4,29],[1,0,1,11]])
Chi2,p,df,exp=chi2_contingency(data)
print("Pearson Chi2:\n p-value={},df={}".format(p,df))
```

运行结果如图 12.52 所示。

```
Pearson Chi2:
 p-value=7.781947207487924e-14,df=12
expected array:
[[12.44884488 27.06270627 46.54785479 77.94059406]
 [ 4.17491749  9.07590759 15.61056106 26.13861386]
 [ 2.73267327  5.94059406 10.21782178 17.10891089]
 [ 2.65676568  5.77557756  9.9339934  16.63366337]
 [ 0.98679868  2.14521452  3.68976898  6.17821782]]
```

图 12.52　卡方检验

其中 7.78e-14 为根据样本计算的卡方值相对应的 p 值，12 为卡方值所对应的自由度，12=(行数-1)×(列数-1)=(5-1)×(4-1)。从输出结果看，p 值远小于 0.01，因而我们认为 num 和 cp 不独立，即有显著的关系。对于 hd 数据集，五种类型的心脏病人的胸痛 cp 类型有显著差异。对于心脏病类型 num 与其他定性变量间的关系，可以做同样分析。

12.6　本章小结

本章通过分析心脏病数据以及对数据集进行了定性分析和定量分析，研究了心脏病与哪些数据有关。本章使用的分析方法有单变量分布的描述分析、多变量间关系的描述分析和变量相关性分析。本章综合运用 Numpy 数据分析模块、Pandas 数据分析模块、Scipy 数据分析模块，判断变量间是否有统计意义的关系。

13 实训7 成都市二手房出售数据分析

13.1 项目情景

李雷:随着我们国家城镇化进程的不断加快,很多城市可供开发商开发的土地越来越少,我在买房时发现可以选择的新商品房也越来越少,就把目光转移到了二手房上。听同事说你买到了性价比很高的二手房,我最近也想买一套二手房,能不能跟你取取经?

韩梅梅:我通过对2021年房天下成都市青羊区二手房的数据分析,得出价格、位置、涨幅程度之间的关系。根据与房价有显著关系的因素,对房价进行了初步的预测,这样做对更好地做出决策是有帮助的。

李雷:感谢,与你的此次交谈对我购买二手房的决策大有裨益。

13.2 实训目标

(1)掌握Numpy数据分析模块。

(2)掌握Pandas数据分析模块。

(3)掌握Scipy数据分析模块。

13.3 实训任务

用二手房的交易价格进行回归预测,可以将交易价格分为区间,进行分类预测。数据来源于2021年房天下成都市青羊区二手房的爬取数据,其中共有14个变量,分别是楼盘名、房屋类型、城市、地址、所在市或区、所在街道或片区、在售套数、在租套数、建成年份、单位价格、涨跌幅度、主图链接、页面网址、楼盘详情链接。

(1)对二手房数据进行单变量分布的描述分析。

(2)对二手房数据进行多变量间关系的描述分析。

(3)对二手房数据进行变量相关性分析。

13.4 实训步骤

13.4.1 单变量分布的描述分析

13.4.1.1 定性变量分布的分析

显示所在街道或片区的各个类别的频数。操作步骤如下:

第 1 步:导入 Pandas 库。具体代码如下:

```
import pandas as pd
```

第 2 步:加载 ersf 文档。具体代码如下:

```
df=pd.read_excel("C:\ersf.xlsx")
```

第 3 步:计算"所在街道或片区"的各个类别的频数。具体代码如下:

```
所在街道或片区_counts=df["所在街道或片区"].value_counts()
```

第 4 步:显示“所在街道或片区”的各个类别的频数。具体代码如下:

```
print(所在街道或片区_counts[:6])
```

完整代码如下:

```
import pandas as pd
df=pd.read_excel("C:\ersf.xlsx")
所在街道或片区_counts=df["所在街道或片区"].value_counts()
print(所在街道或片区_counts[:6])
```

运行结果如图 13.1 所示。

```
杜甫草堂    90
草市街     81
石人小区    80
府南新区    75
顺城街     74
八宝街     72
Name: 所在街道或片区, dtype: int64
```

图 13.1 显示所在街道或片区的各个类别的频数

显示“所在街道或片区”的各个类别的频率。具体代码如下:

```
所在街道或片区_counts=df["所在街道或片区"].value_counts(normalize=True).round(4)
print(所在街道或片区_counts[:6])
```

运行结果如图 13.2 所示。

```
杜甫草堂     0.1202
草市街       0.1081
石人小区     0.1068
府南新区     0.1001
顺城街       0.0988
八宝街       0.0961
Name: 所在街道或片区, dtype: float64
```

图 13.2 显示所在街道或片区的各个类别的频率

显示“所在街道或片区”的众数。具体代码如下:

```
print(df["所在街道或片区"].mode())
```

运行结果如图 13.3 所示。

```
0      杜甫草堂
dtype: object
```

图 13.3 显示所在街道或片区的众数

计算“所在街道或片区”的众数。操作步骤如下:

第 1 步:将 DataFrame 转换为数组 numpy array。具体代码如下:

```
df["所在街道或片区"]=df["所在街道或片区"].values
```

第 2 步:调用 scipy stats 模块。具体代码如下:

```
from scipy import stats
```

第 3 步:计算"所在街道或片区"的众数。具体代码如下:

```
print(stats.mode(df["所在街道或片区"]))
```

完整代码如下:

```
df1=df[(df["所在街道或片区"]! ="八宝街")&(df["所在街道或片区"]! ="杜甫草堂")&(df
["所在街道或片区"]! ="贝森")&(df["所在街道或片区"]! ="苏坡")]
print(pd.crosstab(df1. 在售套数,df1. 所在街道或片区,normalize=1))
```

运行结果如图 13.4 所示。

```
ModeResult(mode=array(['杜甫草堂'], dtype=object), count=array([90]))
```

图 13.4　计算所在街道或片区的众数

从二手房数据的“所在街道或片区”可以看出，“杜甫草堂”为众数。

13.4.2　两变量间关系的描述分析

13.4.2.1　两个定性变量间关系的描述分析

(1)二维交叉表。

对于二手房数据，可以根据房屋所在地区分为不同组，如去掉四个所在街道或片区。具体代码如下：

```
df1=df[(df["所在街道或片区"]!="八宝街")&(df["所在街道或片区"]!="杜甫草堂")&(df
["所在街道或片区"]!="贝森")&(df["所在街道或片区"]!="苏坡")]
print(pd.crosstab(df1.在售套数,df1.所在街道或片区,normalize=1))
```

运行结果如图 13.5 所示。

所在街道或片区	内光华	内金沙	府南新区	...	草市街	长顺街	顺城街
在售套数				...			
0	0.186047	0.159420	0.426667	...	0.629630	0.625	0.554054
1	0.116279	0.028986	0.266667	...	0.123457	0.125	0.216216
2	0.023256	0.043478	0.106667	...	0.061728	0.075	0.067568
3	0.093023	0.043478	0.066667	...	0.061728	0.075	0.067568
4	0.023256	0.086957	0.040000	...	0.037037	0.050	0.000000
5	0.023256	0.028986	0.013333	...	0.012346	0.000	0.000000
6	0.093023	0.014493	0.026667	...	0.012346	0.000	0.000000
7	0.023256	0.043478	0.013333	...	0.012346	0.000	0.000000
8	0.093023	0.028986	0.026667	...	0.012346	0.025	0.000000

图 13.5　对房屋分组

转化为频率形式。具体代码如下：

```
df1=df[(df["所在街道或片区"]!="八宝街")&(df["所在街道或片区"]!="杜甫草堂")&(df
["所在街道或片区"]!="贝森")&(df["所在街道或片区"]!="苏坡")]
print(df1.groupby(['在售套数',"所在街道或片区"])['在售套数'].count().unstack())
```

运行结果如图 13.6 所示。

所在街道或片区	内光华	内金沙	府南新区	浣花小区	石人小区	草市街	长顺街	顺城街
在售套数								
0	8.0	11.0	32.0	43.0	40.0	51.0	25.0	41.0
1	5.0	2.0	20.0	6.0	22.0	10.0	5.0	16.0
2	1.0	3.0	8.0	4.0	11.0	5.0	3.0	5.0
3	4.0	3.0	5.0	5.0	5.0	5.0	3.0	5.0
4	1.0	6.0	3.0	2.0	NaN	3.0	2.0	NaN
5	1.0	2.0	1.0	2.0	1.0	1.0	NaN	NaN
6	4.0	1.0	2.0	NaN	1.0	1.0	NaN	NaN
7	1.0	3.0	1.0	1.0	NaN	1.0	NaN	NaN
8	4.0	2.0	2.0	NaN	NaN	1.0	1.0	NaN

图 13.6　房屋分组频率数据

(2)多维交叉表。

Crosstab 的行和列都可以是多个的,其生成的交叉表就是多维交叉表或称复合分组表。这样,我们就可以进行更多个变量分布的比较。下面以更具有实际意义的二手房数据来进行分析。比如,研究不同所在街道或片区的不同年份的房屋的单位价格,函数为 pd.crosstab([df2. 所在街道或片区,df2. 建成年份],df2. 单位价格,margins=True)。由于“建成年份”这个变量的取值较多,为了方便展示,我们只对 2010 年之后的结果进行展示。具体代码如下:

```
df2=df1[df1["建成年份"]>2010]
print(pd.crosstab([df2. 所在街道或片区,df2. 建成年份],df2. 单位价格,margins=True))
```

运行结果如图 13.7 所示。

```
单位价格                3163  3344  6712  10621 ... 31918  34234  37017  All
所在街道或片区  建成年份                          ...
内光华          2011    0     0     0     0     ... 0      0      1      3
                2012    0     0     0     0     ... 0      0      0      1
                2013    0     0     0     0     ... 0      0      0      1
                2016    0     0     0     0     ... 0      0      0      1
                2018    0     0     0     1     ... 0      0      0      2
                2020    0     0     0     0     ... 0      0      0      1
内金沙          2011    0     0     1     0     ... 0      0      0      4
                2012    0     1     0     0     ... 1      0      0      9
                2013    0     0     0     0     ... 0      0      0      4
```

图 13.7　2010 年之后所在街道或片区不同年份的房屋的单位价格(1)

或者用另一方式表示。具体代码如下:

```
print(pd.crosstab(df2. 所在街道或片区,[df2. 建成年份,df2. 单位价格],margins=True))
```

运行结果如图 13.8 所示。

```
建成年份      2011                                       ... 2018         2019  2020         All
单位价格      6712 12778 22738 23995 25256 25301 ... 10621 27613 18975 31431 34234
所在街道或片区                                           ...
内光华          0     0     0     0     0     1  ...     1     1     0     1     0    9
内金沙          1     0     1     1     1     0  ...     0     0     0     0     1   25
草市街          0     1     0     0     0     0  ...     0     0     0     0     0    4
长顺街          0     0     0     0     0     0  ...     0     0     1     0     0    1
顺城街          0     0     0     0     0     0  ...     0     0     0     0     0    4
All             1     1     1     1     1     1  ...     1     1     1     1     1   43
```

图 13.8　2010 年之后所在街道或片区不同年份的房屋的单位价格(2)

对于二手房数据,根据所在街道或片区分组,分析不同建成年份的套数,以及不同街道或片区在售套数情况。

13.4.2.2　定性变量与定量变量间关系的描述分析

(1)运用 Groupby 进行简单分组。

计算不同街道或片区在租套数的单位价格。具体代码如下:

```
print(df1.groupby("所在街道或片区")["单位价格","在租套数"].mean())
```

运行结果如图 13.9 所示。

```
            单位价格      在租套数
所在街道或片区
内光华     21715.139535  0.372093
内金沙     21850.057971  0.289855
府南新区   13862.666667  0.013333
浣花小区   21780.969697  0.015152
石人小区   13893.800000  0.025000
草市街     15009.333333  0.074074
长顺街     19966.625000  0.025000
顺城街     15995.081081  0.472973
```

图 13.9 不同街道或片区在租套数的单位价格

计算不同街道或片区在售套数的单位价格。具体代码如下：

```
print(df1.groupby("所在街道或片区")["单位价格","在售套数"].mean())
```

运行结果如图 13.10 所示。

```
            单位价格      在售套数
所在街道或片区
内光华     21715.139535   6.465116
内金沙     21850.057971  12.710145
府南新区   13862.666667   1.506667
浣花小区   21780.969697   1.636364
石人小区   13893.800000   0.875000
草市街     15009.333333   1.246914
长顺街     19966.625000   1.400000
顺城街     15995.081081   1.837838
```

图 13.10 不同街道或片区在售套数的单位价格

（2）运用 pivot_table 进行复合分组。

我们可以考虑不同地区不同类型房屋的售价。下面进行不同街道或片区、不同建成年份、不同在售套数的二手房屋的价格描述分析。

计算不同街道或片区、不同建成年份的房屋的均价。具体代码如下：

```
print(pd.pivot_table(df1,index=["所在街道或片区","建成年份"],values=["单位价格"]))
```

运行结果如图 13.11 所示。

```
                        单位价格
所在街道或片区  建成年份
内光华          1999      13106.000000
                2000      15973.000000
                2003      18407.500000
                2004      21668.000000
                2005      23728.428571
                2006      17694.000000
                2007      24394.500000
                2008      25239.666667
                2010      21770.333333
                2011      30094.333333
                2012      19639.000000
```

图 13. 11 不同所在街道或片区、不同建成年份的房屋的均价

计算不同街道或片区、不同在售套数的房屋的均价。具体代码如下：

```
print( pd.pivot_table( df1,index=[ "所在街道或片区" ],columns=[ "在售套数" ],values=
[ "单位价格" ],margins=True) )
```

运行结果如图 13. 12 所示。

```
                单位价格                   ...
在售套数                  0            1   ...        69           All
所在街道或片区                              ...
内光华       16061.500000  21059.600000   ...       NaN  21715.139535
内金沙       17879.818182  17491.500000   ...   25390.0  21850.057971
府南新区     13573.062500  14129.300000   ...       NaN  13862.666667
浣花小区     20407.790698  17956.500000   ...       NaN  21780.969697
石人小区     14181.675000  13977.136364   ...       NaN  13893.800000
草市街       15688.254902  12601.900000   ...       NaN  15009.333333
长顺街       19243.560000  21762.200000   ...       NaN  19966.625000
顺城街       15767.902439  16140.875000   ...       NaN  15995.081081
All          16462.087649  15478.918605   ...   25390.0  17477.670455
```

图 13. 12 不同街道或片区在售套数的房屋的均价

计算不同街道或片区、不同在售套数的房屋的单位价格和在租套数的均值。具体代码如下：

```
import numpy as np
print( pd.pivot_table( df1,index=[ "所在街道或片区" ,"在售套数" ],values=[ "单位价格" ," 在租套
数" ], aggfunc={ "单位价格" :np.mean," 在租套数" :np.mean} ) )
```

运行结果如图 13. 13 所示。

```
                         单位价格      在租套数
所在街道或片区  在售套数
内光华          0    16061.500000  0.000000
                1    21059.600000  0.000000
                2     9173.000000  0.000000
                3    18724.250000  0.000000
                4    37017.000000  0.000000
                5    27613.000000  6.000000
                6    23292.500000  0.000000
                7    19742.000000  0.000000
                8    24325.000000  0.000000
                9    24617.000000  3.000000
                10   23465.000000  1.000000
```

图 13.13　不同街道或片区、不同在售套数的房屋的单位价格和在租套数的均值

计算不同街道或片区、不同在售套数的房屋的在租套数和单位价格的均值。具体代码如下：

```
print(pd.pivot_table(df1,index=["所在街道或片区"],columns=["在售套数"],values=["单位价格","在租套数"], aggfunc={"单位价格":np.mean,"在租套数":np.mean}))
```

运行结果如图 13.14 所示。

```
              单位价格                                    ...  在租套数
在售套数              0             1             2       ...   38   42   69
所在街道或片区                                            ...
内光华      16061.500000  21059.600000   9173.000000  ...  NaN  NaN  NaN
内金沙      17879.818182  17491.500000  16155.333333  ...  1.0  2.0  1.0
府南新区    13573.062500  14129.300000  12874.750000  ...  NaN  NaN  NaN
浣花小区    20407.790698  17956.500000  28311.250000  ...  NaN  NaN  NaN
石人小区    14181.675000  13977.136364  13168.181818  ...  NaN  NaN  NaN
草市街      15688.254902  12601.900000  14245.400000  ...  NaN  NaN  NaN
长顺街      19243.560000  21762.200000  21236.666667  ...  NaN  NaN  NaN
顺城街      15767.902439  16140.875000  14799.600000  ...  NaN  NaN  NaN
```

图 13.14　不同街道或片区、不同在售套数的房屋的在租套数和单位价格的均值

计算不同街道或片区、不同在售套数的房屋的在租套数和单位价格的标准差。具体代码如下：

```
print(pd.pivot_table(df1,index=["所在街道或片区"],columns=["在售套数"],values=["单位价格","在租套数"],aggfunc={"单位价格":np.std,"在租套数":np.std}))
```

运行结果如图 13.15 所示。

```
         单位价格                              ...   在租套数
在售套数           0            1            2  ...    20    22        32
所在街道或片区                                   ...
内光华      2965.446341  5198.550115          NaN  ...   NaN   NaN       NaN
内金沙      5861.383383  6032.327950  4571.451228  ...   0.0   NaN  4.358899
府南新区    2097.363475  2104.615882  1927.364133  ...   NaN   NaN       NaN
浣花小区    8535.211774  5306.150950 19005.965842  ...   NaN   0.0       NaN
石人小区    2046.324026  1811.697633  1619.554989  ...   NaN   NaN       NaN
草市街      3602.621361  1052.376300  1934.155061  ...   NaN   NaN       NaN
长顺街      4678.108593  9613.735159  1998.954060  ...   NaN   NaN       NaN
顺城街      3932.793071  4058.566297  3750.858742  ...   NaN   NaN       NaN

[8 rows x 34 columns]
```

图 13.15　不同街道或片区不同在售套数的房屋的在租套数和单位价格的标准差

计算不同街道或片区、不同在售套数的房屋的涨跌幅度和单位价格的均值和标准差。具体代码如下：

```
print(pd.pivot_table(df1,index=["所在街道或片区","在售套数"],values=["单位价格",
"涨跌幅度"],aggfunc={np.mean,np.std}))
```

运行结果如图 13.16 所示。

```
                           单位价格
                               mean           std
所在街道或片区 在售套数
内光华         0       16061.500000   2965.446341
               1       21059.600000   5198.550115
               2        9173.000000           NaN
               3       18724.250000   5905.085682
               4       37017.000000           NaN
               5       27613.000000           NaN
               6       23292.500000   7956.372645
               7       19742.000000           NaN
               8       24325.000000   2926.279207
               9       24617.000000  14625.110871
               10      23465.000000           NaN
```

图 13.16　不同街道或片区、不同在售套数的房屋的涨跌幅度和单位价格的均值和标准差

计算不同街道或片区在售套数的单位价格的均值以及在租套数的均值与标准差。具体代码如下：

```
print(pd.pivot_table(df1,index=["所在街道或片区","在售套数"],values=["单位价格",
"在租套数"], aggfunc={"单位价格":np.mean,"在租套数":[np.mean,np.std]}))
```

运行结果如图 13.17 所示。

```
                        单位价格          在租套数
                            mean          mean       std
所在街道或片区   在售套数
内光华           0        16061.500000  0.000000  0.000000
                 1        21059.600000  0.000000  0.000000
                 2         9173.000000  0.000000       NaN
                 3        18724.250000  0.000000  0.000000
                 4        37017.000000  0.000000       NaN
                 5        27613.000000  6.000000       NaN
                 6        23292.500000  0.000000  0.000000
                 7        19742.000000  0.000000       NaN
                 8        24325.000000  0.000000  0.000000
                 9        24617.000000  3.000000  5.196152
                 10       23465.000000  1.000000       NaN
```

图 13.17　不同街道或片区在售套数的单位价格的均值以及在租套数的均值与标准差

对于二手房数据,通过简单分组可以发现,不同街道或片区不同建成年份的房屋的均价以及不同在售套数的房屋的单位价格和在租套数的均值存在非常大的差异。

13.4.3　变量相关性分析

对于二手房数据,我们可以分析不同街道或片区的房价是否有显著差异;同理,也可以分析不同建成年份、不同在售套数的房价是否有显著差异。如果有,说明房价与这些变量有关系。

下面研究不同街道或片区和房价是否有显著差异,为简化输出,我们选择了部分数据进行分析。操作步骤如下:

第 1 步:调用 Scipy 的统计模块。具体代码如下:

```
from scipy import stats
```

第 2 步:调用普通最小二乘模块。具体代码如下:

```
from statsmodels.formula.api import ols
```

第 3 步:调用线性模型模块。具体代码如下:

```
from statsmodels.stats.anova import anova_lm
```

第 4 步:去掉四个街道或片区。具体代码如下:

```
df1=df[(df["所在街道或片区"]!="八宝街")&(df["所在街道或片区"]!="杜甫草堂")&(df["所在街道或片区"]!="内金沙")&(df["所在街道或片区"]!="苏坡")]
```

第 5 步:建立方差分析模型。具体代码如下:

```
model=ols('单位价格~所在街道或片区',df1).fit()
```

第 6 步:生成方差分析表。具体代码如下:

```
anovatable=anova_lm(model)
print(anovatable)
```

完整代码如下:

```
from scipy import stats
from statsmodels.formula.api import ols
from statsmodels.stats.anova import anova_lm
df1=df[(df["所在街道或片区"]! ="八宝街")&(df["所在街道或片区"]! ="杜甫草堂")&(df
["所在街道或片区"]! ="内金沙")&(df["所在街道或片区"]! ="苏坡")]
model=ols('单位价格~所在街道或片区',df1).fit()
anovatable=anova_lm(model)
print(anovatable)
```


运行结果如图 13.18 所示。

```
                df        sum_sq      ...          F         PR(>F)
所在街道或片区    7.0   5.092706e+09  ...     25.92631   2.560831e-30
Residual       503.0   1.411490e+10  ...          NaN            NaN
```

图 13.18 不同所在街道或片区的房屋的差异性

可见,PR 值远小于 0.01,二手房所在的街道或片区的差异是显著的。

我们再分析不同街道或片区的房价信息,操作步骤如下:

第 1 步:建立方差分析模型。具体代码如下:

```
formula='单位价格~所在街道或片区-1'
```

第 2 步:输出最小二乘估计的有关结果。具体代码如下:

```
df_est=ols(formula,df1).fit()
print(df_est.summary())
```

完整代码如下:

```
formula='单位价格~所在街道或片区-1'
df_est=ols(formula,df1).fit()
print(df_est.summary())
```

运行结果如图 13.19 所示。

```
Dep. Variable:                   单位价格   R-squared:                       0.265
Model:                              OLS   Adj. R-squared:                  0.255
Method:                   Least Squares   F-statistic:                     25.93
Date:                  Fri, 30 Jul 2021   Prob (F-statistic):           2.56e-30
Time:                          09:48:20   Log-Likelihood:                -5102.8
No. Observations:                   511   AIC:                         1.022e+04
Df Residuals:                       503   BIC:                         1.026e+04
Df Model:                             7
Covariance Type:            nonrobust
=================================================================================
                      coef    std err          t      P>|t|      [0.025      0.975]
---------------------------------------------------------------------------------
所在街道或片区[内光华]  2.172e+04    807.831     26.881      0.000    2.01e+04    2.33e+04
所在街道或片区[府南新区] 1.386e+04    611.680     22.663      0.000    1.27e+04    1.51e+04
所在街道或片区[浣花小区] 2.178e+04    652.053     33.404      0.000    2.05e+04    2.31e+04
所在街道或片区[石人小区] 1.389e+04    592.257     23.459      0.000    1.27e+04    1.51e+04
所在街道或片区[草市街]  1.501e+04    588.589     25.501      0.000    1.39e+04    1.62e+04
所在街道或片区[贝森]  1.969e+04    734.604     26.806      0.000    1.82e+04    2.11e+04
所在街道或片区[长顺街]  1.997e+04    837.577     23.839      0.000    1.83e+04    2.16e+04
所在街道或片区[顺城街]    1.6e+04    615.799     25.975      0.000    1.48e+04    1.72e+04
==============================================================================
Omnibus:                      195.938   Durbin-Watson:                   1.608
Prob(Omnibus):                  0.000   Jarque-Bera (JB):             1117.480
Skew:                           1.576   Prob(JB):                    2.20e-243
Kurtosis:                       9.523   Cond. No.                         1.42
```

图 13.19　方差分析模型图

由图 13.19 可知,不同所在街道或片区的单位价格有很大差异。其中,内光华、府南新区明显较高,长顺街、顺城街的房价相对较低。

13.5　本章小结

本章通过对 2021 年房天下成都市青羊区二手房的数据分析,得出价格、位置、涨幅程度之间的关系,并进行单变量分布分析、变量间关系分析、变量相关性分析。综合运用 Numpy 数据分析模块、Pandas 数据分析模块、Scipy 数据分析模块进行描述分析,以及方差分析和卡方检验,判断变量间是否有统计意义的关系,得出房价与哪些变量有关系,以及它们是如何影响房价的。

第六篇
数据可视化篇

14 实训8　心脏病数据可视化

14.1　项目情景

李雷:表格太多了,这些数据表看起来密密麻麻的,看得我头晕!

韩梅梅:我帮你看一下,哦,这些需要展示分析表中定性变量的分布,可以使用条形图或者饼图,这样能显示数据的变化趋势;另外,这些需要展示分析两个定性变量关系的,可以使用多组条形图、热力图、散点图,这样能够显示数据之间的关系。通过可视化操作,这些表的数据看起来就不晕了。

李雷:那数据表可视化应该怎么实现呢?

韩梅梅:可以使用可视化工具库处理这些数据,从而实现数据可视化。

李雷:第三方库的安装?前面已经学过安装 Requests 库,让我来复习一下。

韩梅梅:现在,就看你的表演了。

14.2　实训目标

(1)掌握利用 Pandas 库和 Matplotlib 库,加载简单二维数据表数据,实现可视化图像。

(2)掌握 Seaborn 库的使用,能够实现相关性数据变量相关系数可视化,根据系数不同,可视化图像颜色会发生变化。

14.3　实训任务

(1)在数据爬取以及预处理的基础上,能够实现数据可视化图像的展示。

(2)能够根据不同数据,选择合适的可视化图像。

14.4 技术准备

14.4.1 大数据可视化的概念

大数据可视化是指从大型数据集中获取所需数据,并通过数据处理后,以图形图像形式表示。在这个过程中,大数据的重要信息通过抓取、清洗后,可在图像中更加突出地显示出一些更为重要、更需发掘的信息,充分显示出数据可视化的优势与长处。

14.4.2 可视化在大数据治理过程中的意义

大数据治理过程中,可视化图像能够帮助人们更好地分析数据,能够实现视觉对话,将技术与艺术完美结合;人脑对视觉信息的处理快于书面信息,图能够有助于人们更快理解数据关系;展示了数据的多维性,从而更加直观地展示信息,清晰有效地传达与沟通数据信息。

14.4.3 大数据可视化的形式与应用

大数据可视化形式多样,可以是图表、地图、数据条,还可以是迷你图。在医学领域,三维立体图像能够更好地展示人体内外部结构,帮助医生更好地完成手术;在气象预报领域,将各地理要素以三维图像展示给电视观众,更具可读性,从而避免观众看不懂一些专业术语;在油气勘探领域,底层结构可视化,便于及时掌握钻井深度以及作业情况;等等。数据可视化有着广泛的应用天地。

14.4.4 可视化第三方库

为实现数据可视化,Python 中提供了多个第三方库,首先是 Matplotlib 库。Matplotlib 库是一个 2D 绘图库,可以实现条形图、饼图、散点图、折线图等图像绘制。Matplotlib 库具有以下优点:使用简单;以渐进、交互式方式实现数据可视化;结果可输出 PNG、PDF、SVG 等多种格式文件。

其次是 Seaborn 库。Seaborn 库是在 Matplotlib 库的基础上进行的更高级的 API 封装,从而使得作图更加容易。Seaborn 库能做出很有吸引力的图,如散点图、热力图等,因此可以把 Seaborn 库看作 Matplotlib 库的补充。

14.4.5 安装 Matplotlib 库、Seaborn 库、Wordcloud 库、Jieba 库

安装第三方可视化工具库的方法可参考第 3 章中安装 Requests 库的方法。如安装 Matplotlib 库,打开 cmd 命令窗口,在命令窗口输入“pip install matplotlib”,等待安装完成即可,其他各库安装参看此方法。

14.4.6 可视化代码

本书提供一串代码来掌握可视化图像文字显示处理,将代码插入可视化操作程序代

码中,可解决此问题。具体代码如下:

```
#中文字体显示
mpl.rcParams['font.sans-serif'] = ['FangSong'] # 指定默认字体
mpl.rcParams['axes.unicode_minus'] = False # 解决保存图像是负号'-'显示
```

14.5 实训步骤

14.5.1 定性变量分布的可视化

14.5.1.1 竖直条形图展示

在前一章,我们根据心脏病数据得出了胸痛类型以及频次,在本章,将此数据以条形图形式展示出来。操作步骤如下:

第1步:载入需要用到的模块,依次为Pandas库、Matplotlib库(此处各模块为Python第三方库)。具体代码如下:

```
import pandas as pd
import matplotlib as mpl
import matplotlib.pyplot as plt
```

import为Python程序的关键字,此关键字用于调用第三方库,后跟具体第三方库名称。为简化程序编辑,使用as后加简写库名,用简写库名代替复杂的第三方库名。

第2步:中文字体显示程序代码(在可视化项目,为实现图像中中文字符正常显示,所有项目中均需添加此段代码)。具体代码如下:

```
#中文字体显示
mpl.rcParams['font.sans-serif'] = ['FangSong'] # 指定默认字体
mpl.rcParams['axes.unicode_minus'] = False # 解决保存图像是负号'-'显示为方块的问题
```

第3步:读入并查看数据(此处代码为数据加载内容,执行打开数据文件操作)。具体代码如下:

```
#读取心脏病数据文件
hd=pd.read_csv("C:/hd.csv")
hd.head()
```

第4步:数据准备,统计cp列不同胸痛类型下频数,显示各胸痛类型的频数。具体代码如下:

```
#数据准备
cp=hd['cp'].astype("category")
cp_counts=cp.value_counts()
cp_type=cp_counts.keys()
```

此图像为条形图，横轴数据来自心脏病数据表“cp”列中，表示不同的胸痛类型。因此，首先使用.astype(“category”)方法，将“cp”这一列转化为分类数据，接着使用.value_counts()统计“cp”这一列有多少不同值，并统计不同值重复出现的次数，即为不同胸痛类型所对应的频数，将不同胸痛类型组成的数组赋值给条形图 x 轴数据。

第 5 步：设置图形大小。具体代码如下：

```
#设置图形大小
plt.figure(figsize=(10,5))
```

设置条形图显示时的长宽值。

第 6 步：创建条形图。具体代码如下：

```
#竖向条形图
plt.bar(cp_type,cp_counts,align="center",color='red',tick_label=["无症状","非心绞痛","非典型性心绞痛","典型性心绞痛"],alpha=0.5)
```

创建条形图时，需调用 plt.bar()函数，各参数意义为：cp_type 是为条形图上 x 轴数据赋值，设定条形图中各柱数量，在本图像中胸痛类型共四种，因此要建立四个柱，此参数必须位于函数第一赋值位置；cp_counts 是为柱形对应 y 轴刻度数据进行赋值，在本图像中，根据统计各胸痛类型所对应频数，设定各柱高度值，此参数必须位于函数第二赋值位置；align="center"为设定各柱居中对齐；color='red'为设定各柱显示颜色为红色；tick_label 为设定各柱显示时对应数据的标签；alpha 为设定透明度，设定值为 0~1，当值为 0 时，为完全透明状态，值为 1 时，为完全不透明状态。

第 7 步：设置标签，对 x、y 轴显示数据的释义。具体代码如下：

```
#设置标签
plt.xlabel("胸痛类型")
plt.ylabel("类型频数")
```

第 8 步：设置 y 轴刻度线。具体代码如下：

```
#设置刻度线
plt.grid(True,axis='y',ls=':',color='r',alpha=0.3)
```

各参数意义为：True 表示在条形图中显示网格线；axis='y'，表示显示 y 轴刻度线对应的网格线；ls 设定网格线条风格。

第 9 步：条形图显示。具体代码如下：

```
#显示
plt.show()
```

运行结果见图 14.1。

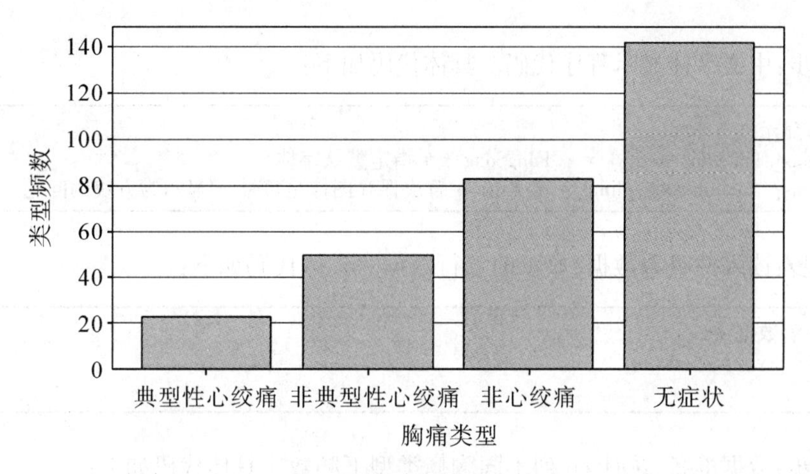

图 14.1　胸痛类型竖直条形图

图 14.1 以条形图的形式显示了心脏病数据的各种胸痛类型。依据图像可知，胸痛类型共分四种。另外，图像还显示了各类型发生的频数，我们从图像可以看到，无症状下频数最高超过 140。因此在生活中，我们要定期体检，不可等到胸痛发生时才引起注意，且无胸痛症状时，心脏病发生频次亦是很高。图像提醒我们，要注重自身健康，定期体检。完整代码如下：

```
import pandas as pd
import matplotlib as mpl
import matplotlib.pyplot as plt
#中文字体显示
mpl.rcParams['font.sans-serif'] = ['FangSong'] # 指定默认字体
mpl.rcParams['axes.unicode_minus'] = False # 解决保存图像是负号'-'显示为方块的问题
#读取心脏病数据文件
hd=pd.read_csv("C:/hd.csv")
#hd.head()
#数据准备
cp=hd['cp'].astype("category")
cp_counts=cp.value_counts()
cp_type=cp_counts.keys()
#设置图形大小
plt.figure(figsize=(10,5))
#竖向条形图
plt.bar(cp_type,cp_counts,align="center",color='red',tick_label=["无症状","非心绞痛","非典型
性心绞痛","典型性心绞痛"],alpha=0.5)
plt.xlabel("胸痛类型")
plt.ylabel("类型频数")
plt.grid(True,axis='y',ls=':',color='r',alpha=0.3)
plt.show()
```

14.5.1.2　横向条形图展示

横向条形图的参数设置与数据赋值同于竖直条形图，为避免重复，此处仅做简要介绍。操作步骤如下：

第 1 步：载入需要用到的模块，依次为 Pandas 库、Matplotlib 库。具体代码如下：

```
import pandas as pd
import matplotlib as mpl
import matplotlib.pyplot as plt
```

第 2 步:中文字体显示程序代码。具体代码如下:

```
#中文字体显示
mpl.rcParams['font.sans-serif'] = ['FangSong'] # 指定默认字体
mpl.rcParams['axes.unicode_minus'] = False # 解决保存图像是负号'-'显示为方块的问题
```

第 3 步:读入并查看数据,显示前五行数据。具体代码如下:

```
#读取心脏病数据文件
hd=pd.read_csv("C:/hd.csv")
hd.head()
```

第 4 步:数据准备,统计 cp 列不同胸痛类型下频数。具体代码如下:

```
#数据准备
cp=hd['cp'].astype("category")
cp_counts=cp.value_counts()
cp_type=cp_counts.keys()
```

第 5 步:设置图形大小。具体代码如下:

```
#设置图形大小
plt.figure(figsize=(10,5))
```

第 6 步:创建条形图。具体代码如下:

```
#创建横向条形图
plt.barh(cp_type,cp_counts,align="center",color='red',tick_label=["无症状","非心绞痛","非典型
性心绞痛","典型性心绞痛"],alpha=0.5)
```

函数 plt.barh()各参数值及其意义同于 plt.bar(),只是在显示时为横向条形图,即将竖直条形图的 x、y 轴数据进行互换位置。

第 7 步:设置标签。具体代码如下:

```
#设置标签
plt.xlabel("类型频数")
plt.ylabel("胸痛类型")
```

第 8 步:设置 x 轴刻度线。具体代码如下:

```
#设置刻度线
plt.grid(True,axis='x',ls=':',color='r',alpha=0.3)
```

第 9 步:条形图显示。具体代码如下:

```
#显示
plt.show()
```

运行结果见图 14.2。

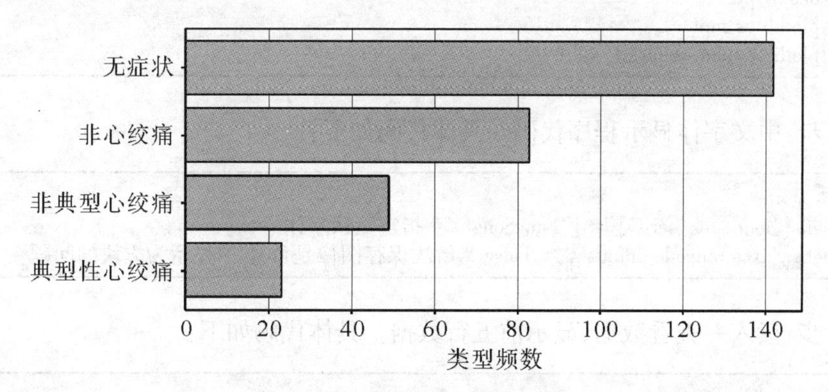

图 14.2　胸痛类型横向条形图

图 14.2 与竖直条形图不同之处仅是 x、y 轴数据进行了互换显示,显示的数据没有变化。完整代码如下:

```
#引入相关库
import numpy as py
import pandas as pd
import matplotlib as mpl
import matplotlib.pyplot as plt
#中文字体显示
from pylab import mpl
mpl.rcParams['font.sans-serif'] = ['FangSong'] # 指定默认字体
mpl.rcParams['axes.unicode_minus'] = False # 解决保存图像是负号'-'显示为方块的问题
#读取心脏病数据文件
hd=pd.read_csv("C:/hd.csv")
#hd.head()
#数据准备
cp=hd['cp'].astype("category")
cp_counts=cp.value_counts()
cp_type=cp_counts.keys()
#设置图形大小
plt.figure(figsize=(10,5))
#创建横向条形图
plt.barh(cp_type,cp_counts,align="center",color='red',tick_label=["无症状","非心绞痛","非典型性心绞痛","典型性心绞痛"],alpha=0.5)
#设置标签
plt.xlabel("类型频数")
plt.ylabel("胸痛类型")
#设置 x 轴刻度线
plt.grid(True,axis='x',ls=':',color='r',alpha=0.3)
plt.show()
```

14.5.1.3　饼图展示

除了条形图以外,最常见的图像还有饼图,它可以呈现出各部分占总数的比例。饼图展示的操作步骤如下:

第 1 步:载入需要用到的模块,依次为 Pandas 库、Matplotlib 库(引入的第三方库同于前两个图像)。具体代码如下:

```
import pandas as pd
import matplotlib as mpl
import matplotlib.pyplot as plt
```

第 2 步:中文字体显示程序代码。具体代码如下:

```
#中文字体显示
mpl.rcParams['font.sans-serif'] = ['FangSong'] # 指定默认字体
mpl.rcParams['axes.unicode_minus'] = False # 解决保存图像是负号'-'显示为方块的问题
```


第 3 步:读入并查看数据,显示前五行数据。具体代码如下:

```
#读取心脏病数据文件
hd=pd.read_csv("C:/hd.csv")
hd.head()
```

第 4 步:数据准备,统计 cp 列不同胸痛类型下频数。具体代码如下:

```
#数据准备
cp_counts=hd['cp'].value_counts()
```

第 5 步:创建饼图。具体代码如下:

```
#创建饼图
labels=["无症状","非心绞痛","非典型性心绞痛","典型性心绞痛"]
colors=['r','b','g','y']
plt.title("胸痛类型")
plt.pie(cp_counts,labels=labels,startangle=150,shadow=True,colors=colors,autopct='%3.1f%%')
```

不同于条形图数据赋值,饼图需要根据不同胸痛类型的频数大小顺序,编写 labels 数组各项,观察输出的不同胸痛类型的频数可知,此数据按照从高到低顺序输出。因此,在编写 labels 数组各项需要与频数顺序对应,即"无症状"类型为最高频次,依次递推;colors 数组设定了不同饼图区域的颜色,以便区分不同胸痛类型;plt.title()设定了饼图标题,即饼图表示的是什么数据。在 plt.pie()函数的各参数中,第一项参数(此处为 cp_counts)是设定饼图中各部分大小,在此项目中,用不同胸痛类型频次给各区域赋值;第二项参数(此处为 labels)是一个数组,各值从前到后依次对应饼图从大到小的各区域;第三项参数 startangle,设定了开始绘图的角度;shadow 设定了是否显示阴影,此处值为 True,表示显示阴影;autopct 设定了饼图区域数组数据类型与小数位数,此处为浮点型数据,保留一位小数。

第 6 步:饼图显示。具体代码如下:

```
#显示
plt.show()
```

运行结果见图 14.3。

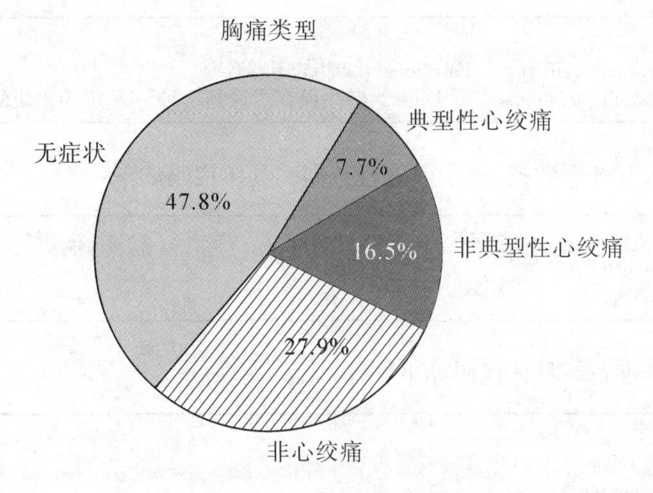

图 14.3　胸痛类型饼图

图 14.3 与条形图的不同之处仅是胸痛类型及频次数据，由柱状图显示转变成饼图区域显示，显示的数据意义及其值没有变化。完整代码如下：

```
#相关库引入
import numpy as np
import pandas as pd
import matplotlib.pyplot as plt
#中文字体显示
mpl.rcParams['font.sans-serif'] = ['FangSong'] # 指定默认字体
mpl.rcParams['axes.unicode_minus'] = False # 解决保存图像是负号'-'显示为方块的问题
#读取心脏病数据文件
hd=pd.read_csv("C:/hd.csv")
#数据准备
cp_counts=hd['cp'].value_counts()
#创建饼图
labels=["无症状","非心绞痛","非典型性心绞痛","典型性心绞痛"]
colors=['r','b','g','y']
plt.title("胸痛类型")
plt.pie(cp_counts,labels=labels,startangle=150,shadow=True,colors=colors,autopct='%3.1f%%')
plt.show()
```

14.5.2　两个定性变量关系的可视化

用多组条形图对心脏病数据表中不同胸痛类型的病人的心脏病类型的分布进行显示。操作步骤如下：

第 1 步：载入需要用到的模块，依次为 Numpy 库、Pandas 库、Matplotlib 库。具体代码如下：

```
import numpy as py
import pandas as pd
import matplotlib as mpl
import matplotlib.pyplot as plt
```

第 2 步:中文字体显示程序代码。具体代码如下:

```
#中文字体显示
mpl.rcParams['font.sans-serif'] = ['FangSong'] # 指定默认字体
mpl.rcParams['axes.unicode_minus'] = False # 解决保存图像是负号'-'显示为方块的问题
```

第 3 步:读入并查看数据,显示前五行数据。具体代码如下:

```
#读取心脏病数据文件
hd=pd.read_csv("C:/hd.csv")
hd.head()
```

第 4 步:数据准备。具体代码如下:

```
#数据准备
cp=hd['cp'].astype('category')
num=hd["num"].astype('category')
pd.crosstab(hd.cp,hd.num,margins=True)
index=np.arange(4)
```

统计心脏病数据表不同胸痛类型(cp)的频次以及不同病人的心脏病类型(num)的数量,并利用交叉表对两者关系以及分布进行显示;变量 cp 代表不同胸痛类型(cp)的频次,变量 num 代表不同病人的心脏病类型(num)的数量。首先将两列数据以交叉表形式进行数据统计分析;np.arange()是为输出固定步长的排列,默认起点为 0,步长为 1,因此 np.arange(4)输出的是[0,1,2,3],加入此输出的目的是对多组条形图间隔显示,以作区分。

第 5 步:根据前面数据统计分析部分频数分布,给 num 组内赋值。具体代码如下:

```
#根据前面数据统计分析部分频数分布,给 num 组内赋值
num0=[115,41,158,39]
num1=[5,15,9,35]
num2=[1,1,4,30]
num3=[0,2,4,29]
num4=[1,0,1,11]
```

num 数组中,num0 代表没有病的人群,num1、num2、num3、num4 四个数组代表四种类型患病人群,数组内各值意义已在前一章数据统计分析部分做了详细介绍,此处不再赘述。

第 6 步:设置每组线条的宽度。具体代码如下:

```
#宽度
a=0.15
```

第 7 步:设置图形大小。具体代码如下:

```
#大小
plt.figure(figsize=(12,5))
```

第 8 步:创建多组条形图。具体代码如下:

```
#多组条形图
plt.title("多组条形图")
plt.bar(index,num0,a,color="orange",alpha=0.8,label="num0")
plt.bar(index+a,num1,a,color="green",alpha=0.8,label="num1")
plt.bar(index+2*a,num2,a,color="red",alpha=0.8,label="num2")
plt.bar(index+3*a,num3,a,color="gray",alpha=0.8,label="num3")
plt.bar(index+4*a,num4,a,color="blue",alpha=0.8,label="num4")
```

第 9 步:设置标签。具体代码如下:

```
#标签
plt.xlabel("cp")
plt.ylabel("人数")
plt.legend()
```

plt.legend( )函数是为图像添加图例,如运行结果显示,图像右上角处对 num0 等颜色的说明就是图例。

第 10 步:多组条形图显示。具体代码如下:

```
#显示
plt.show()
```

运行结果见图 14.4。

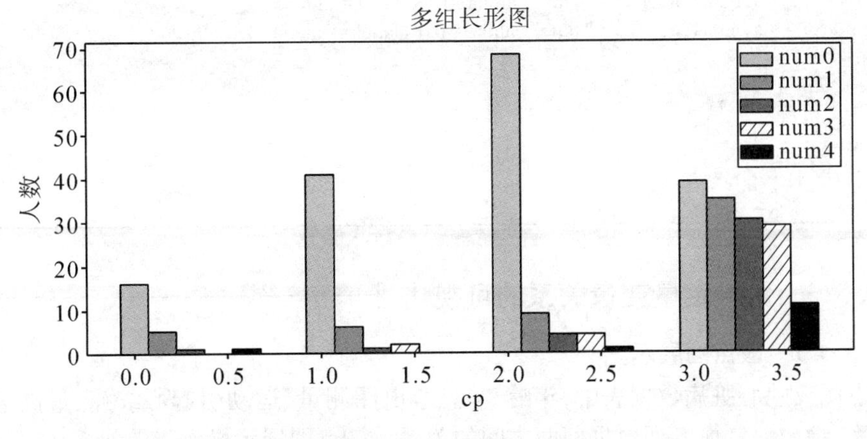

图 14.4　多组条形图

图 14.4 以多组条形图形式反映了胸痛类型与不同病人类型的交叉关系,生动形象地反映出四种胸痛类型下,四种病人类型以及未患病人群五种群体胸痛发生人数,可使不同类型患者做到有重点的体检以及有侧重的防护,从而帮助医生能够快速找出最具可能性致病因素,给出治疗方案。完整代码如下:

```
import numpy as py
import pandas as pd
import matplotlib as mpl
import matplotlib.pyplot as plt
#中文字符显示
mpl.rcParams['font.sans-serif'] = ['FangSong'] # 指定默认字体
mpl.rcParams['axes.unicode_minus'] = False # 解决保存图像是负号'-'显示为方块的问题
#读取心脏病数据文件
hd = pd.read_csv("C:/hd.csv")
#数据准备
cp=hd['cp'].astype('category')
num=hd["num"].astype('category')
pd.crosstab(hd.cp,hd.num,margins=True)
index=np.arange(4)
#根据前面数据统计分析部分频数分布,给 num 组内赋值
num0=[115,41,158,39]
num1=[5,15,9,35]
num2=[1,1,4,30]
num3=[0,2,4,29]
num4=[1,0,1,11]
#设置每组线条的宽度
a=0.15
#设置图形大小
plt.figure(figsize=(12,5))
#创建多组条形图
plt.title("多组条形图")
plt.bar(index,num0,a,color="orange",alpha=0.8,label="num0")
plt.bar(index+a,num1,a,color="green",alpha=0.8,label="num1")
plt.bar(index+2*a,num2,a,color="red",alpha=0.8,label="num2")
plt.bar(index+3*a,num3,a,color="gray",alpha=0.8,label="num3")
plt.bar(index+4*a,num4,a,color="blue",alpha=0.8,label="num4")
#设置标签
plt.xlabel("cp")
plt.ylabel("人数")
plt.legend()
#多组条形图显示
plt.show()
```

14.5.3 两个定量变量关系的可视化

14.5.3.1 散点图展示

散点图反映心脏病数据表中,年龄、静息心电图测量、运动引起心绞痛、最高运动 ST 段的斜率、地中海贫血五列数据两两之间的关系。散点图展示操作步骤如下:

第 1 步:载入需要用到的模块,依次为 Pandas 库、Matplotlib 库。具体代码如下:

```
import pandas as pd
import matplotlib as mpl
import matplotlib.pyplot as plt
```

第 2 步:中文字体显示程序代码。具体代码如下:

```
#中文字体显示
mpl.rcParams['font.sans-serif'] = ['FangSong'] # 指定默认字体
mpl.rcParams['axes.unicode_minus'] = False # 解决保存图像是负号'-'显示为方块的问题
```

第 3 步:读入数据并进行赋值。具体代码如下:

```
#读取数据
    hd2=pd.read_csv("C:/hd.csv",usecols=[1,11,13,7,9],encoding='gb2312')
```

第 4 步:创建散点图。具体代码如下:

```
#散点图
pd.plotting.scatter_matrix(hd2,figsize=(10,15),marker='o',diagonal='kde ',alpha=0.8,range_padding
=0.1)
```

pd.plotting.scatter_matrix()函数各参数意义:第一项参数为函数对象;figsize=(10,15)设定以英寸为单位的图像大小;marker 为 Matplotlib 可用的标记类型,如.、,、o;diagonal 关键参数,必须且只能在{hist,kde}中选择一个,hist 表示直方图,kde 表示核密度估计;range_padding 设定图像在 x、y 轴原点附近的留白,该值越大,图像距离坐标原点越远。

第 5 步:散点图显示。具体代码如下:

```
#显示
plt.show()
```

运行结果见图 14.5。

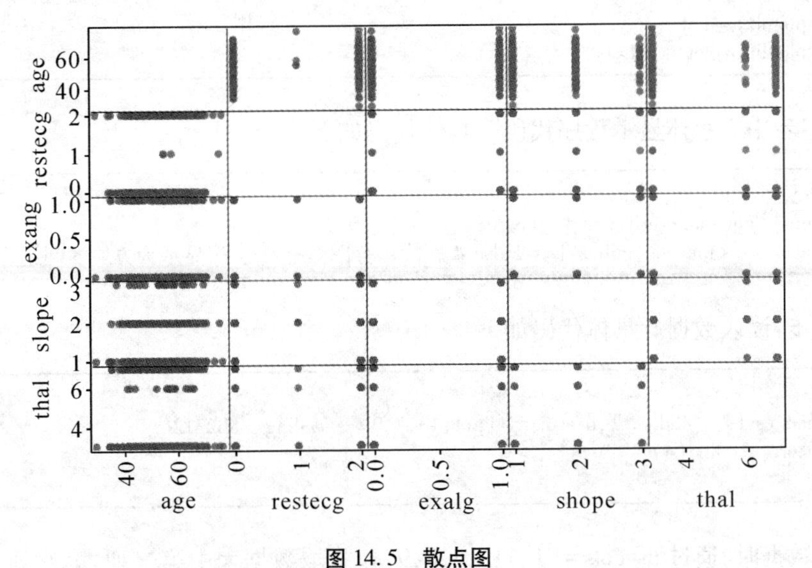

图 14.5 散点图

由图 4.5 可以看出,年龄与其他四个参数关系密切,在各年龄层上,四项参数几乎是均匀分布的,这对于一些平时不注意身体的年轻人,能够起到很好的警示作用。完整代码如下:

```
#读取心脏病数据文件
#引入相关库
import pandas as pd
import seaborn as sns
import matplotlib.pyplot as plt
#中文字体显示
mpl.rcParams['font.sans-serif'] = ['FangSong'] # 指定默认字体
mpl.rcParams['axes.unicode_minus'] = False # 解决保存图像是负号'-'显示为方块的问题
#数据准备
hd2=pd.read_csv("C:/hd.csv",usecols=[1,11,13,7,9],encoding='gb2312')
#创建散点矩阵图
pd.plotting.scatter_matrix(hd2,figsize=(10,15),marker='o',diagonal=' kde',alpha=0.8,range_padding
=0.1)
#散点图显示
plt.show()
```

14.5.3.2 热力图展示

热力图反映心脏病数据表中,年龄、静息心电图测量、运动引起心绞痛、最高运动 ST 段的斜率、地中海贫血五列数据两两之间的关系,以及组合关系下相关性系数大小。热力图展示操作步骤如下:

第1步:载入需要用到的模块,依次为 Seaborn 库、Pandas 库、Matplotlib 库。具体代码如下:

```
import pandas as pd
import seaborn as sns
import matplotlib as mpl
import matplotlib.pyplot as plt
```

第2步:中文字体显示程序代码。具体代码如下:

```
#中文字体显示
mpl.rcParams['font.sans-serif'] = ['FangSong'] # 指定默认字体
mpl.rcParams['axes.unicode_minus'] = False # 解决保存图像是负号'-'显示为方块的问题
```

第3步:读入数据。具体代码如下:

```
#数据准备
hd2=pd.read_csv("C:/hd.csv",usecols=[1,11,13,7,9],encoding='gb2312')
corr=hd2.corr().round(4)
corr
```

读入数据时,通过 usecols=[1,11,13,7,9]仅提取数据表中第二列、第八列、第十列、第十二列、第十四列数据;hd2.corr().round(4)函数是统计五列数据两两相关性系数大小,数值正负表示正负两种相关性,并保留四位小数。

第4步:设置图形大小。具体代码如下:

```
#大小
plt.subplots(figsize=(10,15))
```

第 5 步:创建热力图。具体代码如下:

```
#热力图
sns.heatmap(corr,annot=True,vmax=1,square=True,cmap="Reds")
```

sns.heatmap 各参数意义:corr 是热力图的传值对象,是一个二维数组;annot 参数为真时在每单元格写入数据值;vmax 参数设定图例中最大值的显示值;square 参数值为真时将轴方向设置为"equal",以使每个单元格都是方形;cmap 参数设定图例中单元格颜色。

第 6 步:热力图显示。具体代码如下:

```
#显示
plt.show()
```

运行结果见图 14.6。

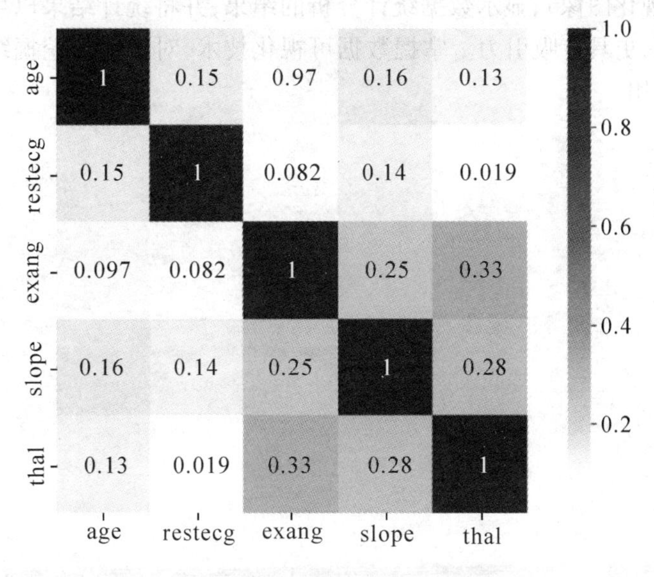

图 14.6 热力图

在热力图中,颜色较深说明两变量呈较强正相关性,颜色较浅说明两变量呈较强负相关性。在图 14.6 中,此五项数据均呈正相关,相关性最大的是地中海贫血(thal)、运动引起心绞痛(exang),说明地中海贫血患者应注意适量运动,一旦出现不适,应立即就医。完整代码如下:

```
#读取心脏病数据文件
#引入相关库
import pandas as pd
import seaborn as sns
    import matplotlib as mpl
import matplotlib.pyplot as plt
#中文字体显示
mpl.rcParams['font.sans-serif'] = ['FangSong'] # 指定默认字体
mpl.rcParams['axes.unicode_minus'] = False # 解决保存图像是负号'-'显示为方块的问题
#数据准备
hd2=pd.read_csv("C:/hd.csv",usecols=[1,11,13,7,9],encoding='gb2312')
```

```
corr=hd2.corr().round(4)
corr
#设置图形大小
plt.subplots(figsize=(10,15))
#创建热力图
sns.heatmap(corr,annot=True,vmax=1,square=True,cmap="Reds")
#热力图显示
plt.show()
```

14.6 本章小结

本章对不同胸痛类型的心脏病患者进行统计分析,以可视化方式(借助条形图、饼图、散点图等可视化图像),显示数据统计分析的结果,并将统计结果以生动、形象、美观的图像显示出来,更具有吸引力。掌握数据可视化技术,对于数据挖掘结果展示能够起到锦上添花的作用。

15 实训9 我国各省份 GDP 数据可视化

15.1 项目情景

李雷:有了数据可视化工具,这些表格数据处理出来太美观了!

韩梅梅:我看一下你做出来的可视化图像。你处理的这些表格结构太简单了,有时为了更好地进行可视化处理,数据表格可以做一些预处理。

李雷:数据表预处理吗?这项技能我已经掌握了。

韩梅梅:是吗?正好,我最近在关注我国各省份近几年 GDP 数据变化情况,数据已经下载好了,你来处理这些数据,以便我实现数据可视化。

李雷:士别三日,今天我让你刮目相看。今天也该我扬名立万了。

韩梅梅:好,现在,我看你的表演。

15.2 实训目标

(1)掌握数据切片操作。

(2)掌握数据行列转换操作。

(3)掌握可选择的数据表中,所需数据可视化图像展示。

15.3 实训任务

小李由于工作需要,自己在国家统计局官网下载了 2010—2019 年各省份 GDP 数据。数据表下载完成后,小李发现若要得到此数据表中的某些信息,需要对数据表进行预处理,且原数据表结构也会有所改变。小李咨询了计算机老师,掌握了数据表行列转换,以及可视化操作,还学到了数据切片操作。

(1)获取数据。

(2)数据预处理。

(3)数据可视化图像展示。

15.4 技术准备

数据切片是一种优化功能,可以帮助我们将查询指向有关分区的数据。数据切片无法为分区指定数据源。也就是说,数据切片不能用于限制从分区事实数据表中选择的数据和包含在分区中的数据。

下载我国各省份近 10 年 GDP 数据,并进行数据预处理,操作步骤如下:

第 1 步:打开国家统计局官方网站的数据查询页面(https://data.stats.gov.cn/easyquery.htm? cn=E0103),见图 15.1,选择统计热词 GDP,找到地区数据中的“分省年度数据”。

图 15.1 数据查询页面

第 2 步:单击表格上方下载图标(椭圆中的图标),导出数据文件到指定位置。注意:下载前需要注册登录用户信息,单击网站右上角注册选项,注册成功后,重新登录网站即可下载,见图 15.2。

图 15.2　导出文件

第 3 步：选择导出数据格式，默认 Excel 格式，单击“下载”按钮，见图 15.3。

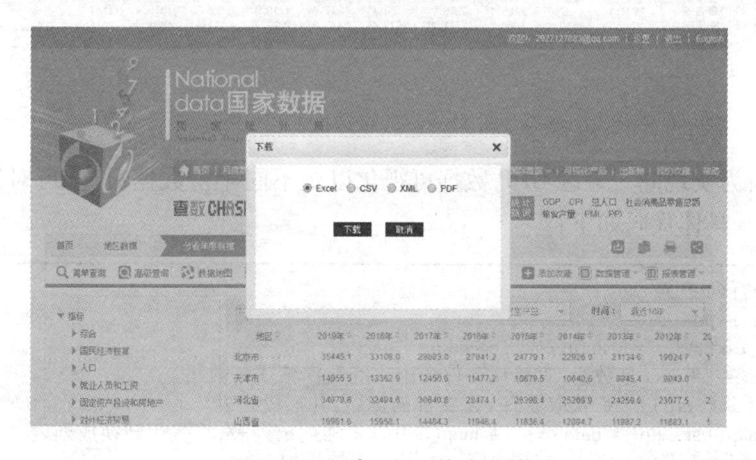

图 15.3　保存 Excel 格式文件

第 4 步：打开下载完成的文件，见图 15.4。表格数据中可能存在文字介绍性语言，在实现可视化操作前，需要删除这些数据。删除数据操作可以选择使用数据预处理部分介绍的数据表格删除整行（使用 data.drop( ) 函数），也可以使用办公软件，此处对于这项操作不做详细介绍。

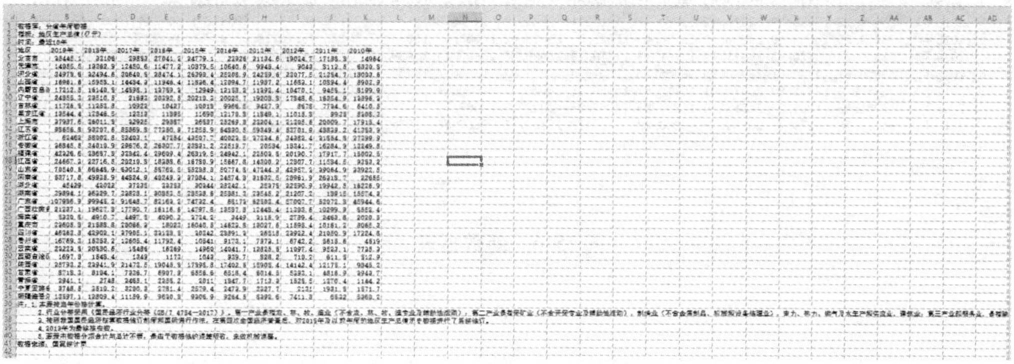

图 15.4　Excel 文件页面

第5步:删除这些文字介绍后,二维数据表格如图15.5所示。观察数据特征,我们选择一些基本可视化图像,对这些数据进行可视化操作,使得数据显示更加立体直观。

地区	2019年	2018年	2017年	2016年	2015年	2014年	2013年	2012年	2011年	2010年
北京市	35445.1	33106	29883	27041.2	24779.1	22926	21134.6	19024.7	17188.8	14964
天津市	14055.5	13362.9	12450.6	11477.2	10879.5	10640.6	9945.4	9043	8112.5	6830.8
河北省	34978.6	32494.6	30640.8	28474.1	26398.4	25208.9	24259.6	23077.5	21384.7	18003.6
山西省	16961.6	15958.1	14484.3	11946.4	11836.4	12094.7	11987.2	11683.1	10894.4	8903.9
内蒙古自治	17212.5	16140.8	14898.1	13789.3	12949	12158.2	11392.4	10470.1	9458.1	8199.9
辽宁省	24855.3	23510.5	21693	20392.5	20210.3	20025.7	19208.8	17848.6	16354.9	13896.3
吉林省	11726.8	11253.8	10922	10427	10018	9966.5	9427.9	8678	7734.6	6410.5
黑龙江省	13544.4	12846.5	12313	11895	11690	12170.8	11849.1	11015.8	9935	8308.3
上海市	37987.6	36011.8	32925	29887	26887	25269.8	23204.1	21305.6	20009.7	17915.4
江苏省	98656.8	93207.6	85869.8	77350.9	71255.9	64830.5	59349.4	53701.9	48839.2	41383.9
浙江省	62462	58002.8	52403.1	47254	43507.7	40023.5	37334.6	34382.4	31854.8	27399.9
安徽省	36845.5	34010.9	29676.2	26307.7	23831.2	22519.7	20584	18341.7	16284.9	13249.8
福建省	42326.6	38687.8	33842.4	29609.4	26819.5	24942.1	22503.8	20190.7	17917.7	15002.5
江西省	24667.3	22716.5	20210.8	18388.6	16780.9	15667.8	14300.2	12807.7	11584.5	9383.2
山东省	70540.5	66648.9	63012.1	58762.5	55288.8	50774.8	47344.3	42957.3	39064.9	33922.5
河南省	53717.8	49935.9	44824.9	40249.3	37084.1	34574.8	31632.5	28961.9	26318.7	22655
湖北省	45429	42022	37235	33353	30344	28242.1	25378	22590.9	19942.5	16226.9
湖南省	39894.1	36329.7	33828.1	30853.5	28538.6	25881.3	23545.2	21207.2	18915	15574.3
广东省	107986.9	99945.2	91648.7	82163.2	74732.4	68173	62503.4	57007.7	53072.8	45944.6
广西壮族自	21237.1	19627.8	17790.7	16116.6	14797.8	13587.8	12448.4	11303.6	10299.9	8552.4
海南省	5330.8	4910.7	4497.5	4090.2	3734.2	3449	3115.9	2789.4	2463.8	2020.5
重庆市	23605.8	21588.8	20066.3	18023	16040.5	14623.8	13027.6	11595.4	10161.2	8065.3
四川省	46363.8	42902.1	37905.1	33138.5	30342	28891.3	26518	23922.4	21050.9	17224.8
贵州省	16769.3	15353.2	13605.4	11792.4	10541	9173.1	7973.1	6742.2	5615.6	4519
云南省	23223.8	20880.6	18486	16369	14960	14041.7	12825.5	11097.4	9523.1	7735.3
西藏自治区	1697.8	1548.4	1349	1173	1043	939.7	828.2	710.2	611.5	512.9
陕西省	25793.2	23941.9	21473.5	19045.8	17898.8	17402.5	15905.4	14142.4	12175.1	9845.2
甘肃省	8718.3	8104.1	7336.7	6907.9	6556.6	6518.4	6014.5	5393.1	4816.9	3943.7
青海省	2941.1	2748	2465.1	2258.2	2011	1847.7	1713.3	1528.5	1370.4	1144.2
宁夏回族自	3748.5	3510.2	3200.3	2781.4	2579.4	2473.9	2327.7	2131	1931.8	1571.7
新疆维吾尔	13597.1	12809.4	11159.9	9630.8	9306.9	9264.5	8392.6	7411.8	6532	5360.2

图15.5 二维数据表格

第6步:为实现同一地区GDP数据可视化以及不同年份数据对比,可对原数据表进行行列转换。具体代码如下:

```
#实现数据表行列变换
import pandas as pd
df = pd.read_csv(r"C:/gdpshuju.csv",encoding='ansi')
data = df.values  # data是数组,直接从文件读出来的数据格式是数组
index1 = list(df.keys())  # 获取原有csv文件的标题,并形成列表
data = list(map(list, zip(*data)))  # map()可以单独列出列表,将数组转换成列表
data = pd.DataFrame(data, index=index1)  # 将data的行列转换
data.to_csv(r'C:/fanzhuanshuju.csv', header=0)
```

新的数据表见图15.6。

地区	北京市	天津市	河北省	山西省	内蒙古自治	辽宁省	吉林省	黑龙江省	上海市	江苏省	浙江省	安徽省	福建省
2019年	35371.28	14104.28	35104.52	17026.68	17212.53	24909.45	11726.82	13612.68	38155.32	99631.52	62351.74	37113.98	42395
2018年	33105.97	13362.92	32494.61	15958.13	16140.76	23510.54	11253.81	12846.48	36011.82	93207.55	58002.84	34010.91	38687.77
2017年	28014.94	18549.19	34016.32	15528.42	16096.21	23409.24	14944.53	15902.68	30632.99	85869.76	51768.26	27018	32182.09
2016年	25669.13	17885.39	32070.45	13050.41	18128.1	22246.9	14776.8	15386.09	28178.65	77388.28	47251.36	24407.62	28810.58
2015年	23014.59	16538.19	29806.11	12766.49	17831.51	28669.02	14063.13	15083.67	25123.45	70116.38	42886.49	22005.63	25979.82
2014年	21330.83	15726.93	29421.15	12761.49	17770.19	28626.58	13803.14	15039.38	23567.7	65088.32	40173.03	20848.75	24055.76
2013年	19800.81	14442.01	28442.95	12665.25	16916.5	27213.22	13046.4	14454.91	21818.15	59753.37	37756.59	19229.34	21868.49
2012年	17879.4	12893.88	26575.01	12112.83	15880.58	24846.43	11939.24	13691.58	20181.72	54058.22	34665.33	17212.05	19701.78
2011年	16251.93	11307.28	24515.76	11237.55	14359.88	22226.7	10568.83	12582	19195.69	49110.27	32318.85	15300.65	17560.18
2010年	14113.58	9224.46	20394.26	9200.86	11672	18457.27	8667.58	10368.6	17165.98	41425.48	27722.31	12359.33	14737.12

图15.6 新数据表

15.5 实训步骤

15.5.1 定性变量分布的可视化

15.5.1.1 饼图展示

利用饼图展示全国各省份 GDP 数据占全国 GDP 总数的比例。操作步骤如下：

第 1 步：载入需要用到的模块，依次为 Matplotlib 库、Pandas 库、Numpy 库。具体代码如下：

```
#引入相关库
import matplotlib as mpl
import matplotlib.pyplot as plt
import pandas as pd
import numpy as np
```

第 2 步：中文字体显示程序代码。具体代码如下：

```
#中文字体显示
mpl.rcParams['font.sans-serif'] = ['FangSong'] # 指定默认字体
mpl.rcParams['axes.unicode_minus'] = False # 解决保存图像是负号'-'显示为方块的问题
```

第 3 步：读入数据表。具体代码如下：

```
#读取数据
data = pd.read_csv('C:/gdpshuju.csv' ,encoding='ansi')
data = np.array(data)
```

第 4 步：创建饼图，仅读取数据表中 2019 年这一列数据。具体代码如下：

```
#饼图
plt.title("2019 年 GDP")
plt.pie(data[:,1],labels=data[:,0],autopct="%.1ff%%")
plt.legend(data[:,0],loc="upper left")
plt.show()
```

运行结果见图 15.7。

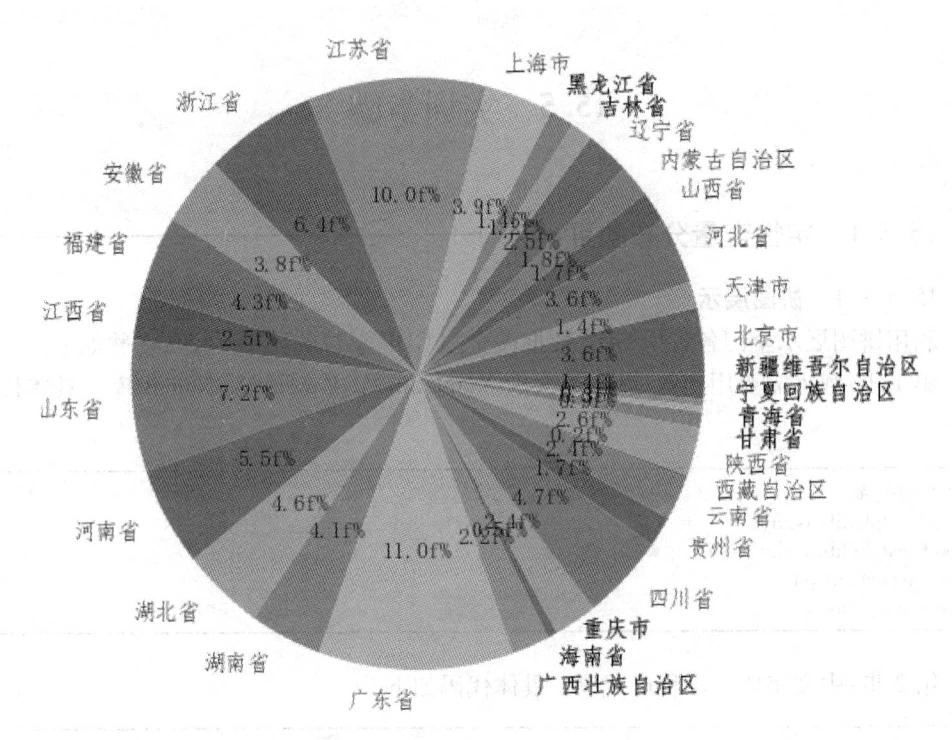

图 15.7　2019 年各省份 GDP 饼图

在图 15.7 中,全国各省份 GDP 数据占全国 GDP 总数的比例被生动形象地展示了出来,从图 15.7 中可以看出,广东省占比最大,其次是江苏省。完整代码如下:

```
#引入相关库
import matplotlib as mpl
import matplotlib.pyplot as plt
import pandas as pd
import numpy as np
#中文字体显示
from pylab import mpl
mpl.rcParams['font.sans-serif'] = ['FangSong'] # 指定默认字体
mpl.rcParams['axes.unicode_minus'] = False # 解决保存图像是负号'-'显示为方块的问题
#读取数据
data = pd.read_csv('C:/gdpshuju.csv' ,encoding='ansi')
data = np.array(data)
#饼图
plt.title("2019 年 GDP")
plt.pie(data[:,1],labels=data[:,0],autopct="%.1ff%%")
plt.legend(data[:,0],loc="upper left")
plt.show()
```

15.5.1.2　竖直条形图展示

利用竖直条形图展示 2010—2019 年天津市 GDP 数据。操作步骤如下:

第 1 步:载入需要用到的模块,依次为 Matplotlib 库、Pandas 库。具体代码如下:

```
#引入相关库
import matplotlib as mpl
import matplotlib.pyplot as plt
import pandas as pd
```

第 2 步:中文字体显示程序代码。具体代码如下:

```
#中文字体显示
mpl.rcParams['font.sans-serif'] = ['FangSong'] # 指定默认字体
mpl.rcParams['axes.unicode_minus'] = False # 解决保存图像是负号'-'显示为方块的问题
```

第 3 步:读入数据。具体代码如下:

```
#读取数据
data = pd.read_csv('C:/fanzhuanshuju.csv')
```

第 4 步:创建竖直条形图。具体代码如下:

```
#竖直条形图
plt.title("2010—2019 年天津市 GDP")
plt.bar(data['地区'],data['天津市'],alpha=0.5)
plt.show()
```

运行结果见图 15.8。

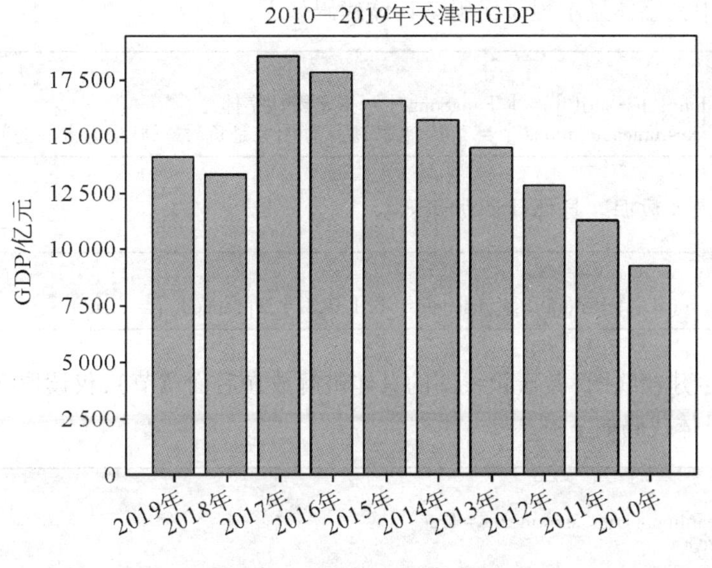

图 15.8 天津市 GDP 柱状图

从图 15.8 中可以看出,2018 年、2019 年天津市 GDP 数据比 2017 年略有下降,查阅资料可知,数据回落原因是多方面的,如天津新兴产业基础薄弱、近些年天津关闭许多污染较重企业,等等。

创建竖直条形图完整代码如下:

```
#各省份 GDP 数据可视化
#引入相关库
import matplotlib as mpl
import matplotlib.pyplot as plt
import pandas as pd
```

```
#中文字体显示
mpl.rcParams['font.sans-serif'] = ['FangSong'] # 指定默认字体
mpl.rcParams['axes.unicode_minus'] = False # 解决保存图像是负号'-'显示为方块的问题
#读取数据
data = pd.read_csv('C:/fanzhuanshuju.csv')
#竖直条形图
plt.title("2010—2019 年天津市 GDP")
plt.bar(data['地区'],data['天津市'],alpha=0.5)
plt.show()
```


15.5.2 定量变量分布的可视化

利用箱线图展示 2019—2015 年全国各省份 GDP 数据。操作步骤如下:

第 1 步:载入需要用到的模块,依次为 Matplotlib 库、Pandas 库。具体代码如下:

```
#引入相关库
import matplotlib as mpl
import matplotlib.pyplot as plt
import pandas as pd
```

第 2 步:中文字体显示程序代码。具体代码如下:

```
#中文字体显示
mpl.rcParams['font.sans-serif'] = ['FangSong'] # 指定默认字体
mpl.rcParams['axes.unicode_minus'] = False # 解决保存图像是负号'-'显示为方块的问题
```

第 3 步:读入数据。具体代码如下:

```
#读取数据
df1 = pd.read_csv('C:/gdpshuju.csv',usecols=[0,1,2,3,4,5],encoding='ansi')
```

第 4 步:创建箱线图(关于箱线图的具体讲解放在后面章节),仅读取 2019—2015 年 GDP 数据。具体代码如下:

```
#箱线图
df1.boxplot(meanline=True,showmeans=True)
plt.xlabel("年份")
plt.show()
```

运行结果见图 15.9。

在图 15.9 中,可以看出 2015 年、2016 年、2017 年这三年均是有三个异常值超出上界,而 2018 年、2019 年只有两个异常值超出上界,说明有一个省份经济增长放缓;可喜的是在这五年间,上界值、中位数值均在增长,说明全国经济形势较好。

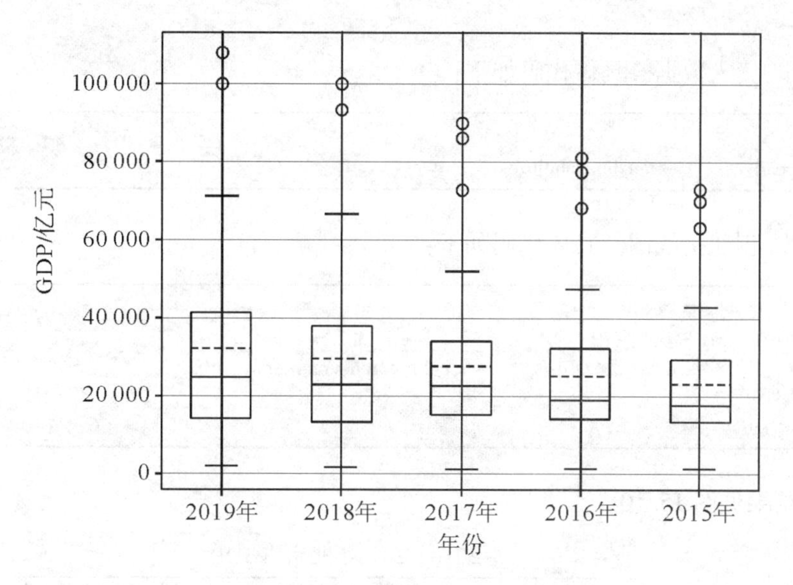

图 15.9　2019—2015 年 GDP 箱线图

箱线图展示完整代码如下：

```
#引入相关库
import matplotlib as mpl
import matplotlib.pyplot as plt
import pandas as pd
import numpy as np
#中文字体显示
mpl.rcParams['font.sans-serif'] = ['FangSong'] # 指定默认字体
mpl.rcParams['axes.unicode_minus'] = False # 解决保存图像是负号'-'显示为方块的问题
#读取数据
df1 = pd.read_csv('C:/gdpshuju.csv',usecols=[0,1,2,3,4,5],encoding='ansi')
#箱线图
df1. boxplot(meanline=True,showmeans=True)
plt.xlabel("2019 年 GDP")
plt.show()
```

15.5.3　动态数据的可视化

以时间为序列，利用折线图展示 2010—2019 年北京市 GDP。操作步骤如下：

第 1 步：载入需要用到的模块，依次为 Matplotlib 库、Pandas 库。具体代码如下：

```
#引入相关库
import matplotlib as mpl
import matplotlib.pyplot as plt
import pandas as pd
```

第 2 步：中文字体显示程序代码。具体代码如下：

```
#中文字体显示
mpl.rcParams['font.sans-serif'] = ['FangSong'] # 指定默认字体
mpl.rcParams['axes.unicode_minus'] = False # 解决保存图像是负号'-'显示为方块的问题
```

第 3 步:读入数据。具体代码如下:

```
#数据读取
data = pd.read_csv('C:/fanzhuanshuju.csv')
```


第 4 步:创建折线图。具体代码如下:

```
#折线图
plt.title("2010—2019 年北京市 GDP")
plt.plot(data['地区'],data['北京市'],'-*',color='red',markersize=10)
plt.ylabel("GDP")
plt.show()
```


运行结果见图 15.10。

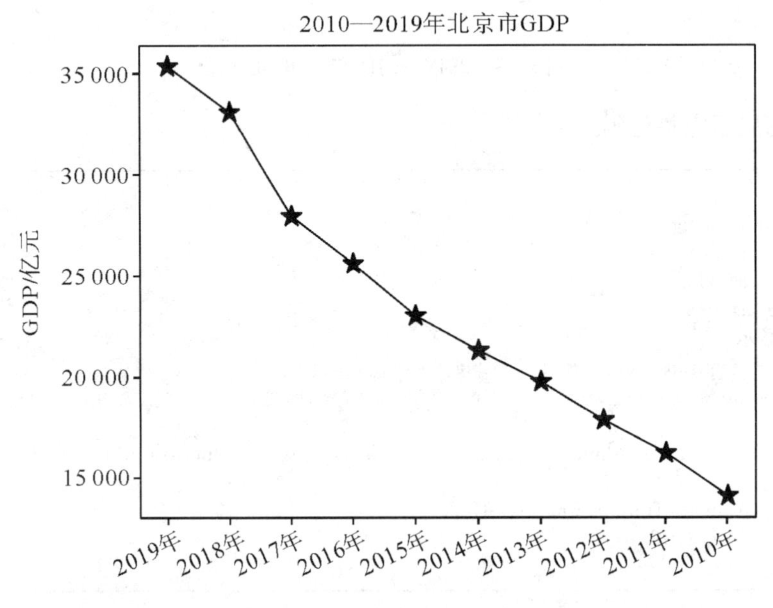

图 15.10 北京市 GDP 折线图

从图 15.10 中可以看出,2010—2019 年,北京市 GDP 逐年上升,在 2018 年出现较大幅度增长,使得在 2018 年跨过了 30 000 亿元,比 2010 年翻了一番。

折线图完整代码如下:

```
#各省份 GDP 数据可视化
#引入相关库
import matplotlib as mpl
import matplotlib.pyplot as plt
import pandas as pd
#中文字体显示
mpl.rcParams['font.sans-serif'] = ['FangSong'] # 指定默认字体
mpl.rcParams['axes.unicode_minus'] = False # 解决保存图像是负号'-'显示为方块的问题
#读取数据
data = pd.read_csv('C:/fanzhuanshuju.csv')
#折线图
plt.title("2010—2019 年北京市 GDP")
```

```
plt.plot( data['地区'],data['北京市'],'-*',color='red',markersize=10)
plt.ylabel("GDP")
plt.show()
```

15.6　本章小结

本章通过在国家统计局官网得到的各省份 2010—2019 年 GDP 数据,经过数据预处理操作,以可视化方式,显示各省份 GDP 数据增长以及对比情况,以更加直观的方式将枯燥的数据进行图像化处理。

16 实训10　2020年中央经济工作会议公告数据可视化

16.1　项目情景

李雷:表格数据可以进行可视化,那文本数据呢? 总不能也用条形图、饼图展示吧?

韩梅梅:当然不是,要具体问题具体分析,数据变了,可视化的效果也要随着数据类型而改变。

李雷:那文本数据可视化,应该怎么实现呢?

韩梅梅:可以使用词云图来实现文本数据可视化。

李雷:词云图? 长什么样子? 漂亮吗?

韩梅梅:现在,就给你看看词云图的庐山真面目。

李雷:好啊,文本数据还没有,要不我写一首诗? 你来进行词云图展示。

韩梅梅:算了吧,你的诗难登大雅之堂。

李雷:那文本数据怎么来?

韩梅梅:今天给你展示一下,如何爬取文本格式数据。

李雷:请开始你的表演。

16.2　实训目标

(1)掌握文本数据获取方法。

(2)掌握文本数据词频统计方法。

(3)掌握加载停用词表方法。

(4)掌握词云图实现方法。

16.3 实训任务

(1)获取2020年中央经济工作会议公告的文本数据。

(2)加载停用词表。

(3)词云图实现。

16.4 技术准备

首先是Wordcloud库,一段文本信息较长时,需要提取其中的关键词作为标签来代指此文本,关键词的选择有很多方法,如统计词频,然后排序,选取词频最高的词语为关键词。得到各词语词频后,如何按照词频顺序展示各个词语并显示在一幅图中? Wordcloud库可实现词云图展示,它可以根据文本中词语出现的频率绘制词云图。

其次是Jieba库,在处理文本数据时比较常用的就是此库。Jieba库是优秀的中文分词第三方库,中文文本需要通过分词获得单个的词语。Jieba库的分词原理:利用一个中文词库,确定汉字之间的关联概率,汉字间概率大的组成词组,形成分词结果。除了分词,用户还可以添加自定义的词组。

获取2020年中央经济工作会议公告的文本数据操作步骤如下:

第1步:下载停用词表,本书给出一个停用词表百度网盘地址,网址为https://pan.baidu.com/s/1pGYmWdmMYY4he2iceBkV3w,提取码为z123。

第2步:爬取2020年中央经济工作会议公告文本数据,网址为http://www.mnw.cn/news/cj/2353574.html。

第3步:利用Requests库,爬取2020年中央经济工作会议公告,并保存为txt类型文档。

第4步:载入需要用到的模块,依次为Requests库、bs4包(此处各模块为python第三方库)。具体代码如下:

```
#爬取2020年中央经济工作会议全文公告
from bs4 import BeautifulSoup
import requests
```

第5步:设置爬虫程序头文件。具体代码如下:

```
headers={"User-Agent":"User-Agent:Mozilla/5.0(Windows NT 6.1;Win64;x64;rv:69.0)Gecko/20100101 Firefox/69.0",'Cookie':'antipas=3709T625190562809V3WV14iXd7;'}
```

第6步:网址赋值。具体代码如下:

```
#网址
url='http://www.mnw.cn/news/cj/2353574.html'
```

第 7 步:爬取网页内容,并用 BeautifulSoup 对爬取内容进行解析。具体代码如下:

```
#获取网页
r=requests.get(url,headers=headers)
soup=BeautifulSoup(r.content,'html.parser')
```

第 8 步:提取文本内容。具体代码如下:

```
#文本
jieguo=soup.find('div',class_='icontent')
```

第 9 步:将文本内容进行保存,写入 txt 格式文件。具体代码如下:

```
#保存
with open("jingji.txt",'a',encoding='utf-8') as f:
    f.write(str(jieguo.text))
```

第 10 步:文档展示,见图 16.1。

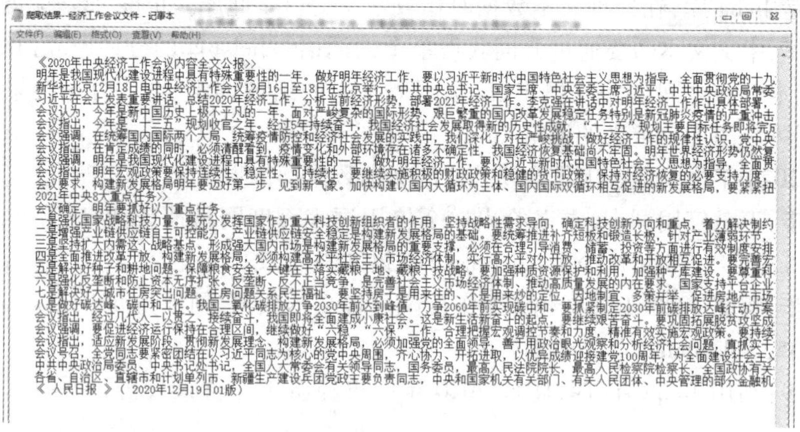

爬取结果--经济工作会议文件 - 记事本
文件(F) 编辑(E) 格式(O) 查看(V) 帮助(H)

《2020年中央经济工作会议内容全文公报》
明年是我国现代化建设进程中具有特殊重要性的一年。做好明年经济工作，要以习近平新时代中国特色社会主义思想为指导，全面贯彻党的十九
新华社北京12月18日电中央经济工作会议12月16日至18日在北京举行。中共中央总书记、国家主席、中央军委主席习近平，中共中央政治局常委
习近平在会上发表重要讲话，总结2020年经济工作，分析当前经济形势，部署2021年经济工作。李克强在讲话中对明年经济工作作出具体部署，
会议认为，今年是新中国历史上极不平凡的一年。面对严峻复杂的国际形势、艰巨繁重的国内改革发展稳定任务特别是新冠肺炎疫情的严重冲击
会议指出，今年是"十三五"规划收官之年。经过5年持续奋斗，我国经济社会发展取得新的历史性成就，"十三五"规划主要目标任务即将完
会议强调，在统筹国内国际两个大局、统筹疫情防控和经济社会发展的实践中，我们深化了对在严峻挑战下做好经济工作的规律性认识：党中央
会议指出，在肯定成绩的同时，必须清醒看到，疫情变化和外部环境存在诸多不确定性，我国经济恢复基础尚不牢固。明年世界经济形势仍然复
会议强调，明年是我国现代化建设进程中具有特殊重要性的一年。做好明年经济工作，要以习近平新时代中国特色社会主义思想为指导，全面贯
会议指出，明年宏观政策要保持连续性、稳定性、可持续性。要继续实施积极的财政政策和稳健的货币政策，保持对经济恢复的必要支持力度，
会议要求，构建新发展格局明年要迈好第一步，见到新气象。加快构建以国内大循环为主体、国内国际双循环相互促进的新发展格局，要紧紧扭
2021年中央8大重点任务》
会议确定，明年要抓好以下重点任务。
一是强化国家战略科技力量。要充分发挥国家作为重大科技创新组织者的作用，坚持战略性需求导向，确定科技创新方向和重点，着力解决制约
二是增强产业链供应链自主可控能力。产业链供应链安全稳定是构建新发展格局的基础。要统筹推进补齐短板和锻造长板，针对产业薄弱环节，
三是坚持扩大内需这个战略基点。形成强大国内市场是构建新发展格局的重要支撑，必须在合理引导消费、储蓄、投资等方面进行有效制度安排
四是全面推进改革开放。构建新发展格局，必须构建高水平社会主义市场经济体制，实行高水平对外开放，推动改革和开放相互促进。要完善宏
五是解决好种子和耕地问题。保障粮食安全，关键在于落实藏粮于地、藏粮于技战略。要加强种质资源保护和利用，加强种子库建设。要尊重科
六是强化反垄断和防止资本无序扩张。反垄断、反不正当竞争，是完善社会主义市场经济体制、推动高质量发展的内在要求。国家支持平台企业
七是解决好大城市住房突出问题。住房问题关系民生福祉。要坚持房子是用来住的、不是用来炒的定位，因地制宜、多策并举，促进房地产市场
八是做好碳达峰、碳中和工作。我国二氧化碳排放力争2030年前达到峰值，力争2060年前实现碳中和。要抓紧制定2030年前碳排放达峰行动方案
会议指出，经过几代人一以贯之、接续奋斗，我国即将全面建成小康社会。这是新生活新奋斗的起点，要继续艰苦奋斗。要巩固拓展脱贫攻坚成
会议强调，要促进经济运行保持在合理区间，继续做好"六稳""六保"工作，合理把握宏观调控节奏和力度，精准有效实施宏观政策。要持续
会议指出，适应新发展阶段、贯彻新发展理念、构建新发展格局，必须加强党的全面领导，善于用政治眼光观察和分析经济社会问题，真抓实干
会议号召，全党同志要紧密团结在以习近平同志为核心的党中央周围，齐心协力、开拓进取，以优异成绩迎接建党100周年，为全面建设社会主义
中共中央政治局委员、中央书记处书记，全国人大常委会有关领导同志，国务委员，最高人民法院院长，最高人民检察院检察长，全国政协有关
各省、自治区、直辖市和计划单列市、新疆生产建设兵团党政主要负责同志，中央和国家机关有关部门、有关人民团体、中央管理的部分金融机
《人民日报》(2020年12月19日01版)

图 16.1 文档展示图

16.5 实训步骤

文本数据可视化操作步骤如下:

第 1 步:载入需要用到的模块,依次为 Jieba 库、Wordcloud 库、Matplotlib 库,然后配置中文字体。具体代码如下:

```
import jieba
    from wordcloud import WordCloud
    from matplotlib import pyplot as plt
    #中文字体显示
    plt.rcParams['font.sans-serif'] = ['FangSong'] #指定默认字体
    plt.rcParams['axes.unicode_minus'] = False #解决保存图像是负号'-'显示为方块的问题
```

第 2 步:数据读取。具体代码如下:

```
#数据读取
    fo = open('jingji.txt','r',encoding='UTF-8')
    txt= fo.read()
```

第 3 步:加载停用词表。具体代码如下:

```
#加载停用词表
a=[line.rstrip() for line in open('停用词表.txt', 'r', encoding='utf-8')]#停用词表需要下载
jieba.load_userdict(a)
```

第 4 步:统计词频,根据词频进行排序。具体代码如下:

```
#统计词频,提取高频词,根据词频排序
wordcut = jieba.lcut(txt)
worddict = {}
for word in wordcut:
if word not in a:
if len(word)==1:
continue
else:
worddict[word]=worddict.get(word,0)+1
wails=list(worddict.items())
wails.sort(key=lambda x:x[1], reverse=True)
for i in range(20):
print(wails[i])
cut_text =" ".join(wordcut)
```

在词频统计时,首先需要判断从文本提取的元素是不是标点符号,因此本项目需下载停用词表,以判断提取元素是否在停用词表,来判断提取元素是否为词或单个汉字,如是,则程序继续,判断提取元素是否为空,若为空,则字符长度为零,舍弃。将所有提取出的词或字,统计频数,并按照频数排序。

第 5 步:创建词云图。具体代码如下:

```
#创建词云图
plt.figure(figsize=(20,6),dpi=80)
content=cut_text
content_after="".join(jieba.cut(content,cut_all=True))
w =WordCloud(font_path="C:/Windows/Fonts/simkai.ttf",background_color="white")
```

WordCloud()函数是设置词云图时调用的函数,常见各参数意义如下:font_path 配置词云图中字体格式;background_color 配置词云图片背景颜色;max_words 指定词云显示的最大单词量,默认 200;max_font_size 指定词云中字体的最大字号;width 与 height 配置词云图片宽和高;mask 指定词云形状,默认为长方形。

第 6 步:参数传值,保存此图,并显示词云图。具体代码如下:

```
#保存,显示
w.generate(txt)
w.to_file("w.jpg")
plt.imshow(w)
```

运行结果见图 16.2。

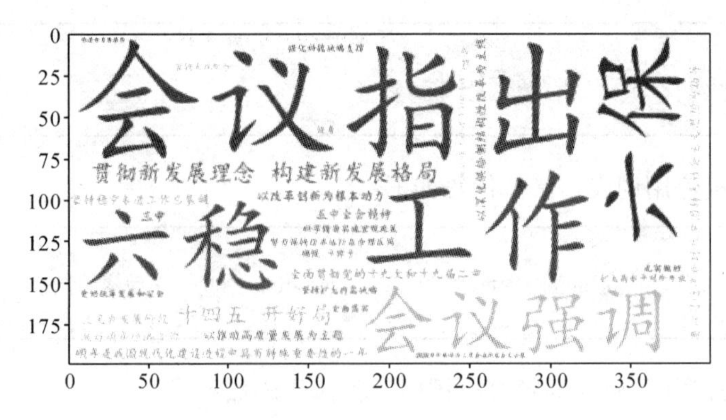

图 16.2 词云图

在本词云图中，忽略“强调”“会议”“指出”等非重点词语内容，我们注意到，“六稳”“新发展理念”“六保”“十四五”等热词在经济报告中多次被提到，这些热词在 2021 年应该引起大家注意，我们要坚持高质量发展，改革创新，创造美好明天。

完整代码如下：

```
import jieba
from wordcloud import WordCloud
from matplotlib import pyplot as plt
#中文字体显示
plt.rcParams['font.sans-serif'] = ['FangSong'] #指定默认字体
plt.rcParams['axes.unicode_minus'] = False #解决保存图像是负号'-'显示为方块的问题
#数据读取
fo = open('jingji.txt','r',encoding='UTF-8')
txt= fo.read()
#加载停用词表
a=[line.rstrip() for line in open('停用词表.txt', 'r', encoding='utf-8')]#停用词表需要下载
jieba.load_userdict(a)
#统计词频，提取高频词，根据词频排序
wordcut = jieba.lcut(txt)
worddict = {}
for word in wordcut:
if word not in a:
if len(word)= =1:
continue
else:
worddict[word]=worddict.get(word,0)+1
wails=list(worddict.items())
wails.sort(key=lambda x:x[1], reverse=True)
for i in range(20):
print(wails[i])
cut_text =" ".join(wordcut)
#创建词云图
plt.figure(figsize=(20,6),dpi=80)
content=cut_text
content_after="".join(jieba.cut(content,cut_all=True))
w =WordCloud(font_path="C:/Windows/Fonts/simkai.ttf",background_color="white")
w.generate(txt)
w.to_file("w.jpg")
plt.imshow(w)
```

16.6　本章小结

2020 年中央经济工作会议召开后,对于我国经济领域各项工作的开展,起到了指引作用。而对于那些关注我国经济运行大政方针的各类人群,急需了解 2020 年中央经济工作会议公告。如何获取公告内容以及重要信息?本章通过数据爬取方式得到了文本数据,以可视化方式展示文本数据中的热词、高频词,具有重要的现实意义。文本数据可视化不同于二维表数据可视化,文本数据处理较复杂,信息筛选也是阅读重要信息的可行步骤。

17 实训11 成都市二手房出售数据可视化

17.1 项目情景

李雷:通过数据可视化,可以实现的图像太多了!
韩梅梅:哦,密度曲线图、均值折线图,你还没实现呢。
李雷:折线图有了,GDP 数据那个项目里有折线图?
韩梅梅:此折线图非彼折线图,我说的是均值折线图,你说的是折线图。
李雷:均值折线图? 看起来,我发现了新大陆。
韩梅梅:现在,我给你展示一下吧。

17.2 实训目标

(1)掌握数据可视化基本图像的展示方法。
(2)掌握利用数据可视化图像分析数据方法。
(3)掌握均值折线图与折线图的区别。

17.3 实训任务

(1)加载二手房数据表信息。
(2)选择合适的可视化图像展示信息。
(3)以可视化图像方式分析房价信息。

17.4 实训步骤

17.4.1 定量变量分布的可视化

17.4.1.1 箱线图展示

利用箱线图展示成都市各街道或片区单位房价情况。操作步骤如下：

第1步：载入需要用到的模块，依次为 Pandas 库、Matplotlib 库。具体代码如下：

```
#引入库
import pandas as pd
import matplotlib as mpl
import matplotlib.pyplot as plt
```

第2步：中文字体显示程序代码。具体代码如下：

```
#中文字体显示
mpl.rcParams['font.sans-serif'] = ['FangSong'] # 指定默认字体
mpl.rcParams['axes.unicode_minus'] = False # 解决保存图像是负号'-'显示为方块的问题
```

第3步：读入数据。具体代码如下：

```
#读取二手房数据文件
df1=pd.read_csv("C:/ershoufang.csv",encoding="ansi")
```

第4步：创建箱线图。具体代码如下：

```
#箱线图
df1.boxplot(column=['单位价格_元/平方米'],by='所在街道或片区')
plt.grid(ls="--",alpha=0.8)
```

df1.boxplot()函数各参数意义：column，默认为空，输入为字符型数据，指定要进行箱线图分析的列；by，默认为空，指定 x 轴数据拆分依据，实现多组合箱线图；plt.grid()函数，两项参数，分别指定输出网格线与设定透明度。

第5步：设置标签。具体代码如下：

```
#标签
plt.ylabel("每平方米单位价格")
plt.xlabel('所在街道或片区')
```

第6步：设置标题。具体代码如下：

```
#标题
plt.title('青羊区各街道每平方米单位价格箱线图')
```

第 7 步:箱线图显示。具体代码如下:

```
#显示
plt.show()
```


运行结果见图 17.1。

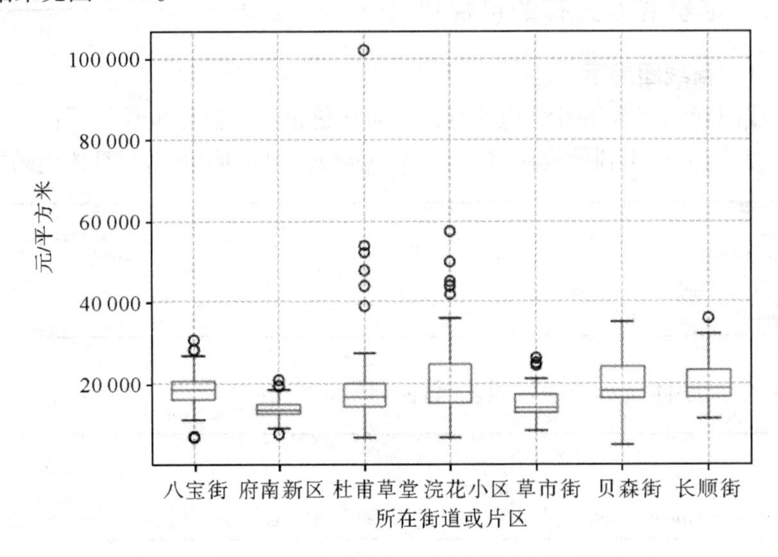

图 17.1 青羊区各街道每平方米单位价格箱线图

箱线图上有五个数据分布特征,分别是极大值、极小值、中位数、下四分位数、上四分位数。箱形图是一种用作显示一组数据分散情况的统计图。在箱形图中,异常值通常被定义为小于 QL-1.5QR 或大于 QU + 1.5IQR 的值。

(1)QL 称为下四分位数,表示全部观察值中有四分之一的数据取值比它小。

(2)QU 称为上四分位数,表示全部观察值中有四分之一的数据取值比它大。

(3)IQR 称为四分位数间距,是上四分位数 QU 与下四分位数 QL 之差,其间包含了全部观察值的一半。

离散点表示的是异常值,上界表示除异常值以外的数据中的最大值;下界表示除异常值以外的数据中的最小值,见图 17.2。

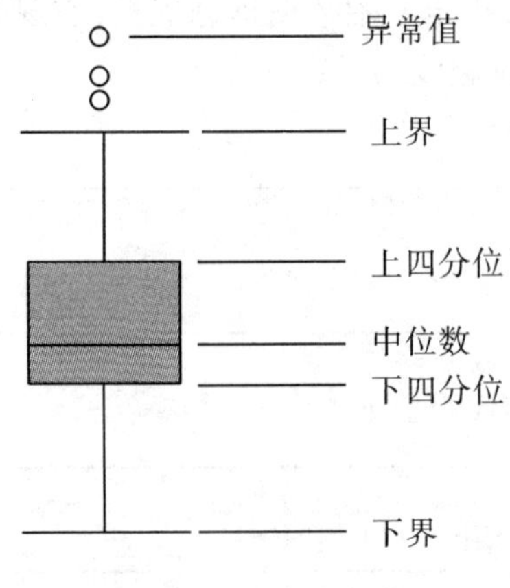

图 17.2 箱线图解释

对应于本图像,浣花小区出现较多高于上界的异常值,说明有的区位房价过高,租户在签合约时应更加理性;贝森无异常值出现,说明房价均在可预测范围内,参考价值很大;八宝街和府南新区出现低于下界的异常值,有需要的租户可做进一步了解。

完整代码如下:

```
#引入相关库
import pandas as pd
import matplotlib as mpl
import matplotlib.pyplot as plt
#中文字体显示
mpl.rcParams['font.sans-serif'] = ['FangSong'] # 指定默认字体
mpl.rcParams['axes.unicode_minus'] = False # 解决保存图像是负号'-'显示为方块的问题
#读取二手房数据文件
df1=pd.read_csv("C:/ershoufang.csv",encoding="ansi")
#箱线图
df1.boxplot(column=['单位价格_元/平方米'],by='所在街道或片区')
plt.grid(ls="--",alpha=0.8)
#设置标签
plt.ylabel("每平方米单位价格")
plt.xlabel('所在街道或片区')
#设置标题
plt.title('青羊区各街道每平方米单位价格箱线图')
plt.show()
```

17.4.1.2 密度曲线图展示

利用密度曲线图显示几个主要区域单位房价变化情况。操作步骤如下:

第1步:载入需要用到的模块,依次为Seaborn库、Pandas库、Matplotlib库。具体代码如下:

```
import seaborn as sns
import matplotlib as mpl
import matplotlib.pyplot as plt
import pandas as pd
```

第2步:中文字体显示程序代码。具体代码如下:

```
#中文字体显示
mpl.rcParams['font.sans-serif'] = ['FangSong'] # 指定默认字体
mpl.rcParams['axes.unicode_minus'] = False # 解决保存图像是负号'-'显示为方块的问题
```

第3步:读入数据。具体代码如下:

```
#读入数据
df1=pd.read_csv("C:/ershoufang.csv",encoding="ansi")
```

第4步:创建密度曲线图。具体代码如下:

```
#创建多条密度曲线图
plt.figure(figsize=(10,6),dpi=80)
sns.kdeplot(df1.loc[(df1["所在街道或片区"]! ="八宝街"),"单位价格_元/平方米"],color="or-
ange",label="八宝街",alpha=0.8)
```

```
sns.kdeplot(df1.loc[(df1["所在街道或片区"]! ="贝森"),"单位价格_元/平方米"],color="red",
label="贝森",alpha=0.8)
sns.kdeplot(df1.loc[(df1["所在街道或片区"]! ="草市街"),"单位价格_元/平方米"],color=
"grey",label="草市街",alpha=0.8)
sns.kdeplot(df1.loc[(df1["所在街道或片区"]! ="杜甫草堂"),"单位价格_元/平方米"],color=
"dodgerblue",label="杜甫草堂",alpha=0.8)
```

sns.kdeplot()函数各参数意义:函数对象,df1. loc[(df1["所在街道或片区"]! ="杜甫草堂"),"单位价格_元/平方米"],实现函数值传递,此处函数值只有一项,就是杜甫草堂片区内单位房价,即单位房价的来源是所在街道或片区这一列值为杜甫草堂时的"单位价格_元/平方米";不同于前几个函数,特殊的参数是 label,此参数是在图例中为每条曲线添加解释。

第 5 步:设置标签、标题。具体代码如下:

```
#标题
plt.title("密度曲线图",fontsize=11)
plt.legend()
```

第 6 步:密度曲线图显示。具体代码如下:

```
#密度曲线图
plt.show()
```

运行结果见图 17.3。

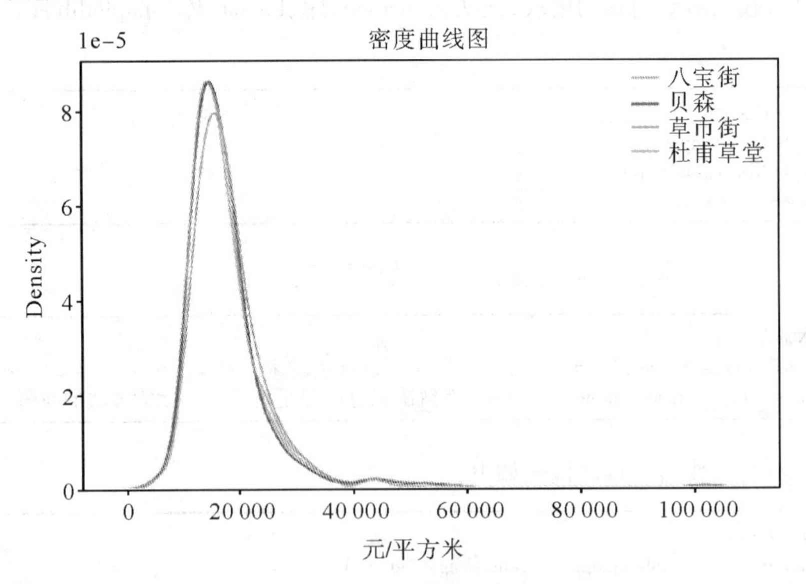

图 17.3　曲线图

由图 17.3 可以看出,四个区域单位房价均集中在 20 000 元附近,变化趋势接近,无较大差距,最大值均在 60 000 元附近。

完整代码如下:

```
#引入相关库
import seaborn as sns
import matplotlib as mpl
import matplotlib.pyplot as plt
import pandas as pd
#中文字体显示
mpl.rcParams['font.sans-serif'] = ['FangSong'] # 指定默认字体
mpl.rcParams['axes.unicode_minus'] = False # 解决保存图像是负号'-'显示为方块的问题
#读入数据
df1=pd.read_csv("C:/ershoufang.csv",encoding="ansi")
#创建多条密度曲线图
plt.figure(figsize=(10,6),dpi=80)
sns.kdeplot(df1.loc[(df1["所在街道或片区"]!="八宝街"),"单位价格_元/平方米"],color="orange",label="八宝街",alpha=0.8)
sns.kdeplot(df1.loc[(df1["所在街道或片区"]!="贝森"),"单位价格_元/平方米"],color="red",label="贝森",alpha=0.8)
sns.kdeplot(df1.loc[(df1["所在街道或片区"]!="草市街"),"单位价格_元/平方米"],color="grey",label="草市街",alpha=0.8)
sns.kdeplot(df1.loc[(df1["所在街道或片区"]!="杜甫草堂"),"单位价格_元/平方米"],color="dodgerblue",label="杜甫草堂",alpha=0.8)
#设置标题、标签
plt.title("密度曲线图",fontsize=11)
plt.legend()
#多条密度曲线图显示
plt.show()
```

17.4.2 定性变量与定量变量关系可视化

利用均值折线图显示各区域房价均值,以折线突出变化趋势。操作步骤如下:

第1步:载入需要用到的模块,依次为 Pandas 库、Matplotlib 库。具体代码如下:

```
#引入库
import pandas as pd
import matplotlib as mpl
import matplotlib.pyplot as plt
```

第2步:中文字体显示程序代码。具体代码如下:

```
#中文字体显示
mpl.rcParams['font.sans-serif'] = ['FangSong'] # 指定默认字体
mpl.rcParams['axes.unicode_minus'] = False # 解决保存图像是负号'-'显示为方块的问题
```

第3步:读入数据。具体代码如下:

```
#数据准备
df1=pd.read_csv("C:/ershoufang.csv",encoding="ansi")
```

第4步:创建均值折线图。具体代码如下:

```
#均值折线图
df1_mean=df1.groupby("所在街道或片区")["单位价格_元/平方米"].mean().round(4)
ax=df1_mean.plot()
```

df1. groupby( ).mean( ).round(4),函数意义在于以区域为划分原则,统计各区域单位房价均值,并保留四位小数;plot( )函数是将各区域均值以二维图画展示。

第 5 步:设置标签。具体代码如下:

```
#标签
ax.set_xlabel("所在街道或片区")
ax.set_ylabel("单位价格")
```


第 6 步:均值折线图显示。具体代码如下:

```
#显示
plt.show()
```


运行结果见图 17.4。

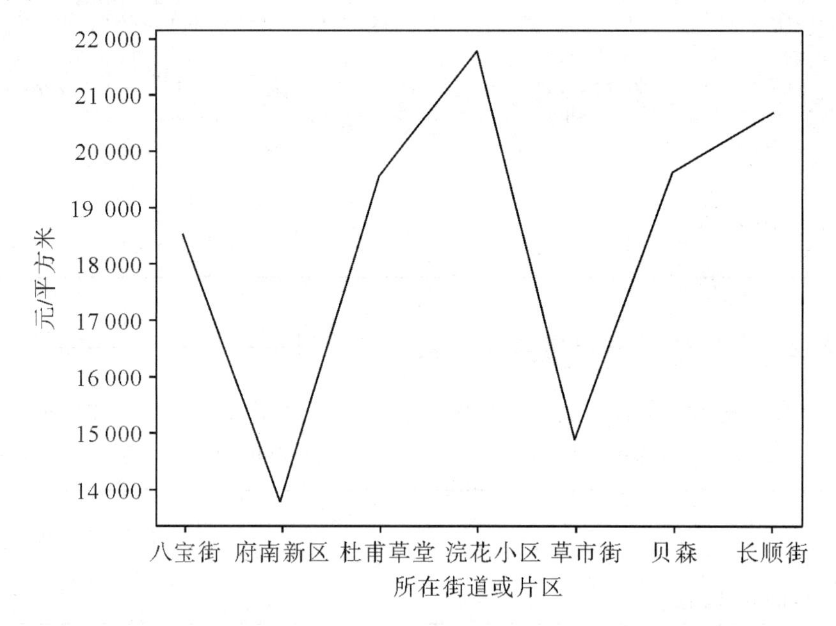

图 17.4 折线图

在图 17.4 中,浣花小区单位房价均值最高,府南新区均值最低,租客在选择时,可根据均值图有侧重地选择自己可接受价位内区域内的二手房。

完整代码如下:

```
#导入相关库
import pandas as pd
import matplotlib as mpl
import matplotlib.pyplot as plt
#中文字体显示
mpl.rcParams['font.sans-serif'] = ['FangSong'] # 指定默认字体
mpl.rcParams['axes.unicode_minus'] = False # 解决保存图像是负号'-'显示为方块的问题
#数据准备
df1=pd.read_csv("C:/ershoufang.csv",encoding="ansi")
#创建均值折线图
df1_mean=df1.groupby("所在街道或片区")["单位价格_元/平方米"].mean().round(4)
```

```
ax=df1_mean.plot()
#设置标签
ax.set_xlabel("所在街道或片区")
ax.set_ylabel("单位价格")
#均值折线图显示
plt.show()
```

17.5 本章小结

本章通过数据爬虫技术获取成都市青羊区二手房数据,以可视化方式展示数据统计分析的结果,同时展示了平时直观感受不易得到的数据信息,凸显了数据可视化的优势。二手房数据信息中的异常值、中位数、均值、最大值等信息,对于租房人群具有重要的参考价值。

第七篇
综合实训篇

18 实训 12　中国的新冠肺炎疫情数据分析

18.1　项目背景

2020 年年初,新冠肺炎疫情席卷全球,严重影响人们的正常生活,并引起了全球广泛关注。疫情不仅影响各行各业的发展,还关系到社会的和谐稳定。在党和国家的领导下,控制住了新冠肺炎疫情的传播,为早日战胜新冠肺炎疫情做出了努力。作为数据工作者,在一个数字化的时代,我们虽然不能像医生那样冲在抗疫一线,但是我们可以从数据分析的角度,帮助大家更好地理解数据,更好地掌握疫情的情况,更好地帮助家人、朋友和自己。

本章将综合前面章节的内容,通过爬取腾讯新冠肺炎疫情实时更新的数据,来绘制直方图、饼图、折线图和可视化地图。

18.2　项目目标

(1)熟练使用 Requests 数据库进行网络爬取。

(2)熟练地对数据进行预处理。

(3)掌握直方图、折线图、饼图等的绘图代码。

18.3　数据爬取

18.3.1　获取请求地址与参数

获取请求地址与参数的操作步骤如下:

第 1 步:打开新冠肺炎股情动态网站:https://news.qq.com/zt2020/page/feiyan.htm#/。见图 18.1。

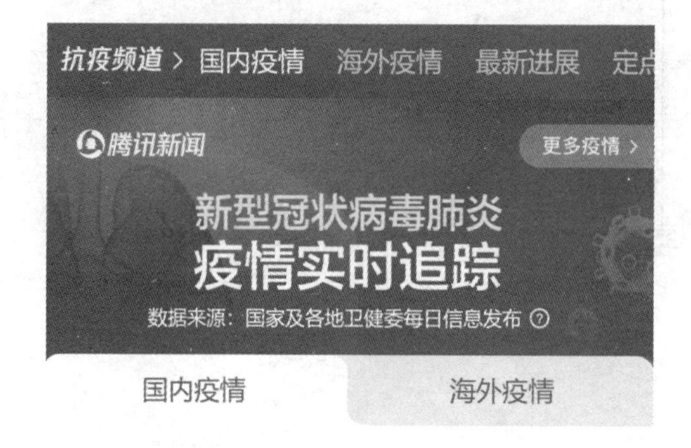

图 18.1　新冠肺炎疫情动态网站

第 2 步:获取请求头。

(1)调出开发者工具。单击鼠标右键,选择检查(或在页面中按 F12),见图 18.2。

图 18.2　调出工具

(2)打开开发者工具后,在“网络”中输入“view”,得到所需数据,见图 18.3。

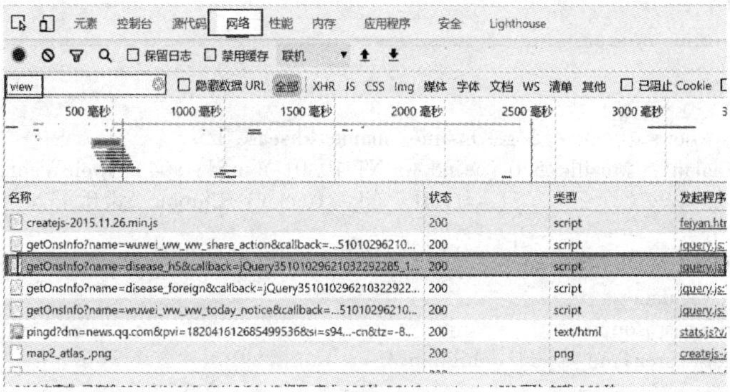

图 18.3　开发者工具

(3)单击“打开”按钮,可以得到所需的请求 URL、请求方法,见图 18.4。

```
请求 URL: https://view.inews.qq.com/g2/getOnsInfo?name=disease_h5&callback=jQuery35101029621032292285_1613553028304&_=1613553028305
请求方法: GET
状态代码: ● 200
```

图 18.4　请求方法

(4)下拉可以看到所需 user-agent,见图 18.5。

```
user-agent: Mozilla/5.0 (Windows NT 10.0; Win64; x64) AppleWebKit/537.36 (KHTML, like Gecko) Chrome/88.0.4324.150 Safari/537.36 Edg/88.0.705.68
```

图 18.5　user-agent

18.3.2　获取数据

获取数据的操作步骤如下:

第 1 步:使用 Requests 库来获得域名的基本信息。具体代码如下:

```
import requests
url = 'https://view.inews.qq.com/g2/getOnsInfo? name=disease_h5'
headers = {'user-agent': 'Mozilla/5.0 (Windows NT 10.0; Win64; x64) AppleWebKit/537.36 '
                         '(KHTML, like Gecko) Chrome/88.0.4324.150 Safari/537.36
Edg/88.0.705.63'}
res = requests.get(url, headers=headers)
print(res)
```

运行结果如图 18.4 所示。

```
<Response [200]>
```

图 18.4　获取域名

图 18.4 表示请求域名成功,可以接着爬虫。

通过阅读代码,可以发现本例所需数据是在 areaTree 的 children 下面。因此可先调用 json 库,然后输入代码得到所需要的数据。具体代码如下:

```
res_json =res.json()['data']
res_dict =json.loads(res_json)
res_name = res_dict["areaTree"][0]['children']
print(res_name)
```

完整代码如下：

```
import requests
import json
url = 'https://view.inews.qq.com/g2/getOnsInfo? name=disease_h5'
headers = {'user-agent': 'Mozilla/5.0 (Windows NT 10.0; Win64; x64) AppleWebKit/537.36 '
                                        '(KHTML, like Gecko) Chrome/88.0.4324.150 Safari/537.36
Edg/88.0.705.63'}
res = requests.get(url, headers=headers)
res_json =res.json()['data']
res_dict =json.loads(res_json)
res_name = res_dict["areaTree"][0]['children']
print(res_name)
```


运行结果如图 18.5 所示。

[{'name': '台湾', 'today': {'confirm': 0, 'confirmCuts': 0, 'isUpdated': False, 'tip': '', 'wzz_add': 0}, 'total': {'nowConfirm': 2031, 'confirm': 15674, 'suspect': 0, 'dead': 787, 'deadRate': '5.02', 'showRate': False, 'heal': 12856, 'healRate': '82.02', 'showHeal': True, 'wzz': 0}, 'children': [{'name': '地区待确认', 'today': {'confirm': 0, 'confirmCuts': 0, 'isUpdated': False}, 'total': {'nowConfirm': 2031, 'confirm': 15674, 'suspect': 0, 'dead': 787,

图 18.5 爬取数据

第 2 步：建立一个表格，将本例需要的各省份数据按照省份、现有确诊、累计死亡、累计治愈、死亡率和治愈率的顺序依次填入表格。具体代码如下：

```
res_set = []
for i in res_name:
    res_dict = {}
    res_dict['省份'] = i['name']
    res_dict['现有确诊'] = i['total']['nowConfirm']
    res_dict['累计确诊'] = i['total']['confirm']
    res_dict['累计死亡'] = i['total']['dead']
    res_dict['累计治愈'] = i['total']['heal']
    res_dict['死亡率'] = i['total']['deadRate']
    res_dict['治愈率'] = i['total']['healRate']
    res_set.append(res_dict)
print(res_set)
```

注：由图 18.5 可知，“省份”在“name”下，“现有确诊”在“total”的“nowConfirm”下，具体见图 18.6。

[{'name': '台湾', 'today': {'confirm': 0, 'confirmCuts': 0, 'isUpdated': False, 'tip': '', 'wzz_add': 0}, 'total': {'nowConfirm': 2031, 'confirm': 15674, 'suspect': 0, 'dead': 787, 'deadRate': '5.02', 'showRate': False, 'heal': 12856, 'healRate': '82.02', 'showHeal': True, 'wzz': 0}, 'children': [{'name': '地区待确认', 'today': {'confirm': 0, 'confirmCuts': 0, 'isUpdated': False}, 'total': {'nowConfirm': 2031, 'confirm': 15674, 'suspect': 0, 'dead': 787,

图 18.6 数据标注

运行结果如图 18.7 所示。

[{'省市': '台湾', '现有确诊': 2031, '累计确诊': 15674, '累计死亡': 787, '累计治愈': 12856, '死亡率': '5.02', '治愈率': '82.02'}, {'省市': '云南', '现有确诊': 380, '累计确诊': 814, '累计死亡': 2, '累计治愈': 432, '死亡率': '0.25', '治愈率': '53.07'}, {'省市': '江苏', '现有确诊': 254, '累计确诊': 998, '累计死亡': 0, '累计治愈': 744, '死亡率': '0.00', '治愈率': '74.55'}, {'省市': '广东', '现有确诊': 69, '累计确诊': 2884, '累计死亡': 8, '累计治愈': 2807, '死亡率': '0.28', '治愈率': '97.33'}, {'省市': '上海', '现有确诊': 63, '累计确诊': 2312, '累计死亡': 7, '累计治愈': 2242, '死亡率': '0.30', '治愈率': '96.97'}, {'省市': '香港', '现有确诊': 60, '累计确诊': 11984, '累计死亡

图 18.7 获取数据

至此，各省份的疫情数据爬取完成，然后将爬取的数据转换成 DataFrame 格式并保存，此处需调用 Pandas 库，具体代码如下：

```
import pandas as pd
df = pd.DataFrame(res_set)
df.to_csv('Epidemic data in China_1.csv')
```

运行结果如图 18.8 所示。

Epidemic data in China_1.csv

图 18.8　数据转换并保存

18.4　数据文件加载及预处理

18.4.1　数据文件加载

因为上一小节中保存的文件格式为 CSV 格式,所以应采用加载 CSV 格式的方式查看文件。具体代码如下:

```
import pandas as pd
data = pd.read_csv('Epidemic data in China_1.csv')
print(data.head())      #输出前五行的数据
```

运行结果如图 18.9 所示。

Unnamed: 0	死亡率	治愈率	现有确诊	省份	累计死亡	累计治愈	累计确诊
0	5.02	82.02	2031	台湾	787	12856	15674
1	0.25	53.07	380	云南	2	432	814
2	0.00	74.55	254	江苏	0	744	998
3	0.28	97.33	69	广东	8	2807	2884
4	0.30	96.97	63	上海	7	2242	2312

图 18.9　数据文件加载

18.4.2　数据查看

查看数据的操作步骤如下:

第 1 步:查看列名。具体代码如下:

```
print(data.columns)      #显示列名
```

运行结果如图 18.10 所示。

```
Index(['Unnamed: 0', '死亡率', '治愈率', '现有确诊', '省份', '累计死亡', '累计治愈', '累计确诊'], dtype='object')
```

图 18.10　查看列名

第 2 步:查看行索引。具体代码如下:

```
print(data.index)      #显示行索引
```

运行结果如图 18.11 所示。

```
RangeIndex(start=0, stop=34, step=1)
```

图 18.11 查看行索引

第 3 步:查看行数,具体代码如下:

```
print(data.shape[0])      #显示行数
```

运行结果:34

4. 查看列数,具体代码如下:

```
print(data.shape[1])      #显示列数
```

运行结果:8

18.4.3 查看缺失值

查看是否有缺失值,具体代码如下:

```
print(data.isnull().sum(axis=0))  #查看各变量中缺失值的数量
```

运行结果如图 18.12 所示。

```
Unnamed: 0    0
死亡率          0
治愈率          0
现有确诊         0
省份          0
累计死亡         0
累计治愈         0
累计确诊         0
dtype: int64
```

图 18.12 查看缺失值

由图 18.12 可见,本案例在爬取中没有缺失值,不用进行缺失值的处理。注意:在数据预处理中,查看是否有缺失值是不可以省略的,是极其重要的一步。

18.5 数据可视化

18.5.1 各省份累计确诊人数数据分析图

创建各省份累计确诊人数数据分析图的操作步骤如下:

第 1 步：调用 Pandas、Pyecharts 库。为了使饼图更加美观，此处使用 sort_values( ) 使所得数据由大到小排序，具体代码如下：

```
import pandas as pd
from pyecharts import options as opts
from pyecharts.charts import Map, Bar, Line, Pie
df = pd.read_csv('C:\\Users\\77208\\PycharmProjects\\pythonProject\\Comprehensive Case\\Epidemic data in China_1.csv')
df2 = df.sort_values(by=['累计确诊'], ascending=False)    #按照累计确诊数，从大到小排序
print(df2)
```

运行结果如图 18.13 所示。

Unnamed: 0	死亡率	治愈率	现有确诊	省市	累计死亡	累计治愈	累计确诊
10	6.62	93.35	21	湖北	4512	63663	68196
0	5.02	82.02	2031	台湾	787	12856	15674
5	1.77	97.73	60	香港	212	11712	11984
3	0.28	97.33	69	广东	8	2807	2884
4	0.30	96.97	63	上海	7	2242	2312
27	0.81	99.19	0	黑龙江	13	1599	161[illegible]
12	0.07	98.64	18	浙江	1	1377	1396
8	1.64	96.21	29	河南	22	1294	1345
31	0.53	99.47	0	河北	7	1310	1317
6	0.26	96.09	42	四川	3	1107	1152
14	0.83	97.98	13	北京	9	1067	1089

图 18.13　各省份累计确诊人数

第 2 步：根据所得数据画出饼图，具体代码如下：

（注：此处的饼图代码为标准模板，读者可将此模板中的文字部分和数据载入部分自行替换，便可以得到相应的饼图。）

```
#饼图
Pie = (
Pie()
    .add(
        "全国累计确诊数",
        [list(i) for i in zip(df2['省份'].values.tolist(), df2['累计确诊'].values.tolist())],
radius=["10%", "30%"]
    )
    .set_global_opts(
        legend_opts=opts.LegendOpts(orient="vertical", pos_top="70%", pos_left="70%"),
        title_opts=opts.TitleOpts(title="全国累计确诊数")
    )
    .set_series_opts(label_opts=opts.LabelOpts(formatter="{b}:{c}"))
)
Pie.render('饼图_1.html')
```

运行结果如图 18.14 所示。

饼图_1.html

图 18.14　饼图文件

第 3 步:双击打开饼图_1. html,然后单击右上方的网站(请根据所用电脑自行选取),见图 18. 15。

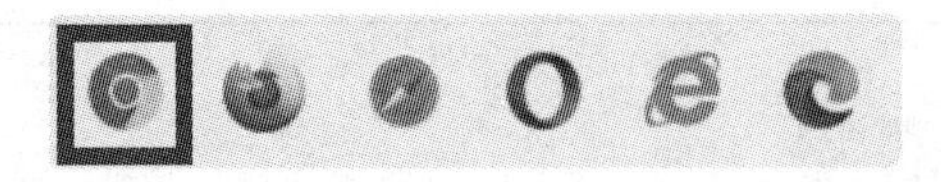

图 18. 15　网站选取处

全国累计确诊数的饼图见图 18. 16。由图 18. 16 可以直观地看出,在全国 34 个省级行政区域中,湖北省的确诊人数最多,西藏自治区的确诊人数最少。

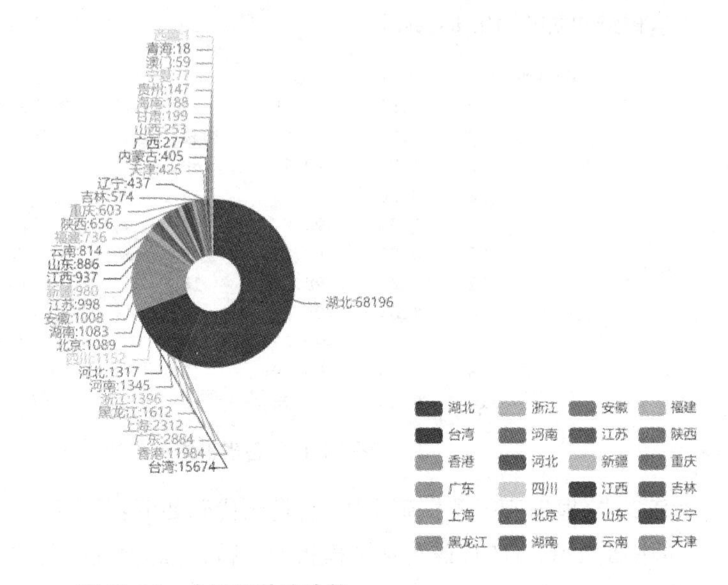

图 18. 16　全国累计确诊数

18. 5. 2　各省份疫情发展情况走势图

创建各省份疫情发展情况走势图的操作步骤如下:

第 1 步:将数据导入,需调用 Pandas 库、Pyecharts 库。具体代码如下:

```
import pandas as pd
from pyecharts import options as opts
from pyecharts.charts import Map, Bar, Line, Pie
df = pd. read_csv ('C: \\Users \\77208 \\PycharmProjects \\pythonProject \\Comprehensive Case \\
Epidemic data in China_1. csv')
```

第 2 步:画折线图。具体代码如下:

(注:此处的折线图代码为标准模板,读者可将此模板中的文字部分和数据载入部分自行替换,便可以得到相应的折线图。)

```
#折线图
Line = (
Line()
    .add_xaxis(list(df['省份'].values))
    .add_yaxis("治愈率", df['治愈率'].values.tolist())
```

```
    .add_yaxis("死亡率", df['死亡率'].values.tolist())
    .set_global_opts(
        title_opts=opts.TitleOpts(title="治愈率与死亡率"),
    )
)
Line.render('折线图_1. html')
```

运行结果如图 18. 17 所示。

折线图_1.html

图 18. 17　折线图文件

第 3 步:双击打开折线图_1. html,然后单击右上方的网站(请根据所用电脑自行选取),见图 18. 18。

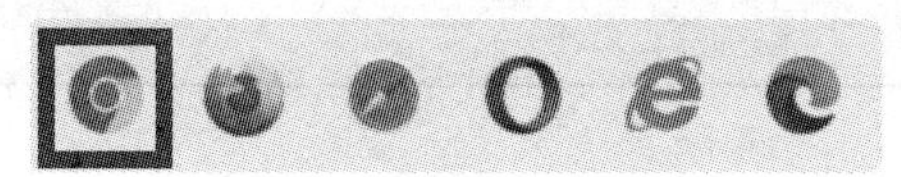

图 18. 18　网站选取处

全国治愈率与死亡率折线图见图 18. 19。将鼠标放在 53. 07%的点上,可以直观地看出现有治愈率最低的省为云南省;将鼠标放在 6. 62%的点上,可以直观地看出现有死亡率最高的省为湖北省。

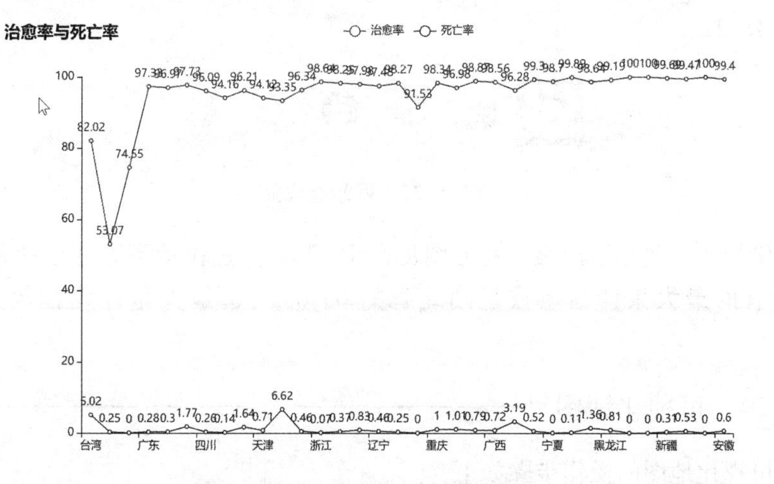

图 18. 19　治愈率与死亡率折线图

18. 5. 3　各省份疫情累计死亡、累计治愈等数据分析图

创建各省份疫情累计死亡、累计治愈分析图的操作步骤如下:

第 1 步:将数据导入,需调用 Pandas、Pyecharts 库。具体代码如下:

```
import pandas as pd
from pyecharts import options as opts
from pyecharts.charts import Map, Bar, Line, Pie
df = pd.read_csv('C:\\Users\\77208\\PycharmProjects\\pythonProject\\Comprehensive Case\\
Epidemic data in China_1. csv')
```

第 2 步:画直方图。具体代码如下:

(注:此处的直方图代码为标准模板,读者可将此模板中的文字部分和数据载入部分自行替换,便可以得到相应的折线图。)

```
#直方图
Bar = (
Bar()
    .add_xaxis(list(df['省份'].values))
    .add_yaxis("累计治愈", df['累计治愈'].values.tolist())
    .add_yaxis("累计死亡", df['累计死亡'].values.tolist())
    .set_global_opts(
        title_opts=opts.TitleOpts(title="各省份累计治愈与累计死亡情况"),
        datazoom_opts=[opts.DataZoomOpts()]
    )
)
Bar.render('直方图_1. html')
```

运行结果如图 18. 20 所示。

直方图_1.html

图 18. 20　直方图文件

第 3 步:双击打开直方图_1. html,然后单击右上方的网站(请根据所用电脑自行选取),见图 18. 21。

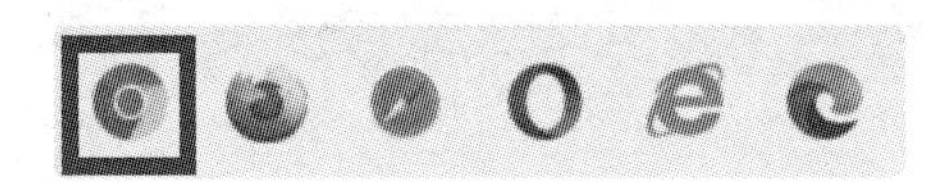

图 18. 21　网站选取处

各省份累计治愈与累计死亡直方图见图 18. 22。通过拉动下方的滚动条,便可直观地知道现有的最大累计治愈数是湖北省的 63 663 人,最大累计死亡数是湖北省的 4 512人。

18. 5. 4　可视化地图

创建可视化地图的操作步骤如下:

第 1 步:将爬取的全国各省份疫情数据导入。具体代码如下:

```
import pandas as pd
from pyecharts import options as opts
from pyecharts.charts import Map, Bar, Line, Pie
df = pd.read_csv('C:\\Users\\77208\\PycharmProjects\\pythonProject\\Comprehensive Case\\Epidemic data in China_1. csv')
```

第 2 步:画可视化地图。具体代码如下:

(注:此处的地图代码为调用模块中自带的地图,读者可将此模板中的文字部分和数据载入部分自行替换,便可以得到相应的可视化地图。)

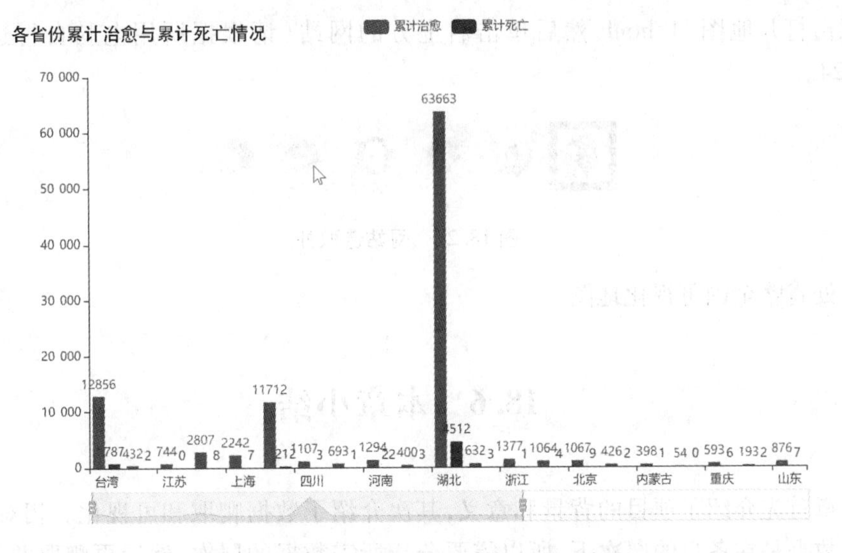

图 18.22　各省份累计治愈与累计死亡情况

```
#地图
def res_maps():
    map_chart =Map()

    map_chart.add(
        '疫情地图',
        [list(i) for i in zip(df2['省份'].values.tolist(), df2['累计确诊'].values.tolist())],
        'china',
        is_map_symbol_show=False
    )

    map_chart.set_global_opts(
        title_opts=opts.TitleOpts(
            title='全国疫情可视化'
        ),
        visualmap_opts=opts.VisualMapOpts(
            is_piecewise=True,

pieces=[
                {"min": 1, "max": 9, "label": "1~9 人", "color": "#FFE6BE"},
                {"min": 10, "max": 99, "label": "10~99 人", "color": "#FFB769"},
                {"min": 100, "max": 499, "label": "100~499 人", "color": "#FF8F66"},
                {"min": 500, "max": 999, "label": "500~999 人", "color": "ED514E"},
                {"min": 1000, "max": 9999, "label": "1000~9999 人", "color": "#CA0D11"},
                  {"min": 10000, "max": 99999, "label": "10000 人以上", "color": "#
A52A2A"}
      ]))
    map_chart.render('地图_1. html')
res_maps()
```

运行结果如图 18.23 所示。

地图_1.html

图 18.23　地图文件

双击打开地图_1. html,然后单击右上方的网站(请根据所用电脑自行选取),见图 18. 24。

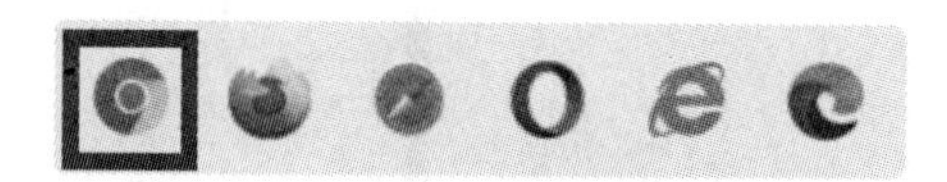

图 18. 24　网站选取处

此处省略全国可视化地图。

18. 6　本章小结

本章首先介绍了项目的背景和意义,其次介绍了数据爬取和可视化。相对来说,因为所需数据是在各自的层次下,所以需要分清所需数据的层次,然后再爬取并保存。通过调用 PyChart,便可方便、快捷、美观地画出饼图、直方图、折线图和地图。

19 实训 13 豆瓣影视作品影评数据分析

19.1 项目背景

如今随着人们消费水平的提升,人们对精神生活有了更高层次的追求,影视行业由此兴旺。但影视作品质量的参差不齐,导致人们在选择时遇到诸多困难。

此项目以电影《少年的你》为例,通过爬取影评数据,再通过数据可视化生成词云图和评分比例等直观图,来获取已经观看过电影的观众的评价,然后决定是否去观看此电影。这样既节省了金钱,又避免了为不合意的电影浪费时间。

19.2 数据爬取

19.2.1 获取请求地址与参数

获取请求地址与参数的操作步骤如下:

第 1 步:根据网页地址(https://movie.douban.com/subject/30166972/comments? start=)爬取豆瓣影评网的《少年的你》的评分、评价时间、影评内容、点评热度等信息。

第 2 步:载入需要用到的模块,依次为 requests、Beautifuisoup、re、csv、time、random 和 Pandas 库。具体代码如下:

(注:若环境配置中无以上几个库,请仿照 Requests 库安装步骤自行安装。)

```
import requests
from requests import RequestException
from bs4 import BeautifulSoup
import re
import time
import random
import pandas as pd
```

上述模块的具体用途为:在用 Requests 对网址发出请求后,用 BeautifulSoup 解析网址,用 CSV 保存 CSV 格式文件。

第 3 步:通过 Requests 对网址发出请求后,可以使用 r.text 获取网页的 html 文档。具体代码如下:


```
USER_AGENT = 'Mozilla/5.0 (Windows NT 10.0; Win64; x64) AppleWebKit/537.36 (KHTML, like Gecko) Chrome/67.0.3396.62 Safari/537.36'

def getHTMLText(url):
    headers = {
        'user-agent': USER_AGENT
    }
    try:
        r = requests.get(url, headers=headers)
        r.raise_for_status()
        return r.text
    except RequestException as e:
        print('error', e)
```

19.2.2 获取影评数据

获取影评数据的操作步骤如下:

第 1 步:使用 BeautifulSoup 解析网址。具体代码如下:

```
def fillUnivList(all_info, url):
    soup = BeautifulSoup(url, 'html.parser')
    for i in range(20):
        commentlist = soup.find_all('span', class_='short')
        votes = soup.find_all('span', class_="votes")
        time = soup.find_all('span', class_="comment-time")
        score = soup.find_all('span', class_=re.compile('(.*) rating'))
        m = '\d{4}-\d{2}-\d{2}'
        try:
            match = re.compile(m).match(score[i]['title'])
        except IndexError:
            break
        if match is not None:
            time = score
            score = ["null"]
        else:
            pass
        all_dict = {}
        all_dict["commentlist"] = commentlist[i].text
        all_dict["votes"] = votes[i].text
        all_dict["time"] = time[i].text
        all_dict["score"] = score[i]['title']
        all_info.append(all_dict)
    return all_info
```

第 2 步:将获取的数据保存为 Excel 格式。具体代码如下:

```
def main():
    all_info = []
    for i in range(0, 200, 20):
        urls = [
            'https://movie.douban.com/subject/30166972/comments? start=' + str(i) + '&limit=
20&sort=new_score&status=P']
        for url in urls:
            #           print(i)
            time.sleep(round(random.uniform(3, 5), 2))
            html = getHTMLText(url)
            fillUnivList(all_info, html)

    df = pd.DataFrame(all_info)
    print(df.head())
    df.to_excel("douban.xlsx")

if __name__ == "__main__":
    main()
```

19.3　数据文件加载及预处理

将 CSV 表格中的 content 即影评内容部分单独摘出,保存为 txt 文件,以备后续生成词云图。操作步骤如下:

第 1 步:载入需要用到的模块,依次为 Pandas 库(Pandas 数组用于储存非数值类型数据,如字符串 str 类型数据)和 Numpy 库(Numpy 数组主要用于存储数值类型数据)。具体代码如下:

```
import pandas as pd
import numpy as np
```

第 2 步:读取加载数据。具体代码如下:

```
data=pd.read_excel('douban.xlsx',usecols=[1])
data=np.array(data)
```

第 3 步:用 if 循环结构将 data 数据中 content 部分的影评筛选出来,打开一个名为"《少年的你》影评文本"的文本文件,将筛选出的内容存入其中,然后关闭文件。具体代码如下:

```
for i in data:
    if i == 'content':
        pass
    else:
        with open('《少年的你》影评文本.txt','a', encoding='utf-8') as f:
            f.write(str(i[0]))
            f.close()
```

19.4　数据统计分析

19.4.1　数据加载

数据加载的代码如下：

```
import pandas as pd
hd=pd.read_excel("douban.xlsx")
print(hd.info())
print(hd.head())    #默认显示前五行
```

运行结果如图 19.1 所示。

```
<class 'pandas.core.frame.DataFrame'>
RangeIndex: 170 entries, 0 to 169
Data columns (total 4 columns):
score       170 non-null object
time        170 non-null object
content     170 non-null object
hot         170 non-null float64
dtypes: float64(1), object(3)
memory usage: 5.4+ KB
None

    score   ...       hot
0    力荐   ...   29998.0
1    还行   ...   18886.0
2    推荐   ...   42032.0
3    力荐   ...   20089.0
4    还行   ...    1878.0
```

图 19.1　数据加载

19.4.2　显示列名

显示列名的代码如下：

```
print(hd.columns)
```

运行结果如图 19.2 所示。

```
[5 rows x 4 columns]
Index(['score', 'time', 'content', 'hot'], dtype='object')
```

图 19.2　显示列名

19.4.3 显示行数

显示行数的代码如下：

```
print(hd.shape)
```

运行结果:170

19.4.4 计算对应 hot(点赞量)均值

计算对应 hot(点赞量)均值的代码如下：

```
print(hd.groupby('score').mean())
```

运行结果如图 19.3 所示。

```
              hot
score
力荐   3613.956522
很差   1054.750000
推荐   2367.705882
较差   1347.000000
还行   1037.545455
```

图 19.3 计算对应 hot(点赞量)均值

19.4.5 计算对应 hot(点赞量)总量

计算对应 hot(点赞量)总量的代码如下：

```
print(hd.groupby('score').sum())
```

运行结果如图 19.4 所示。

```
             hot
score
力荐   249363.0
很差     8438.0
推荐   161004.0
较差     4041.0
还行    22826.0
```

图 19.4 计算对应 hot(点赞量)总量

19.5 数据可视化

我们将预处理过的文件通过可视化生成各种图片,可以更加直观地了解数据并进一步进行分析。

19.5.1 评分柱状图

创建评分柱状图的操作步骤如下:

第 1 步:加载 Pandas 库读取数据,加载 Matplotlib 库用于绘图。具体代码如下:

```
import pandas as pd
import matplotlib.pyplot as plt
```

第 2 步:解决中文显字问题。具体代码如下:

```
from pylab import mpl
```

第 3 步:为图中显示的文字设置指定字体以及解决保存图像时负号(-)显示为方块的问题,Pandas 库读取文件数据。具体代码如下:

```
mpl.rcParams['font.sans-serif'] = ['FangSong']   #指定默认字体
mpl.rcParams['axes.unicode_minus'] = False        # 解决保存图像是负号'-'显示为方块的问题#
sn = pd.read_excel("douban.xlsx")
```

第 4 步:用 index 函数索引位置,计算频次。具体代码如下:

```
index=['力荐','推荐','还行','很差','较差']
counts=sn['score'].value_counts()
print(counts[:5])
```

运行结果如图 19.5 所示。

```
力荐    69
推荐    68
还行    22
很差     8
较差     3
Name: score, dtype: int64
```

图 19.5 输出评分数据

第 5 步:将上一步得到的数值带入直方图,生成图像。具体代码如下:

```
plt.figure(figsize=(12,5))
num0=[69,68,22,8,3]
plt.bar(index,num0,color='red',alpha=0.8)
plt.ylabel('人次')
plt.show()
```

运行结果见图 19.6。

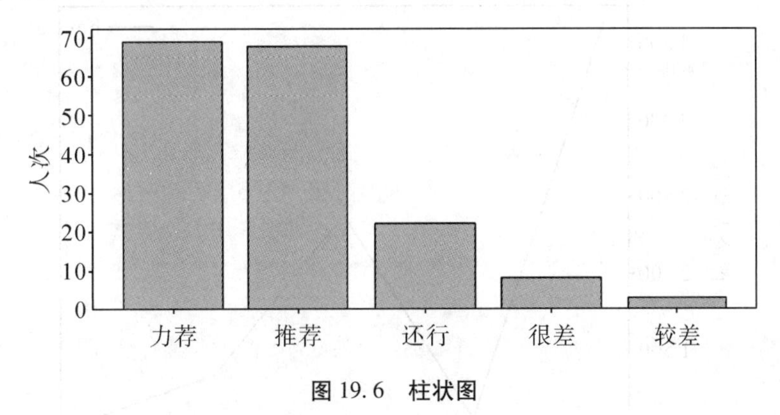

图 19.6　柱状图

由数据查询部分可知有效数据的数量为 170;由柱状图可以看出“力荐”和“推荐”人数都为 60 多人、“还行”人数为 20 多人、“很差”为 10 人左右,“较差”不足 10 人,数据总和一致,说明数据有效,柱状图反映的数据真实。

19.5.2　评分折线图

创建评分折线图的操作步骤如下:

第 1 步:加载 Pandas 库读取数据,加载 Matplotlib 库用于绘图。具体代码如下:

```
import pandas as pd
import matplotlib.pyplot as plt
```

第 2 步:解决中文显字问题。具体代码如下:

```
from pylab import mpl
```

第 3 步:为图中显示的文字设置指定字体以及解决保存图像时负号(-)显示为方块的问题,Pandas 库读取文件数据。具体代码如下:

```
mpl.rcParams['font.sans-serif'] = ['FangSong']   #指定默认字体
mpl.rcParams['axes.unicode_minus'] = False        # 解决保存图像时负号(-)显示为方块的问题#
sn = pd.read_excel("douban.xlsx")
```

第 4 步:画折线图。具体代码如下:

(注:此处的折线图代码为标准模板,读者可将此模板中的文字部分和数据载入部分自行替换,便可以得到相应的折线图。)

```
#折线图
yq_mean=sn.groupby('score').mean()
ax=yq_mean.plot()
ax.set_xlabel("推荐层级")
ax.set_ylabel('评论人数')
plt.show()
```

运行结果见图 19.7。

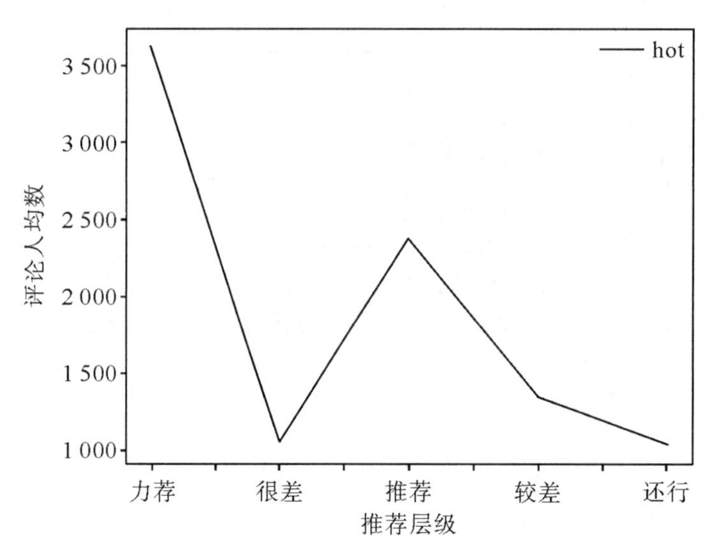

图 19.7　折线图

折线图看似与柱状图所表现的数据相同,但实际不同。折现图统计的是网友给评价“力荐”“推荐”“还行”“较差”“很差”这些影评的点赞数的均值。由于一些网友看完电影未必愿意花费一定时间写评论,但有些愿意给与自己想法类似的影评点赞,因此折现图所反映的数据基数更大,也更能代表真实情况。由折现图可以看出,给“力荐”点赞的人均数超过 3 500,而“很差”人均数为 1 000 多,因此此部电影评价还是非常好的,这应该与校园霸凌这个热点话题以及演员精湛的演技都分不开。从折线图可以看出,《少年的你》是一部大多数人都认为值得观看的优秀电影。

注意,由于此图中使用了 mean 函数求取均值,因此与柱状图的人数显示不同。

19.5.3　评分饼图

创建评分饼图的操作步骤如下:

第 1 步:加载 Pandas 库读取数据,加载 Matplotlib 库用于绘图。具体代码如下:

```
import pandas as pd
import matplotlib.pyplot as plt
```

第 2 步:解决中文显字问题。具体代码如下:

```
from pylab import mpl
```

第 3 步:为图中显示的文字设置指定字体以及解决保存图像时负号(-)显示为方块的问题,Pandas 库读取文件数据。具体代码如下:

```
mpl.rcParams['font.sans-serif'] = ['FangSong']   #指定默认字体
mpl.rcParams['axes.unicode_minus'] = False        # 解决保存图像时负号(-)显示为方块的问题#
sn = pd.read_excel("douban.xlsx")
```

第 4 步:画饼图。具体代码如下:

```
#饼图
sc_counts=sn['score'].value_counts()
labels=['力荐','推荐','还行','较差','很差']
plt.title("score")
plt.pie(sc_counts,labels=labels,autopct="%.1ff%%")
plt.show()
```

运行结果见图 19.8。

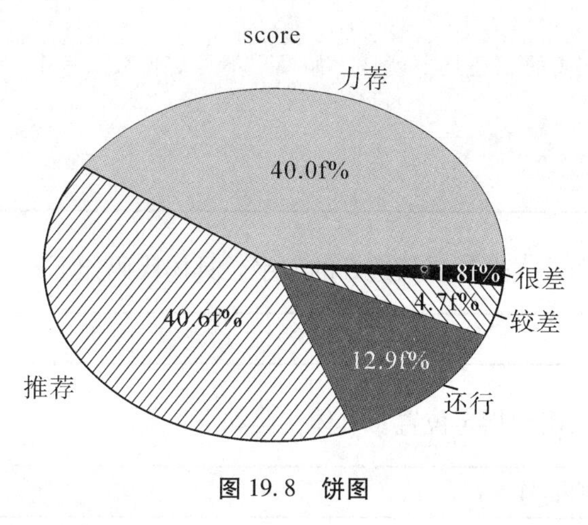

图 19.8　饼图

19.5.4　影评词云图

通过 jieba 库对文本进行分词,操作步骤如下:

第 1 步:加载 jieba 库用于分词,WordCloud 用于生成词云图,imageio 用于显示生成的图像。具体代码如下:

```
import jieba
import wordcloud
import imageio
```

第 2 步:导入 imageio 库中的 imread 函数,并用这个函数读取本地文件,作为词云形状照片。具体代码如下:

```
py = imageio.imread(r"背景图.jpg")
```

第 3 步:读取文件内容,并输出。具体代码如下:

```
f = open(r'《少年的你》影评文本.txt', encoding='utf-8')
txt = f.read()
print(txt)
```

第 4 步:jieba 分词库分割词汇。具体代码如下:

```
txt_list =jieba.lcut(txt)
string = ' '.join(txt_list)
```

第 5 步:设置词云图的长、宽、背景色以及停用词(遇到这些词时不输出)。具体代码如下:

```
wc = wordcloud.WordCloud(
        width=1000,
        height=700,
        background_color='white',
        font_path='msyh.ttc',
        mask=py,
        scale=15,
        stopwords={' ','n','r','了','不','是','就','但','很','也','这','被','它','我','在','都',
'有','和','的','没有','真的','还是','就是','如果','不是','什么','一个','这部','但是','觉得',
'有点'}
        # contour_width=5,
        # contour_color='red'
)
```


第 6 步:给词云图输入上一步筛选好的文字。具体代码如下:

```
wc.generate(string)
```

第 7 步:保存词云图到指定位置。具体代码如下:

```
wc.to_file(r'少年词云图.jpg')
```

运行结果见图 19.9。

图 19.9　词云图

通过词云图可以看出,周冬雨、陈念、千玺、小北均为主演名字和角色名,出现频次高是比较合乎情理的;“好”字凸显出大部分人对这部电影都比较称赞;而“高考”“校园”“暴力”“霸凌”等词体现了电影的一些情节。

19.6 本章小结

通过数据爬取、数据预处理、数据可视化,我们可以清楚地了解到《少年的你》是一部评分比较高的、关于校园霸凌题材的电影,观众可以通过这些信息决定自己是否要观看此电影。相信大家通过本章的学习对前期所学知识有了进一步的巩固。

20 实训 14 去哪儿网上海市各旅游景点评论数据分析

20.1 项目背景

随着经济的发展,旅游越来越受到人们的欢迎,成为人们节假日休闲娱乐的项目之一。近些年,上海的发展日新月异,都有哪些著名景点? 对于这些景点,人们有怎样的评价呢?

此项目通过爬取去哪儿网的上海市各旅游景点的点评数、星级、攻略提到的次数等信息,来反映人们对于这些景点的评价,并将这些数据以数据表、可视化图像两种方式呈现出来,以便适应不同游客的需求。在制定行程规划时,游客必须考虑这些景点到车站、酒店的距离,以便更好地规划行程。因此,通过获取各旅游景点的经纬度、景点名称,实现可视化地图操作,给游客以更加直观的感受,从而更方便游客找到景点的位置。

20.2 数据爬取

20.2.1 获取评价数据

根据网页地址,爬取去哪儿网的上海市各旅游景点的经纬度、景点名称、点评数、星级、攻略提到的次数、景点点评等信息,并保存下来。操作步骤如下:

第 1 步:打开爬虫的网站(https://travel.qunar.com/p-cs22121878-shanghai-jingdian)。

第 2 步:打开 PyCharm,创建项目文件,编写程序代码。具体代码如下:

```
import requests
import pandas as pd
from bs4 import BeautifulSoup
data=[ ] #空列表,将采集到的数据都添加进去
n=0
urllst=[ ]
```

```
for i in range(1,4):
    url='https://travel.qunar.com/p-cs22121878-shanghai-jingdian-1-%s'%i
    urllst.append(url) #将生成的网址添加到列表中
for u in urllst:
    r=requests.get(u)
    soup=BeautifulSoup(r.text,'lxml')
    ul=soup.find('ul',class_='list_item clrfix')
    li=ul.find_all('li')
    for l in li:
        n+=1
        dic={}
        dic['lat']=l['data-lat']
        dic['lng']=l['data-lng']
        dic['景点名称']=l.find('span',class_='cn_tit').text #获取元素:找到标签后,后面加.text
        dic['攻略提到的数量']=l.find('div',class_='strategy_sum').text
        dic['点评数']=l.find('div',class_='comment_sum').text
        dic['星级']=l.find('span',class_='cur_star')['style'].split(':')[-1]
        dic['景点评语']=l.find('div',class_='desbox').text
        data.append(dic)
        print('成功采集%s 条数据'%n)
#将数据保存为 csv 文件
df=pd.DataFrame(data)
print(data)
df.to_csv('luyou11. csv',index=0)
```

在此程序中,嵌套了一个循环结构,以实现网页翻页操作,爬取去哪儿网前三页上海市各旅游景点信息,在程序中嵌入成功采集数据统计功能。

运行结果如图 20.1 所示。

```
成功采集20条数据
成功采集21条数据
成功采集22条数据
成功采集23条数据
成功采集24条数据
成功采集25条数据
成功采集26条数据
成功采集27条数据
成功采集28条数据
成功采集29条数据
成功采集30条数据
[{'lat': '31.224611', 'lng': '121.547781', '景点名称': '上海科技馆Shanghai Science and
```

图 20.1　爬取数据

数据爬取完成后,将 30 条数据保存在 csv 格式文件中。

运行结果如图 20.2 所示。

	A	B	C	D	E	F	G
1	lat	lng	景点名称	攻略提到的数量	点评数	星级	景点评语
2	31.22461	121.5478	上海科技馆Shanghai Science and Tec	86	7053	90%	上海最大的科普教育殿堂，体验各种
3	31.24122	121.4691	上海自然博物馆Shanghai Natural His	36	2277	94%	展品十分丰富，“黄河古象”“马门
4	31.23912	121.4987	外滩The Bund	1162	50780	94%	身倚浦西漫步十里洋场，隔江对望浦
5	30.92095	121.9108	上海海昌海洋公园Shanghai Haichang (	0	2312	84%	
6	31.23136	121.499	上海城隍庙City God Temple of Shang	573	2226	82%	位于市中心的著名道观，是历史悠久
7	31.21411	121.475	田子坊Tianzifang	579	3510	88%	穿梭在上海小弄堂里，逛逛复古小店
8	31.2453	121.5064	东方明珠Oriental Pearl Radio & Tel	584	48459	90%	在259米高的全透明观光廊上，360度
9	31.22716	121.4812	新天地Xintiandi	6	1427	98%	上海新地标之一，夜晚穿梭于各个酒
10	31.24323	121.4907	南京路步行街Nanjing Road Pedestria	0	12353	90%	现代建筑夹杂着欧式老楼，竖挂的店
11	31.11593	121.0604	朱家角古镇景区Zhujiajiao Ancient T	14	2519	88%	上海周边游览古镇的首选之地，在青
12	31.23271	121.4987	豫园Yu Garden	488	10603	86%	市区留存完好的江南古典园林，亭台
13	31.26024	121.4991	1933老场坊1933 Old Millfun	163	874	88%	由宰牲场改造的创意园区，时尚餐厅
14	31.23415	121.4824	上海博物馆Shanghai Museum	163	2551	88%	观赏西周大克鼎、唐朝《高逸图》，
15	31.06138	121.728	上海野生动物园Shanghai Wild Animal	25	23882	90%	与世界各地的动物亲密接触，体验动
16	30.71412	121.3559	金山城市沙滩Jinshan City Beach	4	605	80%	上海市内为数不多的海滨沙滩之一，
17	31.24646	121.5086	上海海洋水族馆Shanghai Ocean Aquar	36	5552	86%	观赏各种海洋生物，漫步海底隧道，
18	31.04018	121.2046	泰晤士小镇Thames Town	26	1036	88%	教堂、城堡、桥廊，充斥着英伦风情
19	31.23966	121.5135	上海环球金融中心Shanghai World Fin	116	5687	92%	登474米高的透明观光厅，平视东方
20	31.22914	121.4628	马勒别墅Hengshan Moller Villa Hote	42	689	84%	浪漫华丽的挪威城堡式建筑，室内装
21	31.21362	121.4464	武康路Wukang Road	96	453	92%	14处优秀历史建筑，电影《色戒》中
22	31.23911	121.5121	上海中心大厦上海之巅观光厅Top of Sh	2	1300	90%	上海最高的观光厅，360度全视角欣
23	31.19001	121.5007	中华艺术宫China Art Museum	123	908	88%	原上海世博会中国国家馆，观赏镇馆
24	31.22983	121.4516	静安寺Jing'an Temple	111	934	88%	东部地区少见的融入藏式建筑风格的
25	31.23644	121.3841	威尼斯小镇	0	19	80%	
26	31.24412	121.4996	黄浦江Huangpu River	95	1044	98%	上海的地标河流，夜晚在江边散步或
27	30.89317	121.0221	枫泾古镇Fengjing Ancient Town	17	857	90%	被誉为“吴越名镇”，游览水乡风貌
28	31.01654	121.3192	上海影视乐园Shanghai Film Park	7	2072	88%	老上海影视拍摄地，坐有轨电车或黄
29	31.24381	121.509	陆家嘴Lujiazui	269	1401	92%	举世闻名的金融中心，乐园和大型商

图 20.2　保存数据

观察图 20.2，可以发现，数据类型各不相同，有数值型、文本型，另外还有景点经纬度数据，为避免数据交叉，同时也为简化此表，可以通过数据拆分，将此表分成两个表格。

20.3　数据预处理

数据预处理的操作步骤如下：

第 1 步：创建新项目文件，编写程序，将上面的数据文件分为两个文件，一个保存景点名称及经纬度信息，另一个保存景点名称、星级、点评数、景点等信息。

第 2 步：编写代码。具体代码如下：

```
#数据预处理,分为两个文件
import pandas as pd
data=pd.read_csv('luyou11.csv',encoding='utf-8')
data0=pd.read_csv('luyou11.csv',encoding='utf-8',usecols=[0,1,2])
data0.rename(columns={'景点名称':'name'},inplace=True)#更改列名
data0.to_csv('jingdianjingwei.csv',index=0)
data1=data.drop(['lat','lng'],axis=1)
data1.to_csv('luyoushuju.csv',index=0)
```

第 3 步：完成数据拆分后，打开两个文件，在保存景点名称和经纬度的文件中，景点名称和经纬度三组数据都已齐备，文件不需要改动。

景点名称和经纬度信息表如图 20.3 所示。

lat	lng	name
31.22461	121.5478	上海科技馆Shanghai Science and Technology Museum
31.24122	121.4691	上海自然博物馆Shanghai Natural History Museum
31.23912	121.4987	外滩The Bund
30.92095	121.9108	上海海昌海洋公园Shanghai Haichang Ocean Park
31.23136	121.499	上海城隍庙City God Temple of Shanghai
31.21411	121.475	田子坊Tianzifang
31.2453	121.5064	东方明珠Oriental Pearl Radio & Television Tower
31.22716	121.4812	新天地Xintiandi
31.24323	121.4907	南京路步行街Nanjing Road Pedestrian Street
31.11593	121.0604	朱家角古镇景区Zhujiajiao Ancient Town Scenic Area
31.23271	121.4987	豫园Yu Garden
31.26024	121.4991	1933老场坊1933 Old Millfun
31.23415	121.4824	上海博物馆Shanghai Museum
31.06138	121.728	上海野生动物园Shanghai Wild Animal Park
30.71412	121.3559	金山城市沙滩Jinshan City Beach
31.24646	121.5086	上海海洋水族馆Shanghai Ocean Aquarium
31.04018	121.2046	泰晤士小镇Thames Town
31.23966	121.5135	上海环球金融中心Shanghai World Financial Center
31.22914	121.4628	马勒别墅Hengshan Moller Villa Hotel
31.21362	121.4464	武康路Wukang Road
31.23911	121.5121	上海中心大厦上海之巅观光厅Top of Shanghai Observatory
31.19001	121.5007	中华艺术宫China Art Museum
31.22983	121.4516	静安寺Jing'an Temple
31.23644	121.3841	威尼斯小镇
31.24412	121.4996	黄浦江Huangpu River
30.89317	121.0221	枫泾古镇Fengjing Ancient Town

图 20.3　景点名称和经纬度信息表

第 4 步:在保存景点名称和点评相关数据的文件中,景点名称过多,显得有些杂乱,需要对旅游景点进行筛选;且景点名称的中英文同存,名称过长,也需做出修改。

原数据表展示如图 20.4 所示。

景点名称	攻略提到的	点评数	星级	景点评语
上海科技馆	86	7053	90%	上海最大的科普教育殿堂，体验各种模拟项目，感受科幻场景。
上海自然博	36	2277	94%	展品十分丰富，“黄河古象”“马门溪龙”是镇馆之宝。
外滩The B	1162	50780	94%	身倚浦西漫步一里洋场，隔江对望浦东繁华陆家嘴。
上海海昌海	0	2312	84%	
上海城隍庙	573	2226	82%	位于市中心的著名道观，是历史悠久的祈福胜地。
田子坊Tia	579	3510	88%	穿梭在上海小弄堂里，逛逛复古小店和文人工作室。
东方明珠O	584	48459	90%	在259米高的全透明观光廊上，360度欣赏申城夜景。
新天地Xin	6	1427	98%	上海新地标之一，夜晚穿梭于各个露天酒吧，体验夜上海生活。
南京路步行	0	12353	90%	现代建筑夹杂着欧式老楼，竖挂的店铺灯箱连绵不绝。
朱家角古镇	14	2519	88%	上海周边游览古镇的首选之地，在青砖白墙间感受水乡的静谧。
豫园Yu Ga	488	10603	86%	市区留存完好的江南古典园林，亭台楼阁雕梁画栋。
1933老场坊	163	874	88%	由宰牲场改造的创意园区，时尚餐厅、奢牌秀场汇聚于此。
上海博物馆	163	2551	88%	观赏西周大克鼎、唐朝《高逸图》，还有众多青铜陶瓷和书画。
上海野生动	25	23882	90%	与世界各地的动物亲密接触，体验亲手投食给羊驼的乐趣。
金山城市沙	4	605	80%	上海市内为数不多的海滨沙滩之一，玩沙子、海里游泳，尽情在海边撒欢。
上海海洋水	36	5552	86%	观赏各种海洋生物，漫步海底隧道，感受五彩缤纷的海底世界。
泰晤士小镇	26	1036	88%	教堂、城堡、桥廊，充斥着英伦风情，婚纱写真取景胜地。
上海环球金	116	5687	92%	登474米高的透明观光厅，平视东方明珠的尖顶、俯瞰全上海。
马勒别墅H	42	689	84%	浪漫华丽的挪威城堡式建筑，室内装修却又不失中国风情。
武康路Wuk	96	453	92%	14处优秀历史建筑，电影《色戒》中王佳芝与易先生最后幽会的地点。
上海中心大	2	1300	90%	上海最高的观光厅，360度全视角欣赏上海魅力全景，实乃上海之巅。
中华艺术宫	123	908	88%	原上海世博会中国国家馆，观赏镇馆之宝——多媒体版《清明上河图》。
静安寺Jin	111	934	88%	东部地区少见的融入藏式建筑风格的寺庙，闹市中的有名古刹。
威尼斯小镇	0	19	80%	

图 20.4　原数据表

第 5 步:提取攻略提到的数量大于 200 的景点。具体代码如下:

```
import pandas as pd
data=pd.read_csv('luyoushuju.csv',encoding='utf-8')
lu=data[data['攻略提到的数量']>200]
lu.to_csv('gongglueshuju.csv',index=0)
```

第 6 步:修改景点名称,保留中文名称。具体代码如下:

```
import pandas as pd
df=pd.read_csv('gonglueshuju.csv',encoding='utf-8')
df['景点名称'].replace('外滩 The Bund','外滩',inplace=True)
df['景点名称'].replace('上海城隍庙 City God Temple of Shanghai','上海城隍庙',inplace=True)
df['景点名称'].replace('豫园 Yu Garden','豫园',inplace=True)
df['景点名称'].replace('东方明珠 Oriental Pearl Radio & Television Tower','东方明珠',inplace=True)
df['景点名称'].replace('田子坊 Tianzifang','田子坊',inplace=True)
df['景点名称'].replace('陆家嘴 Lujiazui','陆家嘴',inplace=True)
df.to_csv('gonglue.csv',index=0)
```

第 7 步:运行结果如图 20.5 所示。

景点名称	攻略提到的	点评数	星级	景点评语
外滩	1162	50780	94%	身倚浦西漫步十里洋场,隔江对望浦东繁华陆家嘴。
上海城隍庙	573	2226	82%	位于市中心的著名道观,是历史悠久的祈福胜地。
田子坊	579	3510	88%	穿梭在上海小弄堂里,逛逛复古小店和文人工作室。
东方明珠	584	48459	90%	在259米高的全透明观光廊上,360度欣赏申城夜景。
豫园	488	10603	86%	市区留存完好的江南古典园林,亭台楼阁雕梁画栋。
陆家嘴	269	1401	92%	举世闻名的金融中心,乐园和大型商场众多。

图 20.5 数据预处理展示

20.4 数据可视化

20.4.1 景点评价情况统计图

20.4.1.1 点评景点名称柱状图

创建点评景点名称柱状图的操作步骤如下:

第 1 步:各景点在攻略中被提到的次数不同,但是同时我们也注意到,各景点被点评数量与提到次数并不呈正相关,因此,筛选完成提到次数大于 200 次的景点数据后,可以柱状图形式展示各景点的点评数。具体代码如下:

```
import matplotlib as mpl
import matplotlib.pyplot as plt
import pandas as pd
#中文字体显示
mpl.rcParams['font.sans-serif'] = ['FangSong'] # 指定默认字体
mpl.rcParams['axes.unicode_minus'] = False # 解决保存图像是负号'-'显示为方块的问题
df=pd.read_csv('gonglue.csv',encoding='utf-8')
plt.figure(figsize=(10,5))
plt.bar(df['景点名称'],df['点评数'],align='center',color='red',alpha=0.5)
plt.xlabel('景点名称')
plt.ylabel('点评数')
plt.grid(True,axis='y',ls=':',color='r',alpha=0.3)
plt.show()
```

第 2 步:运行结果见图 20.6。

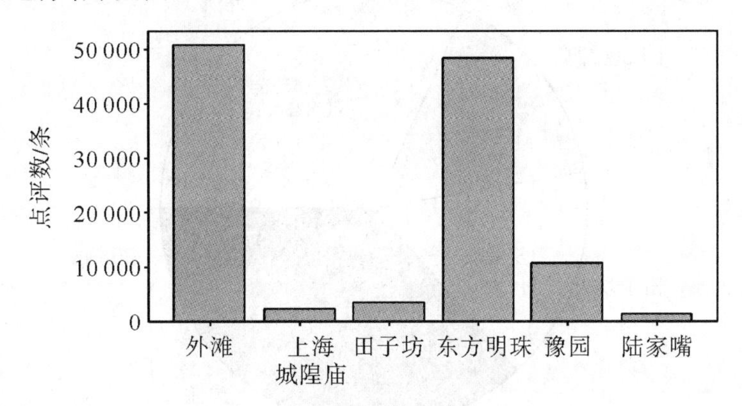

图 20.6 点评景点名称柱状图

从图 20.6 中可以看出,外滩和东方明珠景点的点评数居于第一位和第二位,高于其他景点数倍,说明此两景点受到游客关注与关心。

20.4.1.2 提到景点数量饼图

创建景点被提到的数量饼图的操作步骤如下:

第 1 步:在上海各景点中,如果以攻略中被提到的次数为依据,以饼图形式展示各景点攻略中被提到的次数占所有景点被提到的点次数的比例,就可以在全局中比较各部分,突出重点。具体代码如下:

```
import matplotlib as mpl
import matplotlib.pyplot as plt
import pandas as pd
import numpy as np
#中文字体显示
mpl.rcParams['font.sans-serif'] = ['FangSong'] # 指定默认字体
mpl.rcParams['axes.unicode_minus'] = False # 解决保存图像时负号(-)显示为方块的问题
df=pd.read_csv('gonglue.csv',encoding='utf-8')
#各景点攻略中被提到数量饼图
df=np.array(df)
plt.title('各景点攻略提到数量饼图')
plt.pie(df[:,1],labels=df[:,0],autopct="%.1ff%%")
plt.show()
```

第 2 步:运行结果见图 20.7。

从图 20.7 中可以看出,景点攻略中最常被提到的是外滩,其次是东方明珠,陆家嘴是 6 个景点中被提到数量最少的。同时,去上海旅游时,要注意这些著名景点人流量过大,游客需合理规划旅游时间,错峰旅游。

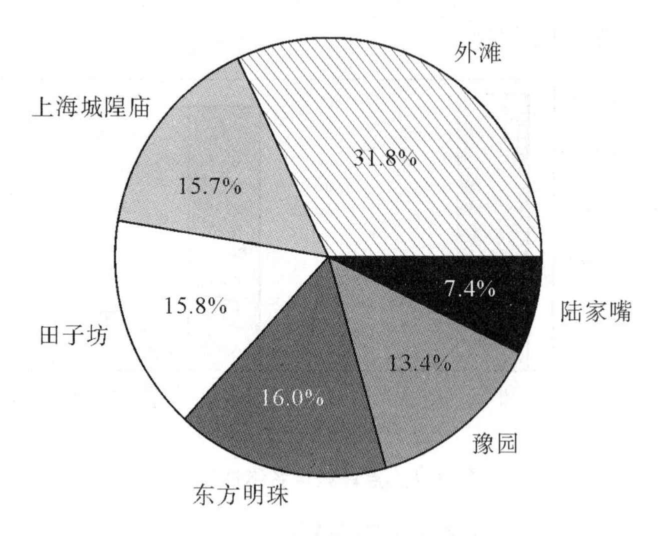

图 20.7　提到景点数量饼图

20.4.2　景点排名分析图

创建景点排名词云图的操作步骤如下：

第 1 步：如果将各景点名称展示在一张图上来让游客了解上海市各著名景点，会存在名称众多，使人眼花缭乱的问题。而词云图可使这一问题得到解决，各景点点评数是游客的重要参考数据，以点评数为依据，对各景点进行排序，以词云图形式，突出重点，照顾全局，将各景点更加美观地展示出来。具体代码如下：

```
import matplotlib as mpl
from wordcloud import WordCloud
from matplotlib import pyplot as plt
import pandas as pd
#中文字体显示
mpl.rcParams['font.sans-serif'] = ['FangSong'] # 指定默认字体
mpl.rcParams['axes.unicode_minus'] = False # 解决保存图像时负号(-)显示为方块的问题
#读取上海市各景点旅游数据文件
ws=pd.read_csv("luyoushuju.csv")
frequency={}
#将景点与点评数相关联,并根据点评人数,对景点排序生成词云图
for row in ws.values:
  if row[0]=='景点名称':
     pass
  else:
     frequency[row[0]]=row[2]
#设置词云图
wordcloud=WordCloud(font_path='C:/Windows/Fonts/simkai.ttf',
                    background_color='green',
                    width=12120,height=1080)
wc=wordcloud.generate_from_frequencies(frequency)
plt.title('上海市旅游景点排名词云图')
plt.imshow(wc)
```

第 2 步:运行结果见图 20. 8。

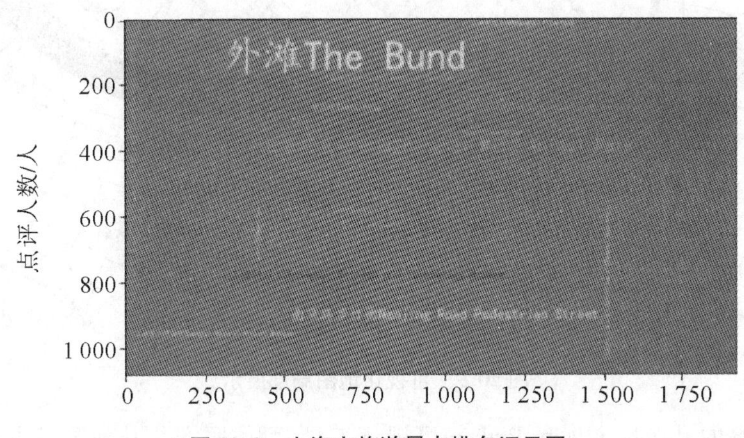

图 20. 8　上海市旅游景点排名词云图

在此词云图展示中,外滩和东方明珠景点名称最为亮眼,其次是上海野生动物园和南京路步行街。这份景点词云图保留了中英文名称,便于外国人参看此图。

20. 4. 3　可视化地图

纸质地图的时代在慢慢过去,电子地图成为游客出行的得力工具。此次项目以可视化地图形式展示上海市各旅游景点具体位置,为实现可视化地图,我们引入了 folium 库。folium 库是 js 上著名的地理信息可视化库 leaflet.js 为 Python 提供的接口,通过它可以在 Python 端编写代码操纵数据,来调用 leaflet 的相关功能,基于内建的 osm 或自行获取的 osm 资源和地图原件进行地理信息内容的可视化,以及制作优美的可交互地图。在 Map 对象的生成形式上,可以在定义所有的图层内容之后,将其保存为 html 文件在浏览器中独立显示。

创建可视化地图的操作步骤如下:

第 1 步:加载保存景点名称与经纬度数据的文件,调用 folium 库,创建中心标记,把景点名称和经纬度信息传递给 folium 库参数对象,实现各景点位置在可视化地图上的标注。具体代码如下:

```
import pandas as pd
import folium
from folium import plugins
data = pd.read_csv('jingdianjingwei.csv')
plotmap1 = folium.Map(location=[30.522373,121.268027], zoom_start=10,control_scale = True,tiles
='stamentoner')
folium.Marker([30.522373,121.268027],style="color: green",icon=folium.Icon(icon='cloud',color=
'green')).add_to(plotmap1)  #创建中心标记
plotmap1.add_child(plugins.MarkerCluster([[row["lat"],row["lng"]] for name, row in data.iterrows
()]))
plotmap1.save('folium_map2.html')
```

第 2 步:运行结果见图 20. 9(可视化地图局部展示)。

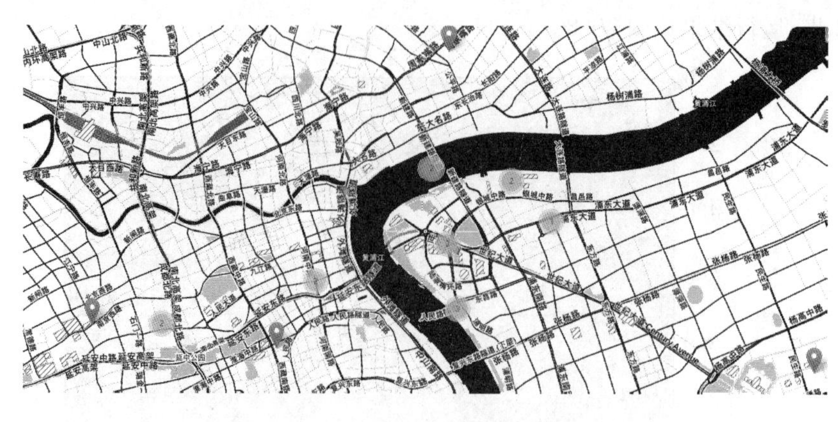

图 20.9　可视化地图局部展示

需做解释的是,folium 库是 Python 可视化工具,可仿照安装其他第三方库来进行安装,在此不做具体说明。

folium.map 函数解释:location 为经纬度,用于控制初始地图中心点的坐标,先纬度后经度;zoom_start 为缩放值,默认为 10,值越大比例尺越小;control_scale,布尔类型,控制是否在地图上添加比例尺;tiles,字符类型,用于控制绘图调用的显示样式。创建地图中心点坐标的方法,folium.Marker( ),创建一个简单的标记小部件,并通过 add_to( )将定义好的部件施加于先前创建的 Map 对象 m 之上。folium.Marker( )的常用参数进行介绍:location,同 folium.Map( )中的同名参数,用于确定标记部件的经纬位置;icon,folium.Icon( )对象,用于设置 popup 定义的部件的具体颜色、图标内容等;style,用于设置显示颜色等。

20.5　本章小结

利用爬虫程序爬取去哪儿网的上海市各旅游景点的信息,将爬取数据进行简单的预处理后,通过可视化方式展示。可视化图像中显示出的许多重要的旅游景点信息可提供给游客,他们可以据此筛选景点,选择自己钟爱的景点,并根据地图位置信息准确找到位置。相信大家通过本章的学习,对前期所学知识也有了进一步的巩固。

21 实训 15 淘宝店铺销售数据分析预测及用户价值分析

21.1 项目背景

随着电商行业的竞争越来越激烈,电商平台推出了各种数字营销方案,付费广告也是花样繁多。那么电商投入这些广告后,究竟能给企业增加多少收益,这是每个企业都关心的问题。例如,淘宝电商投入了几个月的广告费,收益还不错,计划未来 6 个月多投入一些广告,那么多投入的广告能给企业带来多少收益呢?为此,我们用 Python 结合科学的统计方法对淘宝电商的销售收入和广告费数据进行了分析和预测,首先探索以往销售收入和广告费两组数据间的关系,其次进行销售收入的预测。

此外,随着行业竞争越来越激烈,商家将更多的运营思路转向客户。例如,购物时,我们常常被商家推荐扫码注册会员;各种电商平台推出注册会员领优惠券等推销策略,而这些做法都是为了收集客户数据,以便对客户进行分析。那么,在商家积累的大量的客户交易数据中,如何根据客户历史消费记录,分析不同客户群体的特征和价值呢?如了解哪些是重要保持客户、哪些是发展客户、哪些是潜在客户,从而针对不同客户群体定制不同的营销策略,进而实现精准营销,降低营销成本,提高销售业绩,使企业利润最大化。例如,淘宝电商客户繁多,消费行为复杂,客户价值很难用人工进行评估以及对客户进行分类,这就需要通过科学的分析方法评估客户价值,从而实现智能客户分类,快速定位客户。当然,我们也要清醒地认识到,即便是预测的客户价值较高,也只能说明其购买潜力较高,同时必须结合实际与客户互动,推动客户追加购买、交叉购买才是电商努力的方向。

21.2 技术准备

21.2.1 一元回归分析

通过对淘宝电商销售收入和广告费支出数据的分析得知,这两组数据存在一定的线性关系,因此可以采用线性回归的分析方法对未来6个月的销售收入进行预测。

线性回归包括一元线性回归和多元线性回归。

当只有一个自变量和一个因变量,且二者的关系可用一条直线近似表示时,称为一元线性回归(研究因变量 Y 和一个自变量 X 之间的关系)。

当自变量有两个或多个时,研究因变量 Y 和多个自变量 X_1 , X_2 ,…, X_n 之间的关系,称为多元线性回归。

说明:被预测的变量(销售收入)叫作因变量,被用来进行预测的变量(广告费支出)叫作自变量。

简单地说,当研究一个因素(广告费支出)影响销售收入时,可以使用一元线性回归;当研究多个因素(广告费、用户评价、促销活动、产品介绍、季节因素等)影响销售收入时,可以使用多元线性回归。

在本章中通过对淘宝电商每月销售收入和广告费的分析,判断销售收入和广告费存在一定的线性关系,因此就可以通过线性回归公式求得销售收入的预测值,公式为: $y = bx + k$ 。其中, y 为预测值(因变量), x 为特征(自变量), b 为斜率, k 为截距。

上述公式的求解过程主要使用最小二乘法。所谓“二乘”就是平方的意思,最小二乘法也称最小平方和,其目的是通过最小化误差的平方和,使得预测值与真值无限接近。

对求解过程不做过多介绍,本章主要使用 Scikit-Learn 线性模型(linear_model)中的 LinearRegression 方法实现销售收入的预测。

21.2.2 客户价值分析(RFM)模型

RFM 模型是衡量客户价值和客户创造利益能力的重要工具和手段。在众多的客户关系管理(CRM)的分析模式中,RFM 模型是被广泛提到的。该模型通过一个客户的近期购买行为、购买的总体频率以及花了多少钱三项指标来描述该客户的价值状况。

下面对 R、F、M 三个指标进行详细介绍:

R:最近消费时间间隔,表示客户最近一次消费时间与之前消费时间的距离。R 越大,表示客户越久未发生交易;R 越小,表示客户最近有交易发生。R 越大,客户越可能会“沉睡”,流失的可能性越大。在这部分客户中,可能有些是优质客户,值得通过一些营销手段进行激活。

F:消费频率,表示一段时间内的客户消费次数。F 越大,表示客户交易越频繁,是非常忠诚的客户,也是对公司的产品认同度较高的客户;F 越小,表示客户不够活跃,且可能是竞争对手的常客。针对 F 较小且消费额较大的客户,需要推出一定的竞争策略,将这批客户从竞争对手中争取过来。

M:消费金额,表示客户每次消费的金额,可以用最近一次消费金额,也可以用过去的平均消费金额。根据分析的目的不同,其可以有不同的标识方法。

一般来讲,单次交易金额较大的客户,支付能力强,价格敏感度低,帕累托法则告诉我们,一个公司 80%的收入都是由消费最多的 20%客户贡献的,所以消费金额大的客户是较为优质的客户,是高价值客户,这类客户可采取一对一的营销方案。

21.2.3 聚类分析

聚类的目的是把数据分类,但是事先我们不知道如何去分,完全是靠算法判断数据之间的相似性,相似的就放在一起。通过聚类分析可实现客户分类,将相似的客户分为一类,本章主要使用了机器学习 Scikit-Learn 中的聚类模块 cluster 提供的 K-means 方法来实现。

K-means 算法是一种聚类算法,是一种无监督学习算法,目的是将相似的对象归到同一个簇中。聚类的对象越相似,聚类的效果就越好。

传统的聚类算法包括划分方法、层次方法、基于密度方法、基于网格方法和基于模型方法。K-means 聚类算法是划分方法中较典型的一种,也可以称为 k 均值聚类算法。

21.3 销售数据分析及预测

21.3.1 销售数据处理

销售收入分析只需要“日期”和“销售码洋”。

具体代码如下:

```
import pandas as pd
df = pd.read_excel("C:\销售表.xlsx")
df = df[['日期', '销售码洋']]
print(df.head())
```

运行结果如图 21.1 所示。

```
                    日期      销售码洋
0   2019-01-01 13:18:57     16.0
1   2019-01-02 10:50:10    140.0
2   2019-01-02 13:36:46     23.5
3   2019-01-04 13:35:35     16.0
4   2019-01-04 13:50:21     70.0
```

图 21.1 销售收入分析

21.3.2 日期数据统计并显示

为了更便于分析每天和每月的销售收入数据,需要按天、按月统计 Excel 表中的销售收入数据,这里主要使用 Pandas 库中 DataFrame 对象的 resample 方法。首先将 Excel 表中的日期转换为 datetime,其次设置日期为索引,最后使用 resample 方法和 to_period 方法实现日期数据的统计。

具体代码如下:

```
df['日期']=pd.to_datetime(df['日期'])
df1=df.set_index('日期',drop=True)
df_d=df1.resample('D').sum().to_period('D')
print(df_d)
df_m=df1.resample('M').sum().to_period('M')
print(df_m)
```

运行结果如图 21.2、图 21.3 所示。

```
日期          销售码洋
2019-01-01    16.0
2019-01-02   163.5
2019-01-03     0.0
2019-01-04   186.4
2019-01-05    76.0
2019-01-06   120.0
2019-01-07    70.0
2019-01-08   378.4
2019-01-09   316.0
2019-01-10   183.5
2019-01-11   375.5
2019-01-12     0.0
2019-01-13   456.0
2019-01-14   327.4
2019-01-15   397.6
2019-01-16   163.5
2019-01-17    85.5
2019-01-18   230.4
2019-01-19    43.7
2019-01-20   359.6
```

图 21.2　按天统计销售收入

日期	销售码洋
2019-01	5745.9
2019-02	7256.9
2019-03	8263.9
2019-04	9928.8
2019-05	12289.1
2019-06	14908.2
2019-07	16130.9
2019-08	17499.3
2019-09	18709.0
2019-10	20157.1
2019-11	21369.5
2019-12	23812.4

图 21.3　按月统计销售收入

21.3.3　销售收入分析、销售收入与广告费相关性分析

销售收入分析实现了按天、按月分析销售收入数据，并通过图表显示，效果更加清晰、直观。这里通过 DataFrame 对象本身提供的绘图方法来实现图表的绘制，并应用于子图，主要使用 subplots 函数实现。首先，使用 subplots 函数创建坐标系对象 ax；其次在绘制图表中指定对象 ax。

具体代码如下：

```
import matplotlib.pyplot as plt
#图表字体为黑体,字号为 10
plt.rc('font', family='SimHei',size=10) #绘制子图
fig = plt.figure(figsize=(9,5))
ax=fig.subplots(1,2)    #创建 Axes 对象 #分别设置图表标题
ax[0].set_title('按天分析销售收入')
ax[1].set_title('按月分析销售收入')
df_d.plot(ax=ax[0],color='r')                #第一个图折线图
df_m.plot(kind='bar',ax=ax[1],color='g')   #第二个图柱状图
#调整图表距上部和底部的空白
plt.subplots_adjust(top=0.95,bottom=0.15)
plt.show()
```

运行结果见图 21.4。

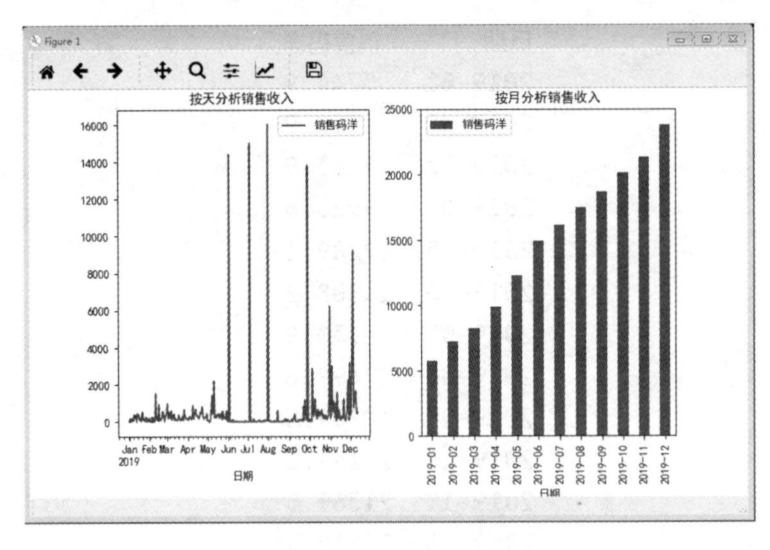

图 21.4　销售收入分析

在使用线性回归方法预测销售收入前,需要对相关数据进行分析。那么,单纯从数据的角度很难发现其中的趋势和联系,而将数据绘制成图表后,趋势和联系就会变得清晰起来。

下面通过折线图和散点图来看一看销售收入与广告费的相关性。具体代码如下:

```
df1=pd.read_excel('C:\广告费.xlsx')
df2=pd.read_excel('C:\销售表.xlsx')
print(df1. head())
print(df2. head())
```

运行结果如图 21.5 所示。

	投放日期	支出
0	2019-01-01	647
1	2019-01-01	998
2	2019-01-01	1058
3	2019-01-01	578
4	2019-01-01	1314

图 21.5　销售收入与广告费的相关性分析

21.3.3.1　**折线图**

从图 21.5 可看出,销售收入数据有明显的时间维度,那么,首先选择使用折线图进行分析。

为了更清晰地对比广告费与销售收入两组数据的变化和趋势,我们使用双 Y 轴折线图,其中主 Y 轴用来绘制广告费数据,次 Y 轴用来绘制销售收入数据。通过观察折线图可以发现,广告费和销售收入两组数据的变化和趋势大致相同。从整体趋势来看,广告费和销售收入两组数据都呈现增长趋势。

具体代码如下:

```
df1['投放日期'] = pd.to_datetime(df1['投放日期'])
df1= df1.set_index('投放日期',drop=True)
df2=df2[['日期','销售码洋']]
df2['日期'] = pd.to_datetime(df2['日期'])
df2= df2.set_index('日期',drop=True)
# 按月统计金额
df_x=df1.resample('M').sum().to_period('M')
df_y=df2.resample('M').sum().to_period('M')
y1=pd.DataFrame(df_x['支出'])
y2=pd.DataFrame(df_y['销售码洋'])
fig = plt.figure()
#图表字体为黑体,字号为 11
plt.rc('font', family='S imHei',size=11)
ax1 = fig.add_subplot(111)                    #添加子图
plt.title('淘宝电商销售收入与广告费分析折线图')          #图表标题
#图表 x 轴标题
x=[0,1,2,3,4,5,6, 7,8,9,10,11]
plt.xticks(x,['1 月','2 月','3 月','4 月','5 月','6 月','7 月','8 月','9 月','10 月','11 月','12 月'])
ax1.plot(x,y1,color='orangered',linewidth=2,linestyle='-',marker='o',mfc='w',label='广告费')
plt.legend(loc='upper left')
ax2 = ax1.twinx()                             #添加一条 y 轴坐标轴
ax2.plot(x,y2,color='b',linewidth=2,linestyle='-',marker='o',mfc='w',label='销售收入')
plt.subplots_adjust(right=0.85)
plt.legend(loc='upper center')
plt.show()
```

运行结果见图 21.6。

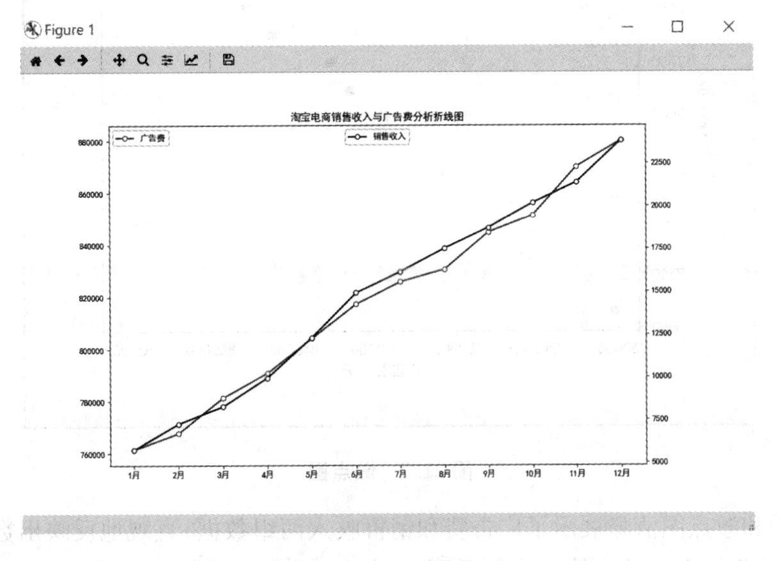

图 21.6　折线图

21.3.3.2　散点图

相比于折线图,散点图更加直观。散点图去除了时间维度的影响,只关注广告费和销售收入两组数据间的关系。在绘制散点图之前,我们将广告费设置为 x,也就是自变量;将销售收入设置为 y,也就是因变量。下面根据每个月的销售收入和广告费数据绘制散点图,x 轴是自变量广告费数据,y 轴是因变量销售收入数据。从数据点的分布情况可以发现,自变量 x 和因变量 y 有着相同的变化趋势,当广告费增加后,销售收入也随之增加。

具体代码如下:

```
#x 为广告费,y 为销售收入
x=pd.DataFrame(df_x['支出'])
y=pd.DataFrame(df_y['销售码洋'])
#图表字体为黑体,字号为 11
plt.rc('font', family='SimHei',size=11)
plt.figure("淘宝电商销售收入与广告费分析散点图")
plt.scatter(x, y,color='r')        #真实值散点图
plt.xlabel(u'广告费(元)')
plt.ylabel(u'销售收入(元)')
plt.subplots_adjust(left=0.15)   #图表距画布右侧之间的空白
plt.show()
```


运行结果见图 21.7。

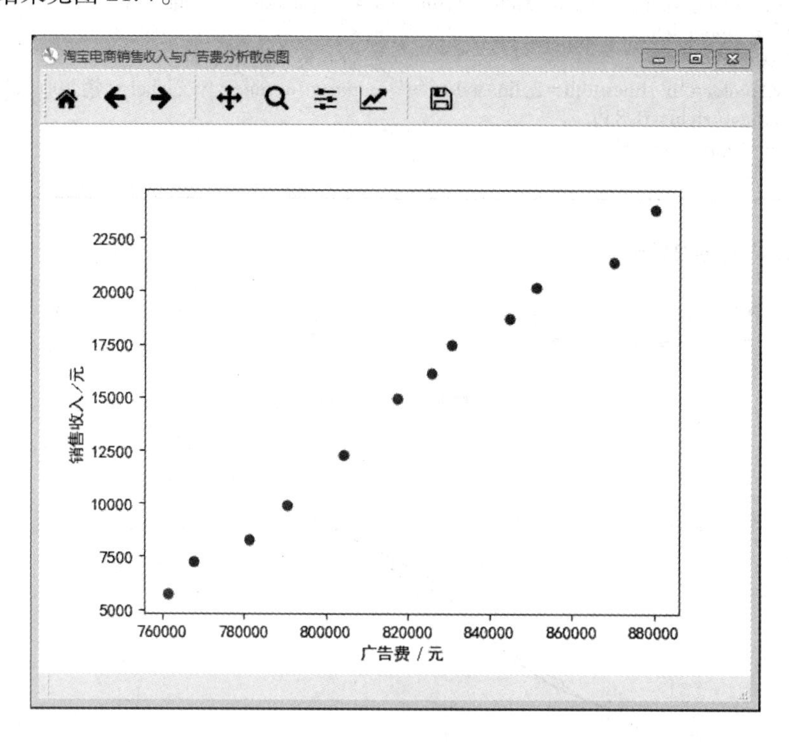

图 21.7　散点图

折线图和散点图清晰展示了广告费和销售收入两组数据,直观地反映出数据之间隐藏的关系,这为接下来的决策做出了重要的引导。分析折线图和散点图之后,就可以对销售收入进行预测,进而做出科学又精准的决策。

21.3.4　销售收入预测

采用线性回归分析方法对未来 6 个月的销售收入进行预测,主要使用 Scikit-learn 提供的线性模型 linear_model 模块。

首先,将广告费设置为 x ,也就是自变量;将销售收入设置为 y ,也就是因变量,将计

划广告费设置为 x_0，预测值设置为 y_0，然后拟合线性模型，获取回归系数和截距。通过给定的计划广告费 x_0 和线性模型预测销售收入 y_0。

具体代码如下：

```
from sklearn import linear_model
import numpy as np
clf=linear_model.LinearRegression()    #创建线性模型
#x 为广告费,y 为销售收入
x=pd.DataFrame(df_x['支出'])
y=pd.DataFrame(df_y['销售码洋'])
clf.fit(x,y) #拟合线性模型
k=clf.coef_  #获取回归系数
b=clf.intercept_ #获取截距
#未来 6 个月计划投入的广告费
x0=np.array([880000,890000,900000,910000,920000,930000])
x0=x0.reshape(6,1)       #数组重塑
#预测未来 6 个月的销售收入(y0)
y0=clf.predict(x0)
print('预测销售收入:')
print(y0)
```

运行结果如图 21.8 所示。

```
预测销售收入:
[[23999.46347187]
 [25522.02676198]
 [27044.5900521 ]
 [28567.15334222]
 [30089.71663234]
 [31612.27992246]]
```

图 21.8　预测销售收入

接下来，为了直观地观察真实数据与预测数据之间的关系，下面在散点图中加入预测值（预测回归线）绘制线性拟合图。

具体代码如下：

```
#使用线性模型预测 y 值
y_pred =clf.predict(x)
#图表字体为华文细黑,字号为 10
plt.rc('font', family='SimHei',size=11)
plt.figure("淘宝电商销售数据分析与预测")
plt.scatter(x, y,color='r')                          #真实值散点图
plt.plot(x,y_pred, color='blue', linewidth=1.5) #预测回归线
plt.ylabel(u'销售收入(元)')
plt.xlabel(u'广告费(元)')
plt.subplots_adjust(left=0.2)                       #设置图表距画布左边的空白
plt.show()
```

运行结果见图 21.9。

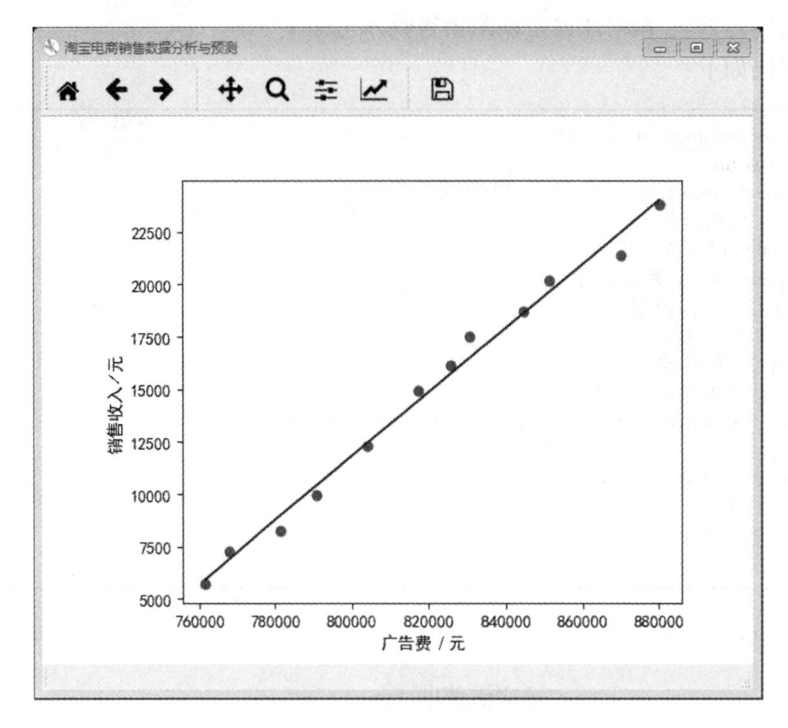

图 21.9　预测回归线

21.3.5　预测评分

下面使用 r2_score 方法评估回归模型，为预测结果评分。如果评分结果是 0，说明预测结果跟猜想的差不多；如果评分结果是 1，说明预测结果非常准；如果评分结果的范围为 0~1，说明预测结果的好坏程度；如果评分结果是负数，说明预测结果不如预想的，那么这种情况则说明数据没有线性关系。

假设未来 6 个月的实际销售收入是 24 000 元、25 500 元、27 000 元、28 500 元、30 000 元、31 500 元，预测评分。

具体代码如下：

```
#预测评分
from sklearn.metrics import r2_score
y_true = [24000,25500,27000,28500,30000,31500]#真实值
score=r2_score(y_true,y0)  #预测评分
print(score)
```

运行结果为：

0. 999 298 052 943 950 1

评分结果是 0. 999 298 052 943 950 1，说明预测结果非常好。

21.4 客户价值分析

21.4.1 客户价值数据抽取

由于两年的数据分别存放在不同的 Excel 表中，那么，在数据抽取前需要对数据进行合并，然后从数据中抽取与客户价值分析相关的数据，即“买家会员名”“订单付款日期”和“买家实际支付金额”。

具体代码如下：

```
#读取 Excel 文件
df_2018=pd.read_excel('C:\\2019.xlsx')
df_2019=pd.read_excel('C:\\2018.xlsx')
#抽取指定列数据
df_2018=df_2018[['买家会员名','买家实际支付金额','订单付款时间']]
df_2019=df_2019[['买家会员名','买家实际支付金额','订单付款时间']]
#数据合并与导出
dfs=pd.concat([df_2018,df_2019])
print(dfs.head())      #输出部分数据
dfs.to_excel("all.xlsx")
```

运行结果如图 21.10 所示。

	买家会员名	买家实际支付金额	订单付款时间
0	mr3176	16.0	2019-01-01 13:18:57
1	mr2877	140.0	2019-01-02 10:50:10
2	mr2473	23.5	2019-01-02 13:36:46
3	mr2884	16.0	2019-01-04 13:35:35
4	mr0132	70.0	2019-01-04 13:50:21

图 21.10 客户价值数据抽取

21.4.2 客户价值数据统计分析

客户价值数据统计分析主要分析与客户价值 RFM 模型有关的数据是否存在数据缺失、数据异常的情况，从而分析出数据的规律。在通常数据量较小的情况下，打开数据表就能够看到不符合要求的数据，手动处理即可，而在数据量较大的情况下就需要使用 Python。这里主要使用 describe 函数，该函数可以自动计算字段非空值数(count)(空值数=数据总数-非空值数)、最大值(max)、最小值(min)、平均值(mean)、唯一值数(unique)、中位数(50%)、频数最高者(top)、最高频数(freq)、方差(std)，从而可以分析有多少数据存在数据缺失、数据异常等情况。

具体代码如下:

```
data = pd.read_excel('C:\\all.xlsx')                  #读取 Excel 文件
view = data.describe(percentiles = [], include = 'all').T #数据的基本描述
view['null'] = len(data)-view['count'] #describe()函数自动计算非空值数,需要手动计算空值数
view = view[['null', 'max', 'min']]
view.columns = [u'空值数', u'最大值', u'最小值'] #表头重命名
print(view)                                   #输出结果
view.to_excel("result.xlsx")
```

运行结果如图 21.11 所示。

	空值数	最大值	最小值
买家会员名	0	NaN	NaN
买家实际支付金额	0	2400	0
订单付款时间	468	NaN	NaN

图 21.11　客户价值数据统计分析

21.4.3　计算 RFM 值

要计算 RFM 值,首先需要了解 RFM 值的计算方法。

R:最近一次消费时间与某时刻的时间间隔。

F:客户累计消费次数。

M:客户累计消费金额。

具体代码如下:

```
data_all = pd.read_excel('C:\\all.xlsx')     #读取 Excel 文件
#去除空值,订单付款时间非空值才保留
#去除买家实际支付金额为 0 的记录
data=data_all[data_all['订单付款时间'].notnull() & data_all['买家实际支付金额'] ! =0]
data=data.copy()    #复制数据
#计算 RFM 值
data['最近消费时间间隔'] = (pd.to_datetime('2019-12-31') - pd.to_datetime(data['订单付款时间'])).values/np.timedelta64(1, 'D')
df=data[['订单付款时间','买家会员名','买家实际支付金额','最近消费时间间隔']]
df1=df.groupby('买家会员名').agg({'买家会员名':'size','最近消费时间间隔': 'min','买家实际支付金额':'sum'})
df2=df1. rename(columns={'买家会员名':'消费频率','买家实际支付金额':'消费金额'})
print(df2. head())
df2. to_excel("RFM.xlsx")
```

运行结果如图 21.12 所示。

```
买家会员名    消费频率    最近消费时间间隔    消费金额
mingri153     1          27.093970          20.0
mingri154     1          27.093553          23.5
mingri155     1          27.091944          20.4
mingri156     1          27.056759          20.4
mingri157     1          27.039734          23.5
```

图 21.12 计算 RFM 值

21.4.4 数据转换

数据转换是将数据转换成“适当的”格式,以适应数据分析和数据挖掘算法的需要。下面将 RFM 模型的数据进行标准化处理。

具体代码如下:

```
data = pd.read_excel('C:\RFM.xlsx')    #读取 Excel 文件
data=data[['最近消费时间间隔','消费频率','消费金额']]    #提取指定列数据
data = (data - data.mean(axis = 0))/(data.std(axis = 0)) #标准化处理
data.columns=['R','F','M'] #表头重命名
print(data.head())           #输出部分数据
data.to_excel("transformdata.xlsx",index=False)
```

运行结果如图 21.13 所示。

```
         R         F         M
0 -1.195016 -0.350478 -0.283726
1 -1.195018 -0.350478 -0.265925
2 -1.195024 -0.350478 -0.281691
3 -1.195173 -0.350478 -0.281691
4 -1.195245 -0.350478 -0.265925
```

图 21.13 数据转换

21.4.5 客户聚类

下面使用 Scikit-learn 中的 cluster 模块的 K-means 方法实现客户聚类,聚类结果通过密度图显示。

具体代码如下:

```
from sklearn.cluster import K-means
import matplotlib.pyplot as plt
#读取数据并进行聚类分析
data = pd.read_excel('C:\\transformdata.xlsx') #读取数据
k = 4                                    #设置聚类类别数
kmodel = K-means(n_clusters = k)  #创建聚类模型
kmodel.fit(data) #训练模型
r1=pd.Series(kmodel.labels_).value_counts()
r2=pd.DataFrame(kmodel.cluster_centers_)
r=pd.concat([r2,r1],axis=1)
r.columns=list(data.columns)+[u'聚类数量']
```

```
r3 = pd.Series(kmodel.labels_,index=data.index)   #类别标记
r = pd.concat([data,r3], axis=1)                  #数据合并
r.columns = list(data.columns)+[u'聚类类别']
plt.rcParams['font.sans-serif']=['SimHei']        #解决中文乱码
plt.rcParams['axes.unicode_minus']=False          #解决负号不显示
#密度图
for i in range(k):
   cls=data[r[u'聚类类别']==i]
cls.plot(kind='kde',linewidth=2,subplots=True,sharex=False)
   plt.suptitle('客户群=%d;聚类数量=%d' %(i,r1[i]))
plt.show()
```

运行结果见图 21.14、图 21.15、图 21.16、图 21.17。

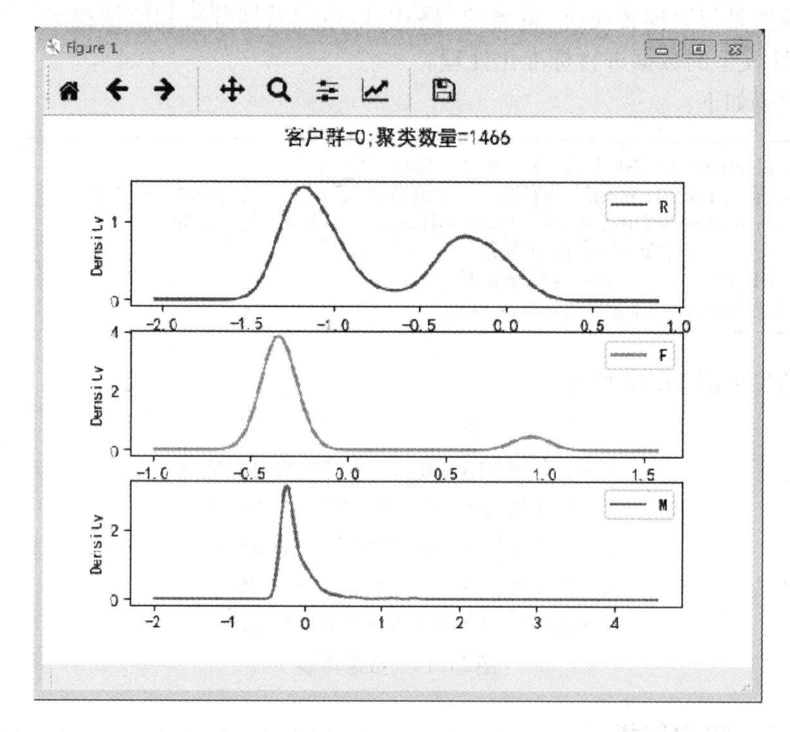

图 21.14　第一类客户

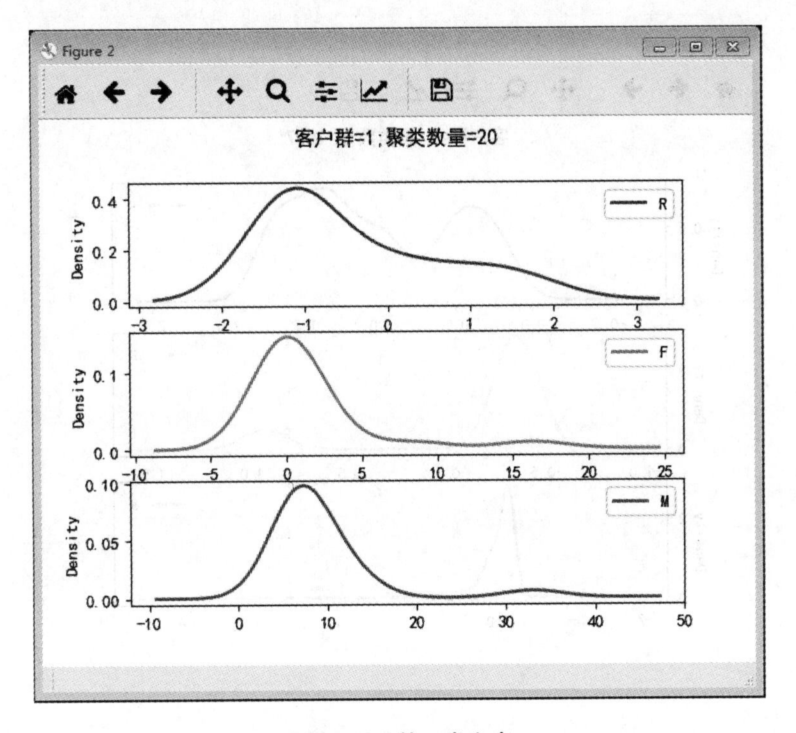

图 21.15　第二类客户

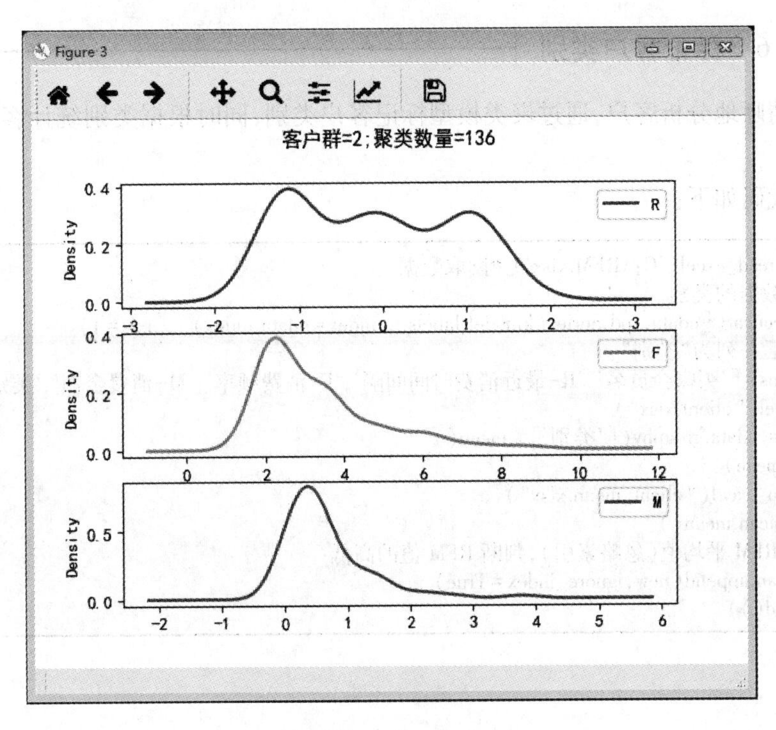

图 21.16　第三类客户

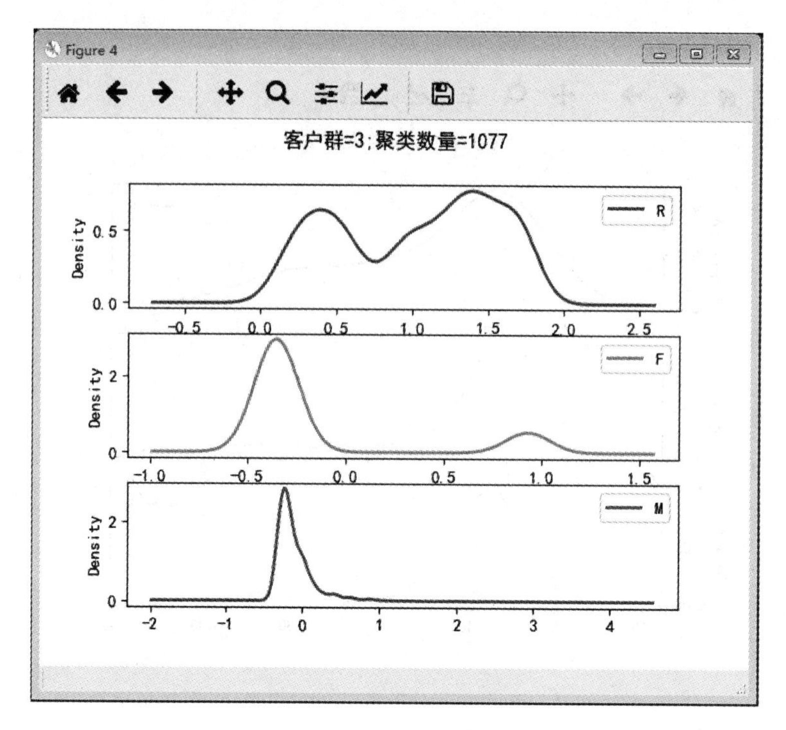

图 21.17　第四类客户

21.4.6　标记客户类别

为了清晰地分析客户,通过聚类模型标记客户类别,同时根据类别统计客户 RFM 值的特征。

具体代码如下:

```
cdata = pd.read_excel('C:\RFM.xlsx') #读取数据
#标记原始数据的类别
cdata= pd.concat([cdata, pd.Series(kmodel.labels_, index=cdata.index)], axis=1)
#重命名最后一列为"类别"
cdata.columns=['买家会员名','R-最近消费时间间隔','F-消费频率','M-消费金额','类别']
cdata.to_excel("client.xlsx")
data_mean = cdata.groupby(['类别']).mean()
print(data_mean)
data_mean.to_excel("client_mean.xlsx")
new=data_mean.mean()
#增加一行 RFM 平均值(忽略索引),判断 RFM 值的高低
df=data_mean.append(new,ignore_index=True)
print(df.head())
```

运行结果见图 21.18、图 21.19。

	买家会员名	R-最近消费时间间隔	F-消费频率	M-消费金额	类别
0	mingri153	1	27.09396991	20	0
1	mingri154	1	27.09355324	23.5	0
2	mingri155	1	27.09194444	20.4	0
3	mingri156	1	27.05675926	20.4	0
4	mingri157	1	27.0397338	23.5	0
5	mingri158	1	26.69594907	10	0
6	mingri159	1	26.63850694	20	0
7	mingri160	1	26.63831019	23.5	0

图 21.18　标记客户类别

类别	R-最近消费时间间隔	F-消费频率	M-消费金额
0	1.10782967	133.2674	53.1489011
1	3.934306569	289.2027342	216.429927
2	1.842105263	220.7754033	1885.742105
3	1.150873965	550.5843172	56.74314627

图 21.19　客户 RFM 值特征

21.4.7　客户价值结果分析

客户价值分析主要由两部分构成：第一部分对客户进行聚类，也就是将不同价值客户分类；第二部分结合业务对每个客户群进行特征分析，分析其客户价值，并对客户群进行排名。

运行结果见图 21.20。

类别	R-最近消费时间间隔	F-消费频率	M-消费金额
0	1.10782967	133.2674	53.1489011
1	3.934306569	289.2027342	216.429927
2	1.842105263	220.7754033	1885.742105
3	1.150873965	550.5843172	56.74314627
4	2.008778867	298.4574637	553.0160199

图 21.20　客户价值结果分析

最后一行为均值，各行通过与其比较结果见表 21.1。

表 21.1　客户分类表

R	F	M	聚类类别	客户类别	客户数	排名
低	低	低	0	潜在客户	1 466	3
高	低	低	1	一般发展客户	20	4
低	低	高	2	重要保持客户	136	1
低	高	低	3	一般保持客户	1 077	2

客户群 0 是潜在客户；客户群 1 是一般发展客户；客户群 2 是重要保持客户；客户群 3 是一般保持客户。

客户分类的依据是什么呢？

(1)重要保持客户:*M* 高,他们是淘宝电商的高价值客户,是最为理想型的客户类型,他们对企业品牌认可,对产品认可,贡献值最大,所占比例却非常小。

(2)一般保持客户:*F* 高,这类客户消费次数多,是忠实的客户。针对这类客户应多传递促销活动、品牌信息、新品或活动信息等。

(3)潜在客户:*R*、*F* 和 *M* 低,这类客户短时间内在店铺消费过,消费次数和消费金额较少,是潜在客户。虽然这类客户的当前价值并不是很高,但却有很大的发展潜力。针对这类客户应进行密集的营销信息推送,增加其在店铺的消费次数和消费金额。

(4)一般发展客户:低价值客户,R 高,F、M 低,说明这类客户很长时间没有在店铺进行消费了,而且消费次数和消费金额也较少。这类客户可能只会在店铺打折促销活动时才会消费,要想办法推动客户的消费,否则会有流失的风险。

21.5 本章小结

本章融入了数据处理、图表、数据分析和机器学习相关知识。通过本章项目的实践,进一步巩固和加强了前面所学知识,并进行了综合应用。例如,相关性分析与线性回归分析方法的结合,为数据预测提供了有效的依据。

此外,本章主要通过 RFM 模型和 K-means 聚类算法实现了客户价值分析。RFM 模型是专门用于衡量客户价值和潜在客户价值的重要工具和手段,K-means 聚类算法能够对客户进行分类。K-means 聚类算法还有很多应用,如通过观察老客户的活跃度,做一个 VIP 客户流失预警系统。一般而言,客户距上次购买时间越远,流失的可能性越大。

参考文献

［1］中国信息通信研究院云计算，大数据研究所.数据资产管理实践白皮书（4.0版）［S］.北京：中国信息通信研究院，2019.

［2］管理科学技术名词审定委员会.管理科学技术名词［M］.北京：科学出版社，2016.

［3］陆雄文.管理学大辞典［M］.上海：上海辞书出版社，2013.

［4］张伟.计算机科学技术名词［M］.北京：科学出版社，2002.

［5］肖祥奎.5G无线网技术特征及部署应对策略［J］.电子技术与软件工程，2020（15）：28-29.

［6］赵伶俐.基于云计算与大数据的高等教育质量指数建构：技术、理论、机制［J］.复旦教育论坛，2013（6）：52-57.

［7］吴韬.云南运用大数据提高党建科学化水平的问题与对策［J］.新西部（中旬刊），2018（2）：17-18，28.

［8］杨有韦.百人访谈丨鲁红军：我们没有做过一个非大数据项目［J］.大数据时代，2021（1）：22-31.

［9］刘晓茜.基于大数据技术的济南市数字化城市管理研究［D］.西安：西北大学，2017.

［10］刘化君，吴海涛，毛其林.大数据技术［M］.北京：电子工业出版社，2019.

［11］戴海东，周苏.大数据导论［M］.北京：中国铁道出版社，2018.

［12］李小华，周毅.医院信息系统数据库技术与应用［M］.广州：中山大学出版社，2015.

［13］杨旭，汤海京，丁刚毅.数据科学导论［M］.北京：北京理工大学出版社，2014.

［14］樊重俊，刘臣，霍良安.大数据分析与应用［M］.上海：立信会计出版社，2016.

［15］祝守宇，蔡春久.数据治理：工业企业数字化转型［M］.北京：电子工业出版社，2020.

［16］高春艳，刘志铭.Python数据分析从入门到实践［M］.长春：吉林大学出版社，2020.

[17]梅宏.大数据治理体系建设的若干思考(深度长文)[EB/OL].(2018-04-21)[2021-12-20].https://baijiahao.baidu.com/s? id=1598368111691945589&wfr=spider&for=pc.

[18]蒋珍波 .大数据治理:那些年,我们一起踩过的坑[EB/OL].(2018-12-17)[2021-12-20].https://blog.csdn.net/jiangzhenbo/article/details/85049445.

[19]刘驰.大数据治理与安全:从理论到开源实践[M].北京:机械工业出版社,2017.

[20]杨军,张岳,刘燕峰.基于Python语言的数据挖掘课程的建设与研究[J]. 科技风,2021(5):80-82.

[21] 阙金煌.基于Anaconda环境下的Python数据分析及可视化[J]. 信息技术与信息化,2021(1):47-48.

[22] 李文华.基于Python的网络爬虫系统的设计与实现分析[J]. 内江科技,2021(2)26,58-59.

[23]阚淑华.基于Python编程语言的技术应用[J]. 电子技术与软件工程,2021(1):47-48.

[24]杨彩云,詹国华.引导性问题案例在Python数据分析基础课程的教学[J]. 计算机教育,2021(1):154-158.

[25]闫海忠,闫远.Python读取Word表格数据及批量处理的方法[J]. 电脑编程技巧与维护,2021(1):57-60.

[26]索雷斯.大数据治理[M].匡斌,译.北京:清华大学出版社,2014.

[27]王兆君,王钺,曹朝辉.主数据驱动的数据治理原理、技术与实践[M].北京:清华大学出版社,2019.

[28]范洁.基于Python的网络流量特征统计分析与可视化[J]. 信息技术与信息化,2021(4):49-51.

[29]杨军,张岳,刘燕峰.基于Python语言的数据挖掘课程的建设与研究[J]. 科技风,2021(14):80-82.

[30]李俊杰,谢志明. 大数据技术与应用基础项目教程[M]. 北京:中国邮电出版社,2017.